Buyer Personas

Dr. Hans-Georg Häusel, Dr. Harald Henzler

Buyer Personas

Wie man seine Zielgruppen erkennt und begeistert

1. Auflage

Haufe Gruppe
Freiburg · München · Stuttgart

Bibliografische Information der Deutschen Nationalbibliothek

Die Deutsche Nationalbibliothek verzeichnet diese Publikation in der Deutschen Nationalbibliografie; detaillierte bibliografische Daten sind im Internet über http://dnb.dnb.de abrufbar.

Print: ISBN 978-3-648-10392-0   Bestell-Nr. 10434-0001
ePub: ISBN 978-3-648-10395-1   Bestell-Nr. 10434-0100
ePDF: ISBN 978-3-648-10396-8   Bestell-Nr. 10434-0150

Dr. Hans-Georg Häusel, Dr. Harald Henzler
Buyer Personas
1. Auflage 2018

© 2018 Haufe-Lexware GmbH & Co. KG, Freiburg
www.haufe.de
info@haufe.de
Produktmanagement: Jutta Thyssen, Gabriele Vogt

Lektorat: Gabriele Vogt, Oberaudorf
Satz: kühn & weyh Software GmbH, Satz und Medien, Freiburg
Umschlag: RED GmbH, Krailling

Inhaltsverzeichnis

Vorwort

Laut einer Cisco-Studie werden bald 4 Milliarden Menschen mit 24 Milliarden Geräten das Internet nutzen – dabei werden jährlich zwei Zetabyte Daten übertragen (= 2 Billion CD's). Diese Datenmenge soll sich in den nächsten drei Jahren verdreifachen. Man sieht: Die digitale Revolution führt zu einer exponentiell wachsenden Datenexplosion und ein Ende dieser Entwicklung ist nicht abzusehen.

Auf der anderen Seite steht der Mensch mit seinem Gehirn. Dieses Gehirn ist zwar ziemlich leistungsfähig, aber weitgehend mit sich selbst beschäftigt. Nur Bruchteile eines Prozents der Information, die von außen auf uns einströmt, gelangt in unser Bewusstsein. Zudem ist unser Gehirn ein kognitives Sparschwein: Es verarbeitet ca. 60–100 Bits in der Sekunde. Während also immer neue Technologien für eine weitere Zunahme der Datenexplosion sorgen, geht die Entwicklungsgeschwindigkeit des menschlichen Gehirns gegen Null. Unser Gehirn und seine Architektur haben sich in den letzten 30.000 Jahren nicht verändert.

Insbesondere im Marketing und im Vertrieb stehen wir vor der Situation, dass die digitale Sphäre (inkl. Google, Amazon, Facebook & Co.) uns mit immer mehr Information und immer mehr Daten über unsere Kunden überschwemmt und dieser in einer unüberschaubaren Masse verschwindet. Denn die Big Data interpretieren sich nicht selbst und unsere begrenzten Gehirne sind kaum mehr in der Lage, in dieser Datenflut zu erkennen, was wichtig oder unwichtig ist. Jede und jeder schaut auf die Daten und zieht seine eigenen Schlüsse. Aber ähnlich wie bei einem Tausendfüßler mit Störungen in der Bewegungskoordination kann die Summe der Einzelbewegungen am Schluss sogar Stillstand bedeuten, wenn sie nicht koordiniert und synchronisiert werden.

Damit Unternehmen und ihre Mitarbeiter ihre Kraft einheitlich fokussieren und dadurch handlungsfähig bleiben, ist es notwendig, sich nicht von Daten hilflos überschwemmen zu lassen, sondern Filter einzubauen, die hinsichtlich der Kunden das Wichtige vom Unwichtigen trennen. Genau das ist die Aufgabe von Buyer Personas. Buyer Personas helfen, das Unternehmen auf seine Kernzielgruppen und ihre Bedürfnisse auszurichten. Gleichzeitig sind sie ein Wahrnehmungsfilter, der dafür sorgt, dass man sich in der Datenflut nicht verliert, sondern seine Kernzielgruppen im Auge behält.

Buyer Personas, oft abgeleitet aus der Markenpositionierung, richten das Unternehmen also konsequent auf die Bedürfnisse seiner Kernzielgruppe(n) aus.

Aber was sind das für Bedürfnisse? Hier laufen wir ebenfalls Gefahr, den Wald vor lauter digitalen Bäumen nicht mehr zu sehen. Auf vielen Veranstaltungen machen Digital-Gurus einer staunenden Menge klar, dass der Kunde von heute und der Kunde in der digitalen Welt ein völlig anderer wäre, als der, den Unternehmen bis dato bedient hätten. Aber ist das wirklich so?

Hier hilft ein erneuter Blick in die Hirnforschung. Hinter allem, was wir kaufen und was uns wichtig ist, stehen unsere Emotionssysteme im Gehirn: Sie treiben uns an, sie bewerten und sie bilden unsere Grundbedürfnisse. Die Emotionssysteme sind seit Millionen Jahren die gleichen und werden es auch in Zukunft sein – und auf ihnen basiert die menschliche Persönlichkeit. Diese Grundpersönlichkeit eines Kunden sorgt für einen relativ stabilen Präferenz- und gleichzeitig auch Abneigungs-Korridor.

Genau hier zeigt sich die Aufgabe von Buyer Personas: nämlich seine Kernzielgruppe zunächst emotional zu verstehen und zu beschreiben und danach, aus dieser tiefen Empathie heraus, solche Produkte und Angebote für sie zu entwickeln, die genau in ihren emotionalen Korridor passen.

An dieser Stelle dann einzuwenden, dass die digitalen Angebote doch nichts mehr mit der analogen Welt zu tun hätten und damit auch der Kunde ein anderer wäre, ist leider falsch gedacht: Die digitalen Angebote sorgen im Prinzip nur dafür, dass unsere vorhandenen Bedürfnisse schneller, schöner, einfacher und besser erfüllt werden – die Grundbedürfnisse, die diese Angebote treiben, sind aber die gleichen. Die digitale Welt verändert den Menschen als solchen fast nicht, was sie aber ganz dramatisch verändern, ist seine Lebensführung!

Genauso wie das Spül-WC, der Kühlschrank und das Auto unser Leben erheblich verändert haben, verändern auch die digitalen Angebote unser Leben. Weil die digitalen Angebote und Möglichkeiten viel schneller zu realisieren und zu transportieren sind als physische Produkte, ist diese Veränderung viel umfassender und erfolgt in einer atemberaubenden Geschwindigkeit.

Bei der Formulierung, Entwicklung und Nutzung von Buyer Personas bedeutet das, dass wir uns in einer relativ stabilen Welt aufhalten, wenn es um die Persönlichkeitsmerkmale der Kunden geht. Gleichzeitig bewegen wir uns aber in einem extrem volatilen Kontext, wenn wir deren (digitales) Alltagsverhalten betrachten. Beide Aspekte müssen wir deshalb intelligent verknüpfen. In diesem Buch werden Sie erfahren, wie das geht: In Kapitel 1–3 werden wir uns eher mit den stabileren Aspekten von Buyer Personas beschäftigen und in Kapitel 4 und 5 betrachten wir die Chancen und Konsequenzen von Buyer Personas in einer digitalen Welt und in digitalen Märkten.

Wir wünschen Ihnen viel Spaß und viele nutzbringende Anregungen beim Lesen.

München, im Dezember 2017

Dr. Harald Henzler   *Dr. Hans-Georg Häusel*

In diesem Buch werden wir auch das von Dr. Hans-Georg Häusel entwickelte Limbic®-Modell zur Beschreibung von Personas kennenlernen. Bitte beachten Sie: Limbic® ist ein markenrechtlich geschütztes Verfahren. Alle Rechte liegen bei der Gruppe Nymphenburg Consult AG, München. Aus Gründen der Lesbarkeit und Einfachheit wird im Buch Limbic® ohne Schutzzeichen verwendet.

1 Buyer Personas: Zielgruppen ein emotionales Gesicht geben

»Unsere Zielgruppe ist zu gleichen Teilen weiblich wie männlich, verfügt über ein mittleres Einkommen von EUR 2500 brutto, ist zwischen 25–65 Jahre alt und hat einen qualifizierten Hauptschulabschluss, mittlere Reife und auch Abitur.«

Nicht selten, liebe Leserinnen und Leser, haben wir bei unserer Frage: *»Wer ist ihre Zielgruppe?«*, eine solche oder ähnliche Antwort bekommen. Diese Antwort ist natürlich nicht falsch. Denn nach einer umfangreichen Datenanalyse aller Marktstudien, Verkäufe, Anfragen und Aufträge des Unternehmens spuckte der Computer eben dieses Ergebnis aus. Es handelt sich dabei mehr oder weniger um einen Mittelwert aller berücksichtigten Daten.

Mit statistischen Analysen könnten wir dieses Bild noch etwas verfeinern. Dann käme vielleicht heraus, dass 17 % Hauptschulabschluss haben, 35 % mittlere Reife, 35 % Abitur und der Rest nicht zuordnungsfähig wäre. Eine solche prozentuale Detaillierung wäre selbstverständlich auch bei den anderen soziodemografischen Variablen wie Alter, Einkommen, Geschlecht, Wohnortgröße etc. herausgekommen.

Das Problem der obigen Beschreibung inklusive prozentualer Differenzierung ist ein anderes: Ca. 60 % der Bevölkerung passen in dieses Raster. Die junge Studentin entspricht diesen Kriterien genauso wie der ältere Facharbeiter, der gerade in Rente gegangen ist. Und auch die konservative Seniorin passt genauso in das Schema wie der 25-jährige männliche Abenteurer.

Man ahnt zu Recht: Die Zielgruppenbeschreibung ist zwar formal richtig, aber für die Unternehmensführung, für das Marketing und für den Vertrieb ist sie völlig unbrauchbar. Warum? Weil man auf eine solche Mega-Zielgruppe nicht wirklich zielen kann. Zwischen den Mitgliedern dieser Zielgruppe liegen so enorme Differenzen in den Bedürfnissen, Einstellungen und Werthaltungen, dass es in den wenigsten Fällen möglich sein wird, seine Produkte, Services und die Kommunikation auf diese auszurichten.

Ein kleines fiktives Beispiel soll das verdeutlichen: Angenommen, Sie wären für die Kollektionsentwicklung in einem Modeunternehmen zuständig. Ihre Aufgabe: Sie müssten mit Ihrer Kollektion die oben beschriebene Zielgruppe bedienen. Was würden Sie tun? Wenn Sie klug wären: kündigen! Der Misserfolg Ihrer Kollektion wäre sicher vorprogrammiert. Ein Modestil, der einem 65-jährigen Rentner gefällt, würde bei unserer 25-jährigen Studentin kaltes

Grausen auslösen. Andersherum gilt natürlich das Gleiche: Der Modestil, den unsere Studentin geil findet, würde unseren Rentner in die Flucht schlagen.

Aber die Problematik ginge in Ihrem Unternehmen weiter. Ihre Werbechefin würde Sie zunächst fragen, wie Sie sich die Werbung für Ihre Kollektion vorstellen würden. Danach käme die Frage, in welchen Medien und Kanälen sie diese bewerben sollte. In Instagram, weil sie die junge Studentin dort erreichen könnte? Oder doch besser im ZDF, dem Programm, mit dem sich die Senioren so gerne am Abend ihre Zeit vertreiben?

Aber auch Ihr Vertriebsleiter würde Ihnen die Freundschaft kündigen. Sein Vorwurf: Mit einer solchen Zielgruppenformulierung könnte er sich bei den Einkäufern und Einkäuferinnen im Modehandel nicht blicken lassen. Die würden ihm erklären, dass sie nur solche Kollektionen aufnehmen würden, die sich deutlich vom Wettbewerb unterscheiden und die ein klares Profil bieten.

Blutleere Zielgruppenformulierungen führen ins Nichts

Mit diesen kurzen Überlegungen wird das Problem deutlich: Solche Zielgruppenformulierungen helfen nicht wirklich weiter, um Kunden und Konsumenten wirklich zu erreichen – ein Misserfolg ist nahezu sicher.

Diesen können wir uns aus zwei Perspektiven genauer vor Augen führen:
- aus der Perspektive des Kunden und
- aus der Perspektive des Geschäftsführers.

Die erste Perspektive: Was begeistert Kunden?

Die Antwort auf diese Frage ist, obwohl im Detail kompliziert, auf einer abstrakten Ebene sehr einfach: Kunden kaufen die Produkte und Dienstleistungen, die möglichst genau ihre individuellen Bedürfnisse treffen. Und: Kunden kaufen die Marken, die ihre Werte teilen und ihre Träume und Sehnsüchte erfüllen.

Nun müssen wir aber nur einen Blick aus dem Fenster werfen, um zu sehen, wie extrem sich Menschen in ihren Bedürfnissen, Wünschen und Träumen unterscheiden:
- Der oben erwähnte 25-jährige Abenteurer träumt von einem PS-starken Auto und liebt Heavy-Metal-Konzerte. Seine zentralen Lebenswerte sind: Spaß, Risiko und Individualität. Auch in puncto Ästhetik hat er klare Präferenzen: Seine Lieblingsfarben sind schwarz und rot, kombiniert mit einem lauten Orange. Selbst Blindenhunde würden sich hier vor Abscheu abwenden.
- Ganz anders unsere 65-jährige Seniorin: Sie findet Erfüllung in ihrem Kräutergarten hinter dem Haus. Sie geht gerne in klassische Konzerte und ihre

zentralen Lebenswerte sind: Ordnung, Harmonie und Tradition. Ihre Lieblingsfarben sind beige und grün.

Es bedarf nun keiner besonderen Phantasie, um zu erkennen, wie unterschiedlich, ja, widersprüchlich Kundenwünsche sein können. Wer seine Kunden wirklich erreichen und begeistern will, muss ihnen konsistente Erlebnis- und Produktwelten bieten, die so genau wie möglich auf ihre Person und ihre Vorstellungen zugeschnitten sind.

Der Misserfolg ist vorprogrammiert, wenn eine Marke und die damit verbundenen Produkte und Dienstleistungen in der Gleichgültigkeit des Mittelmaßes untergehen und, noch schlimmer, an den Bedürfnissen vorbeigehen. Und das werden sie wahrscheinlich, wenn sich niemand im Unternehmen in die Lebenswelt der eigenen Kunden versetzt.

Die zweite Perspektive: Was will der Geschäftsführer?

Auch diese Frage lässt sich auf der abstrakten Ebene einfach beantworten: Unternehmenseigner oder Geschäftsführer wollen den Unternehmenserfolg. Und Unternehmen sind dann erfolgreich, wenn sie schnell die Bedürfnisse ihrer Kunden erkennen, sie kostengünstig in attraktive Produkte und Dienstleistungen umsetzen und diese zeitnah dem Kunden anbieten. Im Prinzip beruht der Erfolg also auf zwei Säulen: Kunden-Empathie und Kosten-Effizienz.

Bezüglich der Kunden-Empathie zeigt sich vor allem das Problem, wie ein Unternehmen die Bedürfnisse seiner Kunden erkennen und erfüllen kann, wenn das Bild vom Kunden derart diffus und verwaschen ist wie im obigen Beispiel. Dies führt zum Thema Kosten-Effizienz. Denn bei den Kosten geht es nicht nur um Geld, sondern um alles, was Kosten verursacht. Das sind in erster Linie Zeit- und Ressourcenverschwendung.

Stellen wir uns einmal eine Managementtagung in einem Unternehmen vor, das mit der am Anfang dieses Kapitels beschriebenen Zielgruppendefinition arbeitet. Der Geschäftsführer des Unternehmens beginnt die Tagung mit einer strategischen Motivationsrede, deren Kern lautet: »Wir müssen unser Handeln konsequent auf die Bedürfnisse unserer Zielgruppe ausrichten.« Alle nicken zustimmend, denn nur so kann man ja schließlich erfolgreich sein.

Aber: Das eigentliche Problem des Unternehmens bleibt unsichtbar, weil es sich hinter der Stirn der Tagungsteilnehmer und Teilnehmerinnen abspielt. Jeder der Teilnehmer hat nämlich ein völlig anderes inneres Bild der Zielgruppe vor Augen. In der Regel ist es meist ein Bild, das der eigenen Persönlichkeit und dem eigenen Selbstbild ziemlich nahekommt. Denn diese fest verdrahtete

Standardeinstellung ist Dreh- und Angelpunkt unseres Denkens und unserer Weltbetrachtung. Die eigenen Präferenzen sind der Maßstab für alles. Diese kennt man am besten und man geht unbewusst davon aus, dass alle anderen auch so ticken.

Im Bewusstsein des Forschungs- und Entwicklungschefs taucht das Bild eines 50-jährigen Mannes mit Hochschulbildung auf. Die Marketingchefin sieht eine 35-jährige, modisch angezogene Frau und der junge Vertriebsleiter sieht einen dynamischen BMW-Fahrer vor sich. Da keinem der Beteiligten das Problem bewusst ist, bleiben die unterschiedlichen Perspektiven unausgesprochen. Das individuelle Zielgruppenbild jeder einzelnen Führungskraft bestimmt aber trotzdem ihr Handeln.

Man braucht kein Prophet zu sein, um vorherzusagen, was in diesem Unternehmen passieren wird: Der Turmbau von Babel wird täglich live nachgespielt. Jede(r) bemüht sich zwar, das jeweils Beste zu machen, aber dadurch, dass alle einen völlig anderen Bauplan des Turms vor Augen haben, ist konzeptionelles Chaos vorproduziert. Und dieses Chaos verursacht Zeit-, Ressourcen- und Geldverschwendung.

1.1 Klarheit und Fokussierung durch Buyer Personas

Aber wie kann man diesem Zielgruppendilemma entkommen? Die Antwort: durch klar und verständlich formulierte Buyer Personas. Wie das in der Praxis funktioniert, schauen wir uns an einem Praxisbeispiel, einem Zeitschriftenverlag, einmal an.

Eine der erfolgreichsten Zeitschriften dieses Verlags ist eine Frauenzeitschrift. Die Leserinnenzahl steigt und steigt, obwohl die Branche allgemein über Auflagenschwund bei Printprodukten jammert. Das Erfolgsgeheimnis dieser Frauenzeitschrift liegt darin, dass sie eine konsistente Lebens- und Themenwelt bietet, die sich von der Auswahl der Themen über die verwendeten Bilder bis hin zum Sprachstil konsequent an eine einzige Frau wendet. Diese Frau heißt Gisela und ist eine sogenannte Buyer Persona.

Das Bild von Gisela inklusive der Collagen ihres Lebensstils plus einer Beschreibung ihrer Person hängt in allen Redaktionsräumen, die am Entstehen dieser Frauenzeitschrift beteiligt sind. Werfen wir einen Blick auf Gisela:
- *Gisela ist 55 Jahre alt. Sie ist verheiratet, hat drei Kinder und inzwischen 2 Enkel.*
- *Gisela lebt in einem Vorort in einem Haus mit einem Garten. Die Kinder, die Enkel, ihr Mann, ihr Haus und ihr Kräutergarten sind ihr Lebensinhalt.*

- *Gisela hat einen Hauptschulabschluss mit Lehre. Sie arbeitet halbtags als Sekretärin in einem Handwerksbetrieb im Büro. Ihre Persönlichkeit ist vom Wunsch nach Harmonie und Geborgenheit gekennzeichnet. Gisela kocht gerne, am liebsten bewährte Gerichte, die sie teilweise schon von ihrer Mutter übernommen hat. Auch bei Krankheiten setzt sie auf Hausrezepte, die sie mit Esoterik vermischt hat. Sie singt im Kirchenchor und liebt die halbjährlichen Ausflüge dieser Gemeinschaft. Im Sommer fährt sie gerne nach Südtirol zum Wandern und Faulenzen. Im Fernsehen ist ihre Lieblingssendung »Wer wird Millionär«. Ihre Lieblingsschriftstellerin ist Iny Lorentz. Das Internet nutzt sie, um mal was nachzuschauen oder ab und zu mal was zu bestellen.*
- *Gisela liest z. B. auch sehr gerne über Promis, wie Helene Fischer und Sylvia, Königin von Schweden. Gisela liebt Geschichten über romantische Liebe und heiles Familienleben. Sie interessiert sich sehr für Gesundheit, vor allem auch Naturmedizin und bewährte Hausmittel. Und ganz besonders wichtig: abnehmen. Sie ist eher zurückhaltend im Umgang mit digitalen Medien und ihre Urlaubsreisen führen in Gegenden, wo sie sich auf Deutsch verständigen kann.*

Vergleichen Sie, liebe Leserin und lieber Leser, diese Zielgruppenbeschreibung mit der, die wir eingangs dieses Kapitels gelesen haben. Sie werden sicher feststellen, dass bei der Beschreibung von Gisela sofort ein plastisches und konsistentes Bild einer Frau[1] im Kopf entsteht.

Nun werfen wir einen Blick in die Redaktionsbüros, die die Zeitschrift für Gisela machen. Das Wichtigste: Alle haben ein gleiches Bild von ihrer Zielgruppe. Sie können sich auf diese Weise in sie und ihr Leben hineinversetzen. So können sie mit ihrer Zeitschrift eine Erlebniswelt schaffen, die unmittelbar an die Bedürfnisse, Wünsche, Sehnsüchte, aber auch an die Ängste dieser Zielgruppe andockt.

Die Redakteurinnen und Redakteure wissen dadurch, wie ihr Sprachstil sein muss: einfach, bildhaft und keine Anglizismen. Auch das Layout der Zeitschrift ist eher konservativ.

Klar ist, dass es noch viele andere Frauen auf der Welt gibt, die völlig anders leben und denken wie Gisela. Aber darum geht es bei Buyer Personas:

---

1 Von Feministinnen kommen nun möglicherweise Einwände: Das bei Gisela gezeichnete Frauenbild sei ein altmodisches (reaktionäres) Klischee. Die Frau von Heute sei selbstbewusst und selbstbestimmt und das genaue Gegenteil von Gisela. Leider sitzen diese Kritikerinnen einem gewaltigen Irrtum auf. Irrtum 1: Sie gehen von sich aus und denken, so wären alle Frauen. Irrtum 2: Sie verwechseln Sollen mit Sein. Ihr eigenes Frauenleitbild (Vision = Ideal) verstellt den Blick vor dem Alltag (Realität = Sein). Am Rande bemerkt: Ca. 3,3 Mio. aller deutschen Frauen entsprechen in ihrer Persönlichkeit, ihrem Lebensstil, ihren Wünschen und Träumen in etwa Gisela.

Sie beschreiben nie ein politisch-korrektes Idealbild, sondern einen realen Ausschnitt aus dem menschlichen Leben, und zwar den der anvisierten Zielgruppe.

Nachdem wir anhand der Buyer Persona Gisela den Unterschied zwischen klassischer Zielgruppenbeschreibung und Buyer Personas kennengelernt haben, beschäftigen wir uns nun systematischer mit Buyer Personas.

1.1.1 Woher kommt der Begriff Buyer Personas?

Persona bedeutet eigentlich die Schauspielermaske im antiken Schauspiel. Ein besonderes Merkmal des antiken Schauspiels war es, dass in der Regel prototypische und relativ klar gezeichnete Rollen auf der Bühne verkörpert wurden. Zur Verdeutlichung trugen die Schauspieler Masken. In diese Masken waren die emotionalen Gesichtsausdrücke der gespielten Charaktere eingearbeitet: der Böse, die Gute, die Verzweifelte, der Fröhliche usw.

Die Grundidee des antiken Theaters, klar erkennbare und relativ konsistente Menschenbilder zu erzeugen, prägt auch die Idee der Buyer Personas. Es geht nicht darum, das letzte und kleinste Detail zu beschreiben, sondern emotional konsistente »Big Pictures der Ideal-oder Kern-Zielgruppe(n)« zu erzeugen. Die große Kunst bei der Formulierung von Buyer Personas besteht also darin, sich zu konzentrieren und sich zu fokussieren. Buyer Personas sollen möglichst viele Mitarbeiter in einem Unternehmen erreichen und mitnehmen. Das gelingt aber nur, wenn Buyer Personas einfach und klar formuliert sind.

1.1.2 Käufergruppen, Zielgruppen und Buyer Personas

Der simple Begriff »Kunde« kann in drei Gruppen unterteilt werden: Käufergruppe, Zielgruppe und Buyer Personas – aber was genau ist der Unterschied?

Die Käufergruppe
Um den Zusammenhang und den Unterschied zwischen den drei Begriffen zu verdeutlichen, gehen wir nochmals auf unsere Buyer Persona Gisela und die zugehörige Zeitschrift zurück. Zunächst einmal betrachten wir die Käufergruppe. Eine Abverkauf-Analyse der Zeitschrift zeigt, dass die Zeitschrift von 90% Frauen gekauft wird. Diese Frauen verfügen eher über ein geringeres bis mittleres Einkommen. Allerdings gibt es auch eine ganze Reihe von Käuferinnen, die weit überdurchschnittlich verdienen. Genauso verhält es sich mit der Bildung und dem Alter. Es gibt junge Käuferinnen und alte, genauso

wie es Käuferinnen mit geringer und mit hoher Schulbildung gibt. Die Verteilung in den soziodemografischen Variablen ist hingegen sehr unterschiedlich. Die jungen Käuferinnen sind genauso unterproportional vertreten wie die mit höherer Schulbildung.

Der Begriff der Käufergruppe beschreibt also, von wem ein Produkt oder eine Dienstleistung gekauft wird. Zusammengefasst kann man sagen: Unter »Käufergruppe« versteht man die wertfreie Beschreibung der Gruppe von Konsumenten, die das Produkt oder die Dienstleistung tatsächlich kaufen. Die Daten dieser Käufer liegen dem Unternehmen vor. Diese Beschreibung erfolgt in der Regel in soziodemografischen Dimensionen, aber im digitalen Markt erhalten wir auch zunehmend Daten zum Wann/Wo/Wie und den verschiedenen Pfaden beim Kauf. Diese Daten sind besonders hilfreich bei der Überprüfung der eigenen Personas.

Die Zielgruppe

Nun zur Zielgruppe. Während die Käufergruppe das »Ist« beschreibt, also beschreibt, wer das Produkt tatsächlich kauft, beschreibt die Zielgruppe das »Soll«. Hier stehen daher folgende Fragen im Zentrum:

- »Für wen machen wir das Produkt bzw. erbringen wir diese Leistung?«
- »Wer soll unser Produkt/unsere Dienstleistung kaufen?«

»Auf wen richten wir unser Produkt/unsere Dienstleistung aus?« Die Zielgruppendefinition ist damit ein Teil der Marketing-und Vertriebsstrategie. Die Zielgruppendefinition beginnt im Konsumbereich ebenfalls mit soziodemografischen Variablen, wie Geschlecht, Alter, Bildung, Einkommen usw. Im Vergleich zur Käufergruppe erfolgt bei der Zielgruppendefinition in der Regel aber schon eine erhebliche Fokussierung. Die Zielgruppe ist die Menge möglicher Käufer und hilft, schon früh auch die ökonomischen Chancen und Risiken einzuschätzen. Und man hat die Zielgruppe im Blick, wenn man sich grob vorstellt, wer denn das eigene Angebot brauchen und nutzen könnte. In unserem Beispiel von oben: *»Unsere Zielgruppe sind Frauen im Alter von 35–60 Jahren mit geringerem bis mittlerem Einkommen und geringerer bis mittlerer Schulbildung, denen Gesundheit und Familie wichtig ist.«* Bei guten Zielgruppenbeschreibungen wird diese Erklärungsbasis nun durch soziologische oder psychologische Variablen vertieft und ergänzt.

In der Marketingpraxis haben sich dafür zwei Modelle etabliert: das soziologische Milieu-Modell Sinus® und neuropsychologische Modell Limbic Types. (Auf die Beschreibung und auf die Unterschiede dieser Modelle gehen wir im nächsten Kapitel ein.) In unserem Beispiel könnte die Sinus®-Milieu-Beschreibung so lauten: Unsere Zielgruppe ist im Milieu der »Traditionellen«

und im Milieu der »Prekären« beheimatet. In der zugrundeliegenden Milieubeschreibung sind Einstellungen, Lebensstile und soziodemografische Variablen der unterschiedlichen Milieus näher beschrieben.

In dem neuropsychologischen Modell der Limbic Types wäre die Beschreibung in etwa so: Unsere Zielgruppe sind hauptsächlich »Harmoniserinnen« und teilweise auch »Traditionalistinnen«. Auch hinter diesen Typisierungen stehen sehr umfassende Erklärungen zu Persönlichkeit, Motivation, Werte und Denkstile. Gleichzeitig werden wichtige neurobiologische Unterschiede für das Kaufverhalten wie Geschlecht oder Alter beschrieben. Durch die Milieu- oder Typ-Zuordnung erfolgt eine weitere Fokussierung und Einschränkung.

Neben den standardisierten Ansätzen wie Limbic oder Sinus® finden sich oft auch hausgemachte Typisierungen, die sich aus Faktoren- oder Clusteranalysen von unternehmensspezifischen Marktuntersuchungen ergeben haben. Bei sehr detaillierten Zielgruppenbeschreibungen wird mitunter noch eine Verhaltensebene mit beschrieben. In unserem Verlagsbeispiel würde es folgendermaßen lauten: »*Unsere Zielgruppe pflegt einen einfachen Lebensstil und interessiert sich besonders für Familie, Tiere und Kinder.*«

Buyer Personas

Nun zu den Buyer Personas und ihrem Verhältnis zur Zielgruppe. Der von der Käufergruppe zur Zielgruppe erfolgte Prozess der Fokussierung und Schärfung wird bei der Formulierung von Buyer Personas weitergeführt. Gleichzeitig wird versucht, die eher abstrakte Darstellung einer Zielgruppenbeschreibung möglichst bildhaft und konkret umzusetzen. Nochmals hier unsere Buyer Persona Gisela:

- *Gisela ist 55 Jahre alt, verheiratet, hat drei Kinder und inzwischen 2 Enkel.*
- *Gisela lebt in einem Vorort in einem Haus mit einem Garten. Die Kinder, die Enkel, ihr Mann, ihr Haus und ihr Kräutergarten sind ihr Lebensinhalt.*
- *Gisela arbeitet halbtags als Sekretärin in einem Handwerksbetrieb im Büro. Ihre Persönlichkeit ist vom Wunsch nach Harmonie und Geborgenheit gekennzeichnet. Gisela kocht gerne, am liebsten bewährte Gerichte, die sie teilweise schon von ihrer Mutter übernommen hat. Auch bei Krankheiten setzt sie auf Hausrezepte, die sie mit Esoterik vermischt hat. Sie singt im Kirchen-Chor und liebt die halbjährlichen Ausflüge dieser Gemeinschaft. Im Sommer fährt sie gerne nach Südtirol zum Wandern und Faulenzen. Im Fernsehen ist ihre Lieblingssendung »Wer wird Millionär«. Ihre Lieblingsschriftstellerin ist Iny Lorentz. Das Internet nutzt sie, um mal was nachzuschauen oder ab und zu mal was zu bestellen.*

Am Beispiel Gisela wird deutlich, dass sich Zielgruppe und Buyer Persona nicht gegenseitig ausschließen. Das Gegenteil ist der Fall: Personas entwickeln sich aus der Zielgruppendefinition heraus. Sie fokussieren noch stärker auf den absoluten Kern der Zielgruppe! Und besonders wichtig: Sie übersetzen den »formlosen« Kunden dank einer bildhaften und konkreten Beschreibung in ein plastisches und verständliches Persönlichkeitsbild. Daraus entstehen viele Vorteile für die Vertriebs- und Marketingpraxis. Und die Redaktion kann sich so wie beschrieben schnell vorstellen, was wohl alles in diesem Magazin enthalten sein sollte, um es Gisela schmackhaft zu machen.

Weil Einfachheit ein wichtiges Merkmal bei Buyer Personas ist, sprechen wir ab hier nur noch von Personas.

1.2 Die vielen Vorteile von Personas

1.2.1 Personas bringen die Zielgruppe(n) auf den Punkt

Wie wir am obigen Beispiel gesehen haben, stellt Gisela den zentralen Kern der Zielgruppe der Zeitschrift dar. In der Marketingpraxis kommt es nun aber häufig vor, dass die Zielgruppen eines Unternehmens heterogener sind als im obigen Beispiel. Das kann daran liegen, dass ein Unternehmen verschiedene Modelle oder Produktlinien anbietet. Die können sowohl von ihrer Funktion als auch von ihrer emotionalen Aussage her unterschiedlich sein. In diesem Fall wird das Unternehmen nicht mit einer Persona auskommen, sondern es wird für jedes Modell oder jede Produktlinie eine spezifische Persona formulieren müssen.

Ein Beispiel aus der Marketingpraxis verdeutlicht das: Der Autobauer Porsche bietet im Markt verschiedene Modellreihen an: den 911-er, den Panamera, den Cayenne, den Boxster und den Macan. Man spürt instinktiv, dass diese Modellreihen mit unterschiedlichen Emotionswelten verknüpft sind und damit unterschiedliche Zielgruppen ansprechen bzw. für unterschiedliche Zielgruppen entwickelt wurden. Der 911-er ist nicht nur der Porsche-Klassiker, er ist das sportlichste und in seiner Turboversion auch das aggressivste Modell. Im Gegensatz dazu steht der Panamera, der zwar noch das sportliche Porsche-Gen in sich hat, gleichzeitig aber auch den Komfort und die Optik einer Limousine bietet. Porsche arbeitet daher mit verschiedenen Personas, um Fahrzeuge und zielgruppenspezifische Erlebniswelten zu verknüpfen: Die Kunden, die sportliche und aggressivere Fahrzeuge präferieren, heißen z.B. bei Porsche »Top Guns«, diejenigen, die komfortablere und luxuriösere Porsches wollen, sind die »Proud Patrons«. In Kapitel 3 werden wir uns mit dem kompletten Porsche-Persona-Konzept noch etwas näher beschäftigen.

Wie viele Personas ein Unternehmen benötigt, hängt von mehreren Faktoren ab (in Kapitel 3 werden wir uns auch mit dieser Frage detailliert beschäftigen). Man kann aber immer sagen: so wenig wie möglich. Denn die Konzentration auf die Wünsche und Wertewelt *einer* Persona-Gruppe schafft in der Regel eine höhere Wertschöpfung, als *viele* Gruppen nur mittelmäßig zu treffen und zu bedienen. Damit sind wir schon beim nächsten Vorteil von Personas:

1.2.2 Personas durchdringen das ganze Unternehmen

Wie wir oben gesehen haben, sind klassische Zielgruppenformulierungen eher zu abstrakt und formal. Das ist zwar grundsätzlich nicht falsch, führt aber in der Marketingpraxis zu einigen Nachteilen. Der größte Nachteil ist, dass solche Beschreibungen nur von Marketingfachleuten verstanden werden. Hier könnte man einwenden, das würde ja auch genügen, weil Marketing schließlich in der Marketingabteilung gemacht würde. Und wenn die Mitarbeiterinnen und Mitarbeiter dort wüssten, um was es geht, wäre das ja o. k.

Wer so argumentiert, hat ein altes Verständnis von Marketing. Marketing im modernen Sinne bedeutet nämlich, das ganze Unternehmen auf die Bedürfnisse seiner Kunden (Zielgruppe/Persona) auszurichten. Die Unternehmensleitung und die Marketingabteilung sind die Koordinatoren und Synchronisatoren der Ausrichtung. Idealerweise beginnt die Produktentwicklung im Marketing – an der Umsetzung sind dann aber alle beteiligt. Nur, wenn alle ein gleiches Bild von den Zielkunden im Kopf haben, kann die Umsetzung wirklich funktionieren. Eine abstrakte Zielgruppenbeschreibung erreicht niemals den Kopf und das Herz der Forschungs- und Entwicklungsleitung, der Vertriebsleitung, der Serviceleitung, der IT-/Digitalleitung usw.

1.2.3 Personas machen Zielgruppen fühlbar

Abstrakte Zielgruppenformulierungen haben ein weiteres Problem: Man weiß durch die Datenflut scheinbar viel von seinem Kunden. Das Wichtigste allerdings fehlt: Man spürt und fühlt ihn nicht. Aber nur aus dem Spüren und Fühlen entsteht Kunden-Empathie oder Customer Empathy, wie Sie es auch immer nennen wollen. Empathie hat viel mit Intuition zu tun. Man hat ein Gefühl für den/die Andere(n). Man spürt, was er/sie will und was nicht. Und besonders wichtig: Man fühlt sich mit ihm/ihr innerlich verbunden. Anders ausgedrückt: Personas führen dazu, dass Zielgruppenwissen nicht im abstrakten Großhirn hängenbleibt, sondern das Herz des Menschen bzw. der Mitarbeiter erreicht.

Unser emotionales Herz ist im Gehirn das sogenannte limbische System. Es ist das emotionale Zentrum des Gehirns. Im limbischen System entsteht unsere Motivation, etwas zu tun. Und im limbischen System wird bewertet, ob etwas für uns wichtig ist. Schon Friedrich der Große wusste: »Wer sich an das Herz des Menschen richtet, wird den schlagen, der auf den Verstand einwirken will.« Und der Psychoanalytiker Erich Fromm ergänzte: »Eine gemeinsame Idee ist mit die mächtigste Waffe, die es gibt. Dabei kommt es darauf an, dass die Idee nicht vage und allgemeiner Art, sondern speziell und einleuchtend und für die Bedürfnisse des Menschen von Belang ist.«

Genau das sind gute und hirngerechte Personas: Sie sind eine gemeinsame Idee vom Kunden! Personas sind ein wichtiges Instrument, um eine abstrakte Unternehmensstrategie ins Herz (= limbisches System) vieler Mitarbeitern zu schleusen. Nur wenn die Personas greifbar und plastisch sind, werden im Gehirn der Beteiligten die Spiegelneuronen aktiviert. Jetzt kann man sich die Menschen vorstellen und sich in sie hineinversetzen.

1.2.4 Personas schaffen konsistente Kundenerlebnisse an allen Touchpoints

Aber warum ist es wichtig, dass möglichst viele Mitarbeiter ihre Kunden spüren und fühlen? Die Antwort ist einfach: weil ein Unternehmen über viele Berührungspunkte oder Touchpoints mit seinen Kunden in Beziehung und in Verbindung steht. Berührungspunkte zum Kunden sind: die Produkte, die Dienstleistungen, die Kommunikation, das Design, das Internet, der Kundendienst, der Vertrieb bis hin zu den Mitarbeitern am Empfang. Und je stärker die Mitarbeiter und Mitarbeiterinnen gemäß der Emotions- und Wertewelt ihrer Kunden denken und fühlen, desto besser können sie diese Erlebenswelten in den Berührungspunkten, an denen sie beteiligt sind, umsetzen.

Denn klar ist: Was an den hunderten Berührungspunkten eines Unternehmens zum Kunden passieren soll, kann im Management skizziert werden. Vitalisiert und zum Leben erweckt wird es aber von den Mitarbeiterinnen und Mitarbeitern, die für die Berührungspunkte zuständig bzw. die selber dieser Berührungspunkt sind. Die dadurch entstehende emotionale Konsistenz des Unternehmens sorgt dafür, dass das Unternehmen einen Logenplatz in den Köpfen der Kunden erhält und von diesen als ihre emotionale Heimat wahrgenommen wird.

1.2.5 Personas bringen die Marke zum Erleben

Sie werden als Marketing-Professional vielleicht einwenden, dass nicht die Zielgruppe die Erlebenswelt des Unternehmens definiert, sondern die Marke Ausgangspunkt allen Handelns sei. Damit haben Sie Recht. Aber eine Markenpositionierung ist ohne eine gleichzeitige Zielgruppendefinition meist unvollständig. Gute und starke Marken haben immer einen sogenannten Markenkern. In diesem Markenkern ist die emotional-funktionale Quintessenz der Marke festgelegt.

Diese emotional-funktionale Quintessenz sorgt dafür, dass die Marke bestimmte Kundengruppen anzieht und von anderen Kundengruppen abgelehnt wird. Aber welche Kundengruppen werden angezogen und welche werden eher abgestoßen? Die Antwort ist einfach: Angezogen werden die Kundengruppen, deren emotionale Persönlichkeitsstruktur ähnlich oder gleich der von der Marke ausgesendeten Emotionen ist. Abgestoßen werden eher die Kundengruppen, deren emotionale Persönlichkeitsstruktur sich in völlig entgegengesetzten Emotionswelten zur Marke befindet. In Kapitel 3 werden wir uns noch intensiver mit dem Zusammenhang zwischen Marke und Persona beschäftigen.

1.2.6 Personas sind strategische Leitplanken

Aufgrund der sich schnell verändernden Märkte strömen auf ein Unternehmen viele tolle und neue Ideen ein, was man alles noch tun könnte: neue Produkte, neue Dienstleistungen, neue Märkte, neue Anwendungen. Der Vielfalt der Handlungsmöglichkeiten sind keine Grenzen gesetzt. Aber wer *alles* macht, macht am Schluss *nichts* richtig gut und verzettelt sich. Auch hier können Buyer Personas helfen, auf der Spur zu bleiben.

In Kapitel 3 werden wir das Beispiel eines Home-Shopping-Senders kennenlernen. Diesem Sender werden jährlich tausende Produkte angeboten. Aber wie trifft das Produktmanagement die Auswahl? Die erste Frage, die geklärt wird, lautet: Passen die Produkte zu unserem Markenversprechen? Die zweite Frage lautet: Sind die Produkte für unsere Personas relevant? Nur mit Produkten, die diesen Doppelfilter erfolgreich passieren, beschäftigt sich das Produktmanagement weiter. Diese Vorfilterung stärkt nicht nur das Markenprofil und die Akzeptanz bei den Kunden, sie vermeidet bei der Entscheidungsfindung auch Grundsatzdiskussionen. Denn mit der Marke und den Personas hat sich das Unternehmen für längere Zeit in seinem Kurs festgelegt. Damit wird verhindert, dass im Tagesgeschäft permanent über den Steuerkurs gestritten wird. Diese strategischen Leitplanken helfen auch bei der Innovationspolitik.

In Kapitel 5 wird deutlich werden, dass wir in der Fülle der neuen Aufgaben und Möglichkeiten gezwungen sind, effiziente Werkzeuge zu nutzen, um uns nicht zu verlieren.

1.2.7 Personas lenken Innovationen in die richtige Richtung

Die entscheidende Frage bei jeder Produkt- oder Service-Neuentwicklung oder auch bei jeder Verbesserung lautet: Was wünscht der Kunde? Oder noch stärker: Was könnte unseren Kunden begeistern? Das Problem: Kunden sind wie schon beschrieben sehr unterschiedlich und damit auch ihre Wünsche und Bedürfnisse. Ein älteres Ehepaar wünscht sich ein ruhiges, traditionell gestaltetes Urlaubshotel fernab von allem Rummel. Das junge Paar dagegen will das genaue Gegenteil: Party und Shopping. Der Technik-Freak hat eine große Freude daran, sein ganzes Haus zu digitalisieren: Unterhaltung, Sicherheit und Heizungsklima – alles digital und auf dem neuesten Stand. Der Technik-Muffel dagegen ist kaum in der Lage, sein Smartphone zu bedienen, und verweigert sich den meisten Funktionen, die sein Handy bietet. Dieser kleine Ausschnitt aus der Konsumwelt macht deutlich, dass Neu- und Weiterentwicklungen nur dann Aussicht auf Erfolg haben, wenn man dabei genau im Kopf hat, für wen man was macht.

Was ist da besser geeignet als das konkrete Bild vom Kunden, das durch Personas entsteht. Denn mit der Persona immer verbunden sind ihre konkreten Bedürfnisse und ihre konkrete Lebensführung. Da Personas immer den ultimativen Kernpunkt der Zielgruppen darstellen, sind sie der Dreh- und Angelpunkt für den Erfolg. Bei immer schnelleren Produktzyklen und immer größeren Produktdifferenzierungen nimmt die Gefahr des »Daneben-Schießens« erheblich zu, wenn die Zielscheibe, nämlich der Zielkunde, unscharf ist. Personas hingegen schärfen den Zielblick!

Damit verbunden ist ein weiterer Vorteil: Wenn ich nahe vor meinem Ziel stehe und dieses groß und scharf sehe, brauche ich viel weniger Schüsse, um es zu treffen, als wenn ich weit weg bin und das Ziel zusätzlich noch sehr verschwommen ist. Neuentwicklungen und Optimierungen werden durch und mit Personas besser und schneller erfolgreich.

1.2.8 Personas sind ideal für »minimal viabel solutions«

Insbesondere bei digitalen Produkten und Anwendungen geht man zunehmend dazu über, diese bei der Markteinführung nicht bis ins letzte Detail fertig zu haben. Hier wird das Pareto-Prinzip – dass meist mit 20% des Aufwands 80 % der Ideallösung erreicht werden – konsequent umgesetzt. In der Fachsprache heißen solche Produkte und Lösungen »Minimal viable products/solutions«. Das bedeutet, die Produkte/Lösungen können genau so viel, dass sie vom Markt akzeptiert werden und deshalb überleben. Sie haben aber noch längst nicht alle Möglichkeiten ausgeschöpft, die denkbar sind.

Der Vorteil liegt auf der Hand. Mit »Minimal viable products/solutions« kann man mit geringem Aufwand viel mehr Produkte/Lösungen im Markt testen, als wenn man seine gesamte Kraft in ein perfektes Produkt investiert und dann scheitert, weil es vom Kunden nicht akzeptiert wird. Mit dem Einsatz von Personas wird die Effektivitätslogik von »Minimal viable products/solutions« noch weiter optimiert. Weil man sich schon bei der Entwicklung noch genauer auf die Bedürfnisse seiner Zielkunden fokussiert, wird die Wahrscheinlichkeit einer positiven Marktresonanz wesentlich erhöht. Konkret bedeutet das: Man braucht weniger Aufwand bei der Produktentwicklung und diese Ersparnis kann man für weitere Innovationen nutzen. Natürlich gibt es auch Fälle, wo Personas bei der Angebotsentwicklung einen geringeren Nutzen haben, in Kapitel 5 werden wir uns mit diesen strategischen Fragen noch intensiver beschäftigen.

2 Die Bausteine von Personas

In Kapitel 1.2 haben wir die vielfältigen Vorteile und Nutzen von Personas für Unternehmen betrachtet; in diesem Kapitel wollen wir uns damit beschäftigen, welche Aspekte bei der Formulierung von Personas Beachtung finden sollten. Zur Erinnerung: Ziel jeder Persona-Formulierung ist es, den Kern seiner Zielgruppe(n) so plastisch und anschaulich wie möglich zu beschreiben. Das Ergebnis sollen prägnante, differenzierende Bilder von Menschen mit ihren Wünschen, Bedürfnissen und evtl. auch Ängsten sein. Gleichzeitig sollen diese Bilder empirisch auf belastbarem Boden stehen.

Aber: Menschen sind höchst unterschiedlich. Sie unterscheiden sich im Alter und im Geschlecht, sie unterscheiden sich aber auch darin, wie sie angezogen sind, was sie essen und wohin sie in Urlaub fahren. Sind diese Unterschiede zufällig? Oder gibt es möglicherweise Gesetzmäßigkeiten und Einflüsse, die erhebliche Auswirkungen auf ihre Art zu denken, zu fühlen und zu kaufen haben?[2]

Diese Einflüsse gibt es und sie stellen das strukturierende Grundgerüst bei der Persona-Entwicklung dar. In der Praxis empfiehlt es sich, all diese Einflussfaktoren auf die Bausteine von Personas anzuschauen. Es kann allerdings sein, dass in der endgültigen Persona-Formulierung nicht alle Aspekte berücksichtigt werden, weil sie nicht immer die gleiche Relevanz haben. In Kapitel 3 wird an verschiedenen Praxisbeispielen aufgezeigt, wie unterschiedlich die Persona-Bausteine gehandhabt werden können.

Welche Bausteine sind es also, die bei der Persona-Formulierung wichtig sind? Die Aspekte, die wir berücksichtigen müssen, teilen sich prinzipiell in drei Säulen auf:
1. **Persönlichkeit**
    – Die emotionale Persönlichkeitsstruktur (inkl. Alter und Geschlecht)
    – Werte und Werthaltungen
    – Wünsche und Interessen
    – Ängste und Barrieren
2. **Soziokultur**
    – Lebensphase/Lebenssituation (Familie usw.)
    – Sozioökonomie: Bildung, Beruf und Milieu, Schicht und Einkommen
    – Kulturelle Differenzen

---

2   Ausführlichere Informationen zu dem Thema finden Sie in dem Buch »Brain View« von Dr. Hans-Georg Häusel, das zum Teil Eingang in dieses Kapitel gefunden hat.

3. **Kategorie**
   - Kategoriespezifische Einstellungen (= konkrete Interessen, Erfahrungen und Wünsche in bestimmten Produktkategorien)

Zur Verdeutlichung und zur Veranschaulichung empfiehlt es sich, Persona-Beschreibungen mit Life-Style-Moods zu ergänzen. Weiter unten werden wir darauf noch etwas näher eingehen.

Wie Sie sicher bemerkt haben, sind das alles Aspekte, die vor allem für Consumer-Personas von Bedeutung sind. Für B2B-Personas brauchen wir einige davon auch, es kommen aber noch weitere hinzu. In Kapitel 2.6 werden wir uns damit gesondert beschäftigen.

2.1 Persönlichkeit

2.1.1 Die emotionale Persönlichkeitsstruktur

Dreh- und Angelpunkt bei der Formulierung von Personas ist die Beschreibung ihrer Persönlichkeit. Aber was ist Persönlichkeit? Woher kommt sie? Wir alle wissen, dass es sehr verschiedene Typen von Menschen und unterschiedliche Temperamente gibt. Vielleicht haben Sie eine Kollegin, die sehr ehrgeizig und manchmal sogar egoistisch ist. Eine andere mag ein eher lockerer Typ sein, die vor allem an einer guten Beziehung zu allen Kollegen und Kolleginnen interessiert ist. Bei beiden Kolleginnen gibt es gelegentliche Stimmungsschwankungen, aber der Grundtyp der Persönlichkeit ist relativ stabil.

Genau darum geht es: Offensichtlich gibt es Persönlichkeitseigenschaften, die über die Zeit hinweg relativ konstant sind und unsere Art zu leben, zu denken und natürlich auch zu kaufen erheblich beeinflussen. Die Antwort auf die Frage, woher diese Persönlichkeitseigenschaften und ihre Unterschiede zwischen den Menschen kommen, ist relativ einfach: Die Grundsäulen jeder Persönlichkeit sind unsere Emotionssysteme im Gehirn. Aber was sind überhaupt Emotionen?

Was sind Emotionen?
Vereinfacht gesagt sind Emotionen »Relevanz-Detektoren« die den »Verstandesteil/Handlungsteil« von uns wissen lassen, was wichtig und bedeutend für uns ist. Emotionen »wissen« das aus der Evolution. In unseren Emotionssystemen sind die Erfahrungen vieler Millionen Jahre gespeichert, die das Überleben eines Organismus sichern.

Doch wie hängen Emotionen und Persönlichkeit zusammen? Die Antwort lautet:

- Emotionen treiben uns an und motivieren uns. Emotionen geben uns Ziele vor.
- Emotionen bewerten, was gut oder schlecht für uns ist.
- Emotionen machen sich in unserem Bewusstsein in Form von Gefühlen bemerkbar.

Welche Emotionssysteme gibt es im Gehirn?

Nachdem die Grundlagen von Emotionen allgemein klar sind, interessiert uns, welche Emotionen es überhaupt gibt. In vielen wissenschaftlichen Werken werden sechs Basis-Emotionen proklamiert: Trauer, Überraschung, Freude, Ärger, Angst und Ekel. Doch diese Betrachtung ist völlig unzureichend, weil wichtige Emotionen fehlen und lediglich nur Emotionen mit eindeutigem Gesichtsausdruck in dieser Aufstellung zu finden sind. Außerdem sind die proklamierten Basis-Emotionen letztlich nur Teilgefühle einer viel umfassenderen Emotionsarchitektur. Es gibt eine ganze Reihe von Gefühlen, die keinen Gesichtsausdruck mit sich bringen, trotzdem aber von enormer Bedeutung sind. Denken Sie nur an Ihre erste Liebe, die Ihnen innerlich das Herz vor Sehnsucht weggebrannt hat. Kurz und gut: Die Theorie der sechs Basis-Emotionen ist zwar nicht völlig falsch, sie ist aber unvollständig und hilft bei der Formulierung von Personas nicht.

Welche Emotionssysteme gibt es aber nun wirklich? In einer langjährigen Forschungsarbeit hat der Mitautor dieses Buches, Dr. Hans-Georg Häusel, die vielfältigen Erkenntnisse der Hirnforschung mit bestehendem Wissen der Psychologie und umfangreichen eigenen Untersuchungen zu einem in dieser Form weltweit einzigartigen Persönlichkeits- und Emotionsmodell verknüpft. Sein Name: Limbic. Der Name kommt vom »limbischen System«, dem emotionalen Zentrum im menschlichen Gehirn. Abbildung 1 gibt einen Überblick über das emotionale Betriebssystem im Konsumentenhirn.

Im Zentrum aller Emotionssysteme stehen die sogenannten physiologischen Vitalbedürfnisse, wie z.B. Nahrung. Mit diesen Bedürfnissen werden wir uns nicht weiter befassen. Neben diesen Vitalbedürfnissen gibt es drei große Emotionssysteme. Diese sind:

- das Balance-System (Ziel und Zweck: Sicherheit, Risikovermeidung, Stabilität),
- das Dominanz-System (Ziel und Zweck: Selbstdurchsetzung, Konkurrenzverdrängung, Autonomie) und
- das Stimulanz-System (Ziel und Zweck: Entdeckung von Neuem, Lernen von neuen Fähigkeiten).

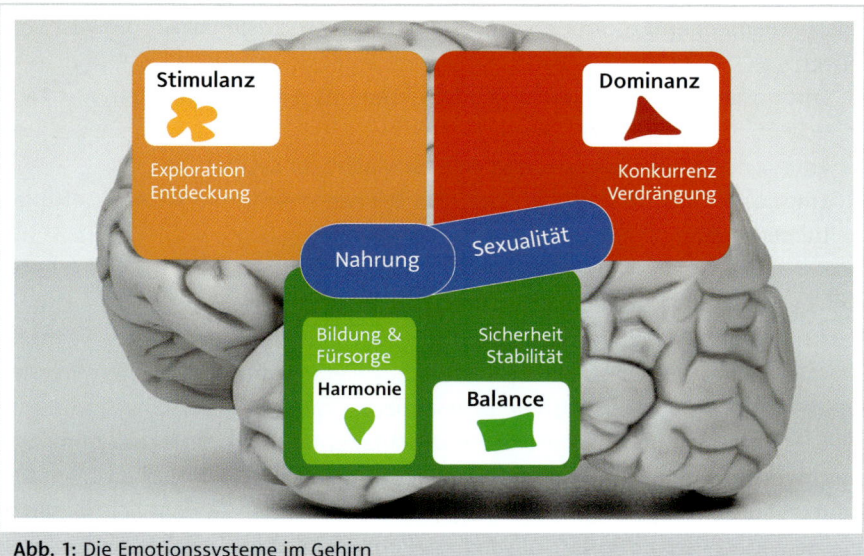

Abb. 1: Die Emotionssysteme im Gehirn

Im Laufe der Evolution haben sich zusätzliche Emotionssysteme im Gehirn entwickelt. Das wichtigste ist das Harmonie-System, bestehend aus unserem Wunsch nach Bindung und Fürsorge:

- Bindung (Positiv: Geborgenheitsgefühl; Negativ: Verlassenheitsgefühl)
- Fürsorge (Positiv: Liebe; Negativ: Gefühl, von niemandem gebraucht zu werden)

Das Harmonie-System ist im Gehirn eng mit dem Balance-System verknüpft. Eine Sonderrolle spielt die Sexualität, weil sie eigene Ziele verwirklicht und gleichzeitig auf vorhandene Emotionssysteme zurückgreift.

Bei allen Menschen sind alle diese Emotionssysteme vorhanden. Aber sie sind individuell unterschiedlich stark ausgeprägt. Das tragende Fundament unserer Persönlichkeit ist also nichts anderes als ein individueller Mix unserer Emotionssysteme. Die sogenannte Verhaltensgenetik geht nun davon aus, dass ca. 50 % der Persönlichkeit angeboren sind, die verbleibenden 50 % durch Erziehung, Lebenserfahrungen und Kultur geprägt werden Die entscheidenden Jahre einer möglichen Veränderung sind dabei die ersten Lebensjahre und die Jugend. Danach ist unsere Persönlichkeit ziemlich stabil (ausgenommen: Altersveränderungen).

2.1.2 Die Persönlichkeitsstruktur eines Menschen

Da die Emotionssysteme in unserem Gehirn zeitgleich aktiv sind, gibt es Mischungen zwischen ihnen. Diese Mischungen können wir ebenfalls als Persönlichkeitsdimensionen betrachten.

- Die Mischung zwischen Dominanz und Stimulanz ist Abenteuerlust: Man möchte etwas entdecken und sich dabei selber durchsetzen. Die Abenteuerlust ist auch durch hohe Risikobereitschaft und Impulsivität gekennzeichnet.
- Die Mischung zwischen Stimulanz und Balance/Harmonie ist Offenheit. Während das Stimulanz-System aktiv nach dem Neuen sucht, sind Balance/Harmonie eher passiv. Das kennzeichnet die Offenheit: Man lässt das Neue genussvoll auf sich zukommen und entdeckt die Welt aus dem Theatersitz oder dem Fernsehsessel.
- Die Mischung zwischen Balance und Dominanz ist Disziplin und Kontrolle. Das Dominanz-System möchte die Welt beherrschen, das Balance-System möchte Stabilität. Genau das zeichnet die Disziplin aus: Selbstbeherrschung.

Man kann jetzt die Persönlichkeitsstruktur eines Menschen und damit die einer Persona wie folgt darstellen:

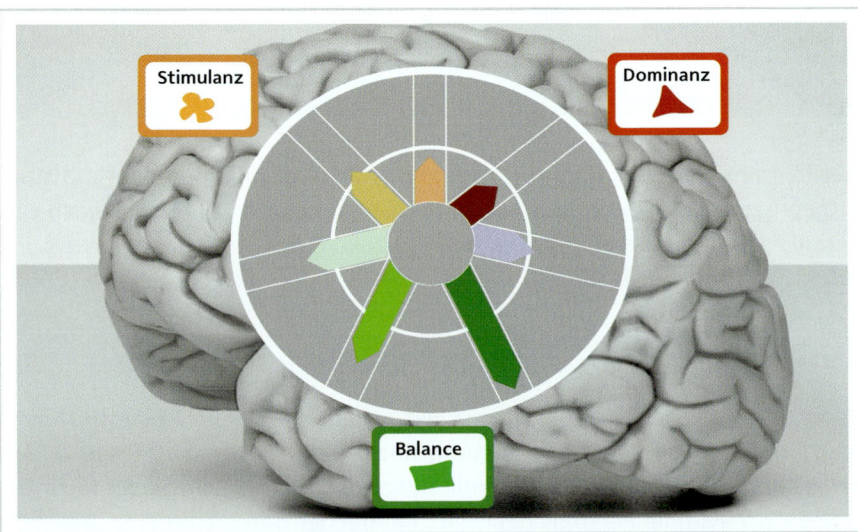

Abb. 2: Die Persönlichkeitsstruktur eines Menschen mit Schwerpunkt Balance

Wir sehen, dass zum Beispiel bei dieser Persona das Balance-System und Harmonie sehr stark, die Dominanz- und Stimulanz-Kräfte eher schwach ausgeprägt sind. Es handelt sich also um eine Persona, die vorsichtig und konservativ ist. Sicherheit im Leben ist ihr wichtig, aber auch die Geborgenheit in der Familie (in der Partnerschaft). Status (Dominanz) und Extravaganz (Stimulanz) spielen bei ihr keine Rolle. Stellen Sie sich nun diese Persona einmal beim Autokauf vor. Was ist ihr besonders wichtig? – Sicherheit, Airbags und Sparsamkeit.

Zum Vergleich schauen wir uns die Persönlichkeitsstruktur einer anderen Persona an:

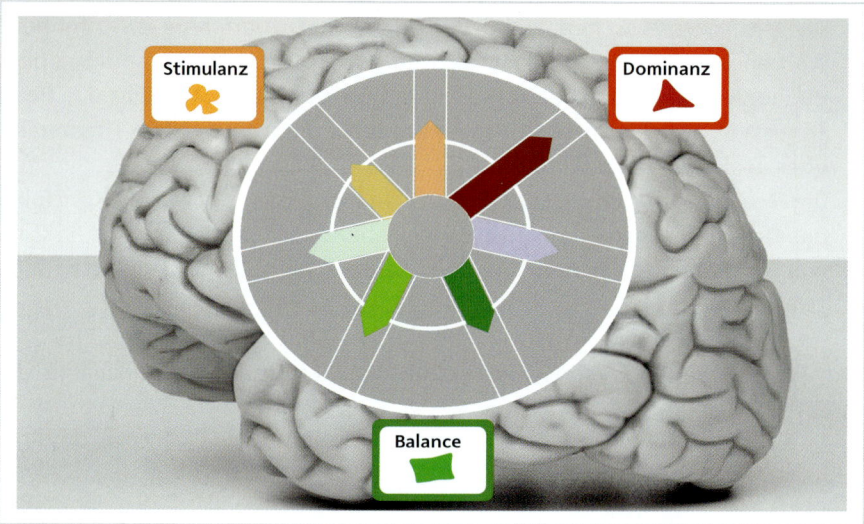

Abb. 3: Die Persönlichkeitsstruktur eines Menschen mit Schwerpunkt Dominanz

Hier fällt uns auf, dass die Dominanz sehr stark und die Abenteuerlust stark ausgeprägt sind. Im Gegensatz dazu sind Harmonie und Balance schwach vertreten. Was wäre dieser Persona beim Autokauf wichtig? Na klar: viele PS, Beschleunigung und Status.

Die Limbic Types

Wenn es darum geht, die Persönlichkeit differenzierter und nuancierter zu beschreiben, müssen wir alle Persönlichkeitsdimensionen betrachten. Aber ein wichtiges Prinzip bei der Formulierung von Personas ist die Einfachheit. Können wir also die Persönlichkeit auch einfacher beschreiben? Ja, das geht und die Lösung heißt: Limbic Types.

Die meisten Menschen haben ganz deutliche Schwerpunkte in ihren Emotions- und Motivsystemen und lassen sich auf diese Weise praxisnah typisieren. In unserem obigen Beispiel wird die erste Persona von einem starken Balance-

System beherrscht. Diese Persona wäre bei den Limbic Types ein/e »Traditionalistin«. Bei unserer zweiten Persona dominiert das Dominanz-System. Sie wäre ein(e) Performer(in). Abbildung 4 zeigt die kompletten Limbic Types und ihre repräsentative Verteilung in Deutschland. Die Verteilung in der Schweiz (deutschsprachig) und in Österreich ist fast identisch. Einige Unterschiede gibt es zwischen Ost-, Mittel- und Südeuropa. Erhebliche Unterschiede gibt es zwischen Deutschland und z.B. den Vereinigten Staaten.

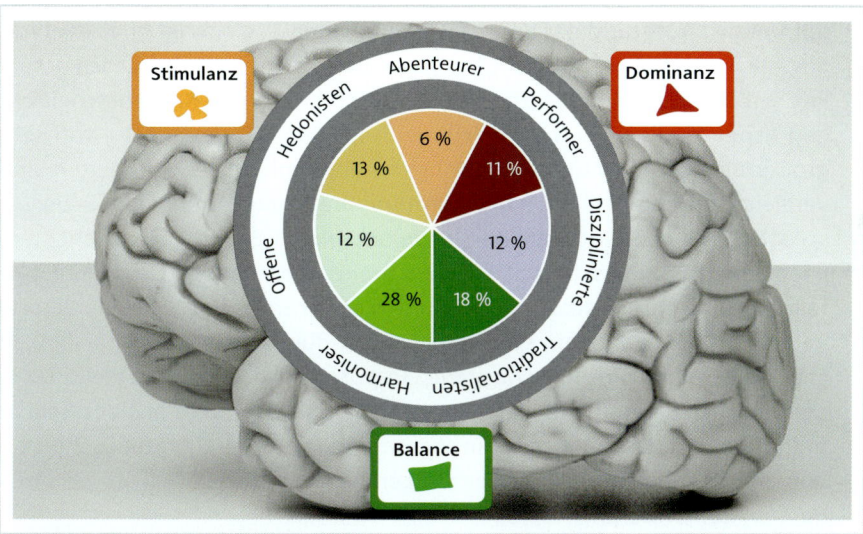

Abb. 4: Die Limbic Types (Quelle: Limbic® in b4p)

Wichtig !

Aber: Jede Art der Typisierung und Abstrahierung ist natürlich immer mit einem gewissen Informationsverlust verbunden. Dieses Manko muss man in Kauf nehmen. Eine Landkarte beispielsweise stellt auch eine Typisierung und Abstrahierung der realen Welt dar. Der Schmetterling auf der Wiesenblume wird von ihr genauso wenig gezeigt wie das Waldkäuzchen, das gerade seine Eier ausbrütet. Trotzdem hat eine Landkarte einen hohen Nutzen, weil sie dazu beiträgt, sich schnell zu orientieren und den richtigen Weg finden zu können. Genau dies ist die Aufgabe der Typisierung. Typen sollen helfen, zu vereinfachen, ohne dabei die wissenschaftliche und empirische Fundierung zu verlieren.

Nun zu unseren Limbic Types. Entsprechend der Persönlichkeitsdimensionen haben wir die Konsumenten in sieben Types eingeordnet. Diese sind

- der/die Traditionalist(in)
- der/die Harmoniser(in)
- der/die Offene
- der/die Hedonist(in)

- der/die Abenteurer(in)
- der/die Performer(in)
- der/die Disziplinerte (in)

Nachfolgend finden Sie Charakteristika zu den einzelnen Typen und ihrem Einkaufs- und Konsumverhalten:

1. *Der/die Traditionalist(in)*

   Der Traditionalist prüft alles sehr genau und beschäftigt sich sehr lange mit Details. Aufgrund der Vormacht des Balance-Systems ist er eher etwas ängstlich, vorsichtig und Neuem gegenüber nicht sehr aufgeschlossen. Wie wir bereits gesehen haben, sind für ihn bei seinen Kaufentscheidungen Aspekte, die Sicherheit, Vertrauen und Qualität vermitteln, von sehr großer Bedeutung. Auch seine Konsum- und Einkaufsgewohnheiten sind vergleichsweise starr. Er ist der prototypische Stammkunde, der einem Geschäft oder einem Unternehmen lange treu bleibt. Er richtet sich sehr stark nach dem Massengeschmack und dem breiten Common Sense. »Nicht auffallen« ist seine Devise. Marken haben in erster Linie eine Sicherheits- und Vertrauensfunktion. Sein Preisverhalten ist durch eine Grundsparsamkeit geprägt, weil jede größere Ausgabe ein potenzielles Risiko darstellt. Da er oft unsicher ist, braucht er Beratung. Regionale Produkte aus der Heimat finden sich verstärkt in seinem Warenkorb. Häufigere Arztbesuche und höheres Interesse an Gesundheitsfragen gehören dazu.

2. *Der/die Harmoniser(in)*

   Die Haupttreiber im Gehirn des Harmonisers sind das Bindungs- und das Fürsorgemodul. Was hat der Harmoniser mit dem Traditionalisten gemeinsam? Zunächst einmal regiert auch beim Harmoniser das Balance-System mit all den gerade beschriebenen Auswirkungen im Gehirn. Viele Merkmale des Traditionalisten finden sich deshalb auch beim Harmoniser wieder. Viel wichtiger ist aber die Frage, was den Harmoniser vom Traditionalisten unterscheidet. Es sind, wie angedeutet, die Sozial-Module »Bindung« und »Fürsorge« in seinem Gehirn, die besonders stark ausgeprägt sind. Auch der Harmoniser ist vorsichtig – aber er ist offener für andere. Er ist warmherzig und einfühlsam. Besonders wichtig: die Geborgenheit und Harmonie in der Familie. Insbesondere Produkte, die mit Garten, Heim, Herd und Haustieren zu tun haben, genießen bei ihm besonderes Interesse. Der Harmoniser liebt die Gemütlichkeit. Ehrgeiz und Wunsch nach Karriere sind bei ihm nicht sonderlich stark ausgeprägt.

3. *Der/die Offene*

   Der Offene zeichnet sich durch eine offene und bejahende Lebensführung aus. Er liebt Produkte, die einen hohen Genusswert versprechen, die Fantasie anregen und zum Träumen verführen. Zwar achtet auch er auf Qualität und auf natürliche Rohstoffe, aber der Genussaspekt darf nicht zu kurz kommen. Verwöhnen und verwöhnen lassen ist sein Motto. Er liebt das Shoppen und gönnt sich zwischendurch eine Pause, um einen Espresso zu genießen. Marken mit Erlebnischarakter sind seine Welt. Der Offene ist kontaktfreudig und besucht deshalb gerne kulturelle Ereignisse und Events, bei denen man neue Menschen kennenlernt. Auch das Erlebnis mit der Familie ist wichtig. Der Preis steht nicht im Vordergrund – trotzdem rechnet er, weil er für möglichst wenig Geld viel Genuss haben will. Aufgrund seines Balance-Anteils ist für ihn die Herkunft von Produkten von größerer Bedeutung. Sein Gesundheitsverhalten ist optimistisch, Wellnessprodukte und Dienstleistungen mit sensualem Wohlfühlcharakter sind für ihn wichtig.

4. *Der/die Hedonist(in)*

Seinen Namen erhielt dieser Typ vom griechischen »Hïdonï« = Freude, Vergnügen, Lust. In seinem Gehirn regiert das Stimulanz-System. Im Vergleich zum ausgeglichenen Offenen ist er viel aktiver und unruhiger. Der Hedonist ist immer auf der Suche nach Neuem, immer auf der Suche nach Spaß und der nächsten Belohnung. Dieser Typ ist übrigens auch weit überproportional auf den Suchtstationen von Krankenhäusern zu finden. Das Laute, das Schrille, das Extravagante und das Individualistische sind für ihn wichtig. Die Qualität und Herkunft eines Produkts spielt eine geringere Rolle, Hauptsache, das Ganze ist neu und anders. Der Hedonist ist der typische »Early Adopter«, der sich als Erster mit neuen Trends und neuen Produkten beschäftigt. Seine Vorliebe für Mode ist deshalb besonders groß. Er ist der klassische Impulskäufer, der viel und gern einkauft, selbst wenn er das Produkt nicht unbedingt braucht. Seine Einkaufsstättentreue ist sehr gering, sein Beratungsbedarf ebenso, weil er durch seine extrem optimistische Grundstimmung das Risiko verdrängt. Er ist überall dort zu finden, wo es etwas Neues oder Außergewöhnliches gibt. Gesundheitsfragen spielen eine geringere Rolle, der eigene Körper wird zur Erlebnis- und Gestaltungszone, mit dem man sich darstellen kann.

5. *Der/die Abenteurer(in)*

Während es dem Hedonisten um den Genuss an sich geht, kommt beim Abenteurer eine kämpferische, impulsive Komponente hinzu. Sich durchsetzen, sich selbst beweisen und trotzdem etwas dabei erleben – das ist seine Welt. Schneller, besser und stärker: Bei seinen Kaufentscheidungen spielt die Produktqualität eine geringere Rolle; im Vordergrund stehen die sichtbare Mehrleistung und Spaß. Seine Einkaufsstättentreue ist gleich null, genauso sein persönlicher Beratungsbedarf. Was er wissen muss, hat er längst im Internet recherchiert. Gesundheitsfragen interessieren nicht – das Gegenteil ist der Fall. Weil keinerlei Risikobewusstsein besteht, wird auch der Körper oft an die Grenzen seiner Leistungsfähigkeit geführt. Sportarten mit Thrill wie Paragliding, Snowboard fahren und Freeclimbing sind seine Welt. Da zum Abenteurer immer auch Rebellion gehört, bricht er aus Konventionen aus – sie sind ihm gleichgültig. Produkte, die er kauft, müssen befreien oder die Leistung steigern. Red Bull, aber auch alkoholische Getränke spielen eine große Rolle. Laute Rabattaktionen und heruntergesetzte Preise liebt er.

6. *Der/die Performer(in)*

Der Performer ist ehrgeizig und liebt den Status. Ein ins Auge gefasstes Ziel wird eisern verfolgt. Für den Performer sind Einkaufsorte und Produkte von großer Relevanz, die für Cleverness stehen oder hohen Status versprechen. Der Performer will zeigen, dass er der Beste und der Größte ist. Ein teurer Wein fasziniert ihn weniger wegen des Geschmacks, sondern wegen der Kennerschaft, die man abends in der Runde von Kollegen oder Freunden demonstrieren kann. Es werden Produkte gekauft, die überlegene Leistung, technische Perfektion und/oder Status versprechen. Teure Luxusuhren sind dafür ein Beispiel. Der Modestil ist klassisch und funktional. Um sich gegenüber anderen abzuheben, werden exklusive Restaurants und Geschäfte aufgesucht. Weil er besonders clever sein will, verachtet er Discounter aber nicht. Ein Blick in den Einkaufskorb zeigt allerdings, dass hier bevorzugt solche Artikel eingekauft werden, die unbemerkt verwendet werden können (Salz, Mehl, Milch, Spülmittel, Putzmittel usw.). Artikel dagegen, die andere zu sehen bekommen, wie z. B. Kleidungsstücke, werden dort nicht gekauft. Genauso ist sein Preisverhalten: Er versucht, wo es geht, den Preis zu drücken, um sein Ego durchzusetzen. Allerdings: Wenn der Status und Prestigegewinn eines Produkts groß sind, spielt der Preis eine geringere Rolle.

7. *Der/die Disziplinierte*

Dieser Typ hasst Unsicherheit und eine Umwelt, die er nicht unter Kontrolle hat. Spaß und Spontaneität sind seine Sache nicht. Das macht schon ein Blick auf die Anordnung der Limbic Types deutlich. Der Disziplinierte liegt dem Hedonisten diametral gegenüber. Während der Hedonist optimistisch Genuss und Abwechslung sucht, begegnet der Disziplinierte der Welt eher pessimistisch und misstrauisch. Er sucht keine Abwechslung und deshalb spielt auch Genuss nur eine geringe Rolle. Der Disziplinierte kauft nur das, was er wirklich braucht, keinen Schnickschnack, auf die reine Funktion Reduziertes. Weil die Welt sicher und beherrschbar sein sollte und er unliebsame Überraschungen hasst, sind Qualitäts- und Garantieaspekte von größerer Bedeutung. Der Disziplinierte ist ein Rechner: Er vergleicht Preise und braucht sehr lange, bis eine Kaufentscheidung fällt. Was die Welt berechenbarer macht, ist ihm willkommen, zum Beispiel Stiftung-Warentest-Ergebnisse. Dieser objektive Maßstab ist ihm wichtig. Einkaufsstätten mit berechenbarer Qualität, ohne Schnickschnack, zu günstigen Preisen schätzt er. Auf neueste Mode usw. legt er keinen Wert, die reine Funktion steht im Vordergrund. Alles Überflüssige wird abgelehnt. Sparsamkeit ist seine Grundtugend.

Schwerpunkte bilden – Beliebigkeit vermeiden

Wir haben gesehen, dass Menschen immer alle Persönlichkeitseigenschaften haben, allerdings sind diese immer unterschiedlich stark ausgeprägt. Bei der Formulierung von Personas besteht in der Praxis die Gefahr, dass man emotionale »Wollmilchschwein-Persönlichkeiten« konstruiert. Man beschreibt Persönlichkeiten, die immer alle Persönlichkeitseigenschaften gleichzeitig haben. Dann kommen Konstrukte heraus wie die »abenteuerlustige Harmoniserin«, oder der »ordentliche Hedonist« usw. usw.

Diese Ideen haben häufig ihren Ursprung darin, dass man persönlich zum Beispiel eine Harmoniserin kennt, die einmal eine Rafting-Tour oder einen Bungee-Sprung gemacht hat. Im Leben finden solche Eskapaden tatsächlich statt. Persönlichkeitseigenschaften sind nun mal keine Lebensführungs-Determinanten, sondern Lebensführungs-Wahrscheinlichkeiten. Bei der Formulierung von Persona-Persönlichkeiten geht es aber nicht darum, Einzelfälle mit geringer Wahrscheinlichkeit zu beschreiben, sondern den Schwerpunkt prägnant zu formulieren. Denn nur prägnante und emotional konsistente Persönlichkeiten bringen Nutzen in der Praxis. Je näher man sein Angebot, seine Marke am Zentrum der jeweiligen Persona positioniert, desto höher ist die Wahrscheinlichkeit des Erfolgs. Und desto höher ist die Wahrscheinlichkeit einer dauerhaften Kundenbeziehung. Und die ist ökonomisch besonders reizvoll.

> **Die Messung der Persönlichkeit in best for planning (b4p)**   **!**
>
> In Abbildung 4 haben wir die repräsentative Verteilung der Limbic Types in Deutschland gesehen. Die Daten der Limbic Types wurden mit Hilfe einer speziellen Fragebatterie ermittelt. Diese Fragebatterie ist in die jährlich durchgeführte Markt-Media-Studie der fünf großen deutschen Medienhäuser Best for Planning (b4b) integriert worden. Jährlich werden über 30.000 Menschen in Deutschland bei dieser Studie befragt (mehr darüber unter www.b4p.media). In Kapitel 3 werden wir einige Beispiele in der Anwendung von b4p bei der Formulierung von Personas sehen.

Die Messung der Persönlichkeit durch digitale Likes

Wie wir in Kapitel 4 sehen werden, dienen die digitalen Spuren, die ein Konsument oder ein Kunde hinterlässt, dazu, sich ein genaueres Bild über den Kunden zu machen und sein Kaufverhalten besser vorherzusagen. Die klassischen Big-Data-Analysen beschreiben im Wesentlichen aber das vergangene Informations- und Kaufverhalten und leiten daraus Vorschläge und Angebote für die Zukunft ab. Das Problem daran: Die Vergangenheit wird fortgeschrieben. Wer sich also z. B. über Mallorca informiert oder eine Reise nach Mallorca gebucht hat, bekommt nun längere Zeit weitere Vorschläge zu Mallorca. Das hilft sicher, hat aber den Nachteil, dass zukünftige Wünsche und Verhaltensweisen nur schwer erkennbar sind. Da Interessen und Kaufverhalten sehr stark von der Persönlichkeit beeinflusst werden, lag es nahe, dass Big-Data-Analysten auf die Idee kamen, auch die Persönlichkeit eines Kunden mit einzubeziehen. Doch wie kann man in den sozialen Medien auf die Persönlichkeit eines Menschen schließen? Die Antwort: durch die Likes, die jemand im Netz vergibt. In Kapitel 4 werden wir uns mit Chancen und Grenzen dieser Vorgehensweise noch intensiver beschäftigen.

2.1.3 Persönlichkeit und Geschlecht

Personas sollen die Kernzielgruppe(n) möglichst plastisch beschreiben. Ein wichtiges Merkmal einer Persönlichkeit ist das Geschlecht. Damit sind wir bei der Frage, ob es Unterschiede zwischen Frauen und Männern in der Persönlichkeitsstruktur gibt. Die Antwort lautet schlicht und einfach: Ja. Zwar gibt es viele Gemeinsamkeiten bei den Geschlechtern, trotzdem sind die Unterschiede erheblich. Frauen denken, fühlen und kaufen anders als Männer!

Um sich unvoreingenommen mit diesem Thema zu beschäftigen, muss man zunächst einmal den Mut haben, die Zeitgeist-Brille, besser die Zeitgeist-Scheuklappen abzunehmen. Aufgrund falsch verstandener Emanzipation lautet zurzeit nämlich der gesellschaftspolitische Imperativ: Weil Frauen die gleichen Chancen haben sollen wie Männer (richtig!), darf es zwischen Männern und Frauen keine Unterschiede geben (falsch!). Diesen Denkfehler nennt man in der Philosophie den »moralischen Fehlschluss«.

Diese falsch verstandene politische Gleichheitsforderung bestimmte auch über lange Zeit die wissenschaftliche Forschung. Nur solche Forscher wurden unterstützt, deren Ergebnisse die Gleichheit bestätigten und beispielsweise Unterschiede zwischen Männern und Frauen allein durch geschlechtsspezifische Erziehung und Sozialisation erklärten. Forscher dagegen, die wagten, biologische Ursachen in die Waagschale zu werfen, wurden im besten Fall nicht beachtet, im schlimmsten Fall als »Biologisten« und »Chauvinisten« beschimpft. Aufgrund der überwältigenden Befunde, die insbesondere von der Hirnforschung kommen, akzeptiert man heute, zwar noch zögerlich, aber doch immer mehr, dass Geschlechtsunterschiede im Denken und Verhalten primär eine biologische Ursache haben. Das soll nicht bedeuten, die Erziehung und Sozialisation spielten dabei keine Rolle: Mädchen werden vom ersten Tag an anders erzogen als Jungen. Wenn beispielsweise weibliche Babys weinen, wird das von den Eltern als Angst interpretiert, bei männlichen Babys dagegen als Wut.

Im englischen Sprachraum wird zwischen »Sex« und »Gender« unterschieden. Sex bezeichnet das biologische Geschlecht, während Gender eher die psychologisch-soziologische Geschlechterrolle beschreibt. Diese Differenzierung kann man noch vertiefen, wenn wir an Transsexuelle, Lesben und Schwule denken. Damit wollen wir uns aber nicht beschäftigen. Hier geht es um die prototypischen Unterschiede zwischen Frau und Mann bei der Formulierung von Personas.

Warum ist dieser Aspekt wichtig? Personas sind dann erfolgreich, wenn sie möglichst nahe an die wahren Bedürfnisse und Wünsche der Kernzielgruppe(n) kommen. Diese wahren Bedürfnisse sind oft tief im Unbewussten verankert. Und diese Sehnsüchte und Vorlieben richten sich nicht danach, was in der öffentlichen Diskussion als »politically correct« akzeptiert wird. Gerade in Großunternehmen liegt hier eine Gefahr. Aus lauter vorauseilendem politischem Gehorsam in größeren Organisationen werden Personas politisch korrekt formuliert. Dadurch werden sie aber in ihrer Wirkung stumpf und abgeschwächt[3]. Wer Männer und Frauen erreichen will, sollte sich schleunigst vom Unisex-Marketing und Unisex-Denken verabschieden und den Tatsachen ins Gesicht, besser ins Gehirn, blicken.

Schauen wir uns an, worin sich Frauen und Männer wirklich unterscheiden: Unsere Emotionssysteme basieren zum einen auf Gehirnstrukturen und zum anderen auf einem Mix verschiedenster Nervenbotenstoffe/Hormone. In den letzten Jahren hat die Hirnforschung viele Gehirnunterschiede in den Gehirnstrukturen zwischen Mann und Frau gefunden – es sind weit mehr als 300! Bei Männern sind die Hirnbereiche, die mit Dominanz- und Aggressionsverhalten zu tun haben, fast doppelt so groß wie bei Frauen. Bei Frauen dagegen sind die Hirnbereiche, die wesentlich am Bindungs- und Fürsorgeverhalten beteiligt sind, fast doppelt so groß wie bei Männern.

Doch diese Unterschiede erklären die Geschlechterunterschiede im Fühlen und Kaufen nur zum Teil. Von weit größerer Bedeutung sind die Nervenbotenstoffe und Hormone, die auf die Gehirnstrukturen einwirken und diese teilweise dauerhaft verändern. Besonders wichtig sind die männlichen Hormone, sogenannte Androgene wie z.B. Testosteron, und die weiblichen Hormone, also Östrogene wie z.B. Östradiol. Auch das Bindungs- und Vertrauenshormon Oxytocin ist bei Frauen wesentlich stärker ausgeprägt als bei Männern. Wissenschaftlich gesehen ist die Bezeichnung männliches bzw. weibliches Hormon übrigens inkorrekt. Der Grund: Alle diese neurochemischen Substanzen inklusive Östradiol und Testosteron sind sowohl bei Männern als auch bei

---

3   Ich erinnere mich an ein Persona-Projekt für einen Automobilhersteller. Die Vorgabe von oben war zunächst: »Geschlechtsunterschiede dürfen nicht thematisiert werden.« Gottseidank ließen sich die Verantwortlichen von diesem Irrsinn abbringen.

Frauen vorhanden, allerdings in teilweise extrem unterschiedlichen Konzentrationen.

Was Frauen gerne kaufen

Wir haben gesehen, dass im weiblichen Gehirn die Fürsorge- und Bindungshormone stärker am Werk sind. Aber auch das typisch weibliche Hormon Östradiol sorgt für Weichheit und Sanftheit. Wie macht sich dies nun im Kaufverhalten bemerkbar?

Zunächst einmal dadurch, dass 85 % aller Geschenke von Frauen gekauft werden. Aufgrund der Bindungs- und Fürsorgesysteme sowie der Hormone haben Frauen ein wesentlich stärkeres Interesse am »Nestbau«, genauer an den Themen Einrichten und Wohnen. 80 % aller Wohnzeitschriften werden von Frauen gekauft und gelesen. Soziale Themen, wie z. B. das Wohlergehen der Familie, haben einen weit höheren Stellenwert für Frauen als für Männer. Die Versorgung der Familie, der Lebensmittelkauf, wird zu 70 % von Frauen getätigt.

Östradiol ist aber auch ein Sexualhormon. Das Grundprinzip des weiblichen Sexualerfolgs heißt: Schönheit. Wertet man beispielsweise Heiratsanzeigen in allen Kulturen dieser Welt aus, beschreiben Frauen immer prominent ihre äußeren Reize (Männer dagegen stellen ihren beruflichen und finanziellen Erfolg in den Vordergrund). Und noch ein weiterer Beweis: 60 % aller jungen Mädchen in Deutschland wollen Model werden. Schönheits- und Attraktivitätsprodukte wie z. B. Mode und Kosmetik werden aus diesem Grund zu 70 % von Frauen gekauft. Natürlich werden diese Produktvorlieben auch durch Erziehung und Kultur etwas verstärkt – die eigentliche Ursache liegt aber in den Hormonen im Gehirn.

Was Männer gerne kaufen

Es gibt kein Hormon, das für so viel Kontroversen in der Gesellschaft sorgt wie Testosteron. Denn wenn ein Hormon wie Testosteron hauptsächlich für das »Böse« im Menschen verantwortlich ist, wird es mit sehr viel Argwohn betrachtet. Das Testosteron verstärkt den Wunsch nach Macht, nach Status, nach Risiko und nach Effizienz. Kein Wunder, dass 90 % der Porsche-Käufer Männer sind. Da fast alle technischen Produkte etwas mit Macht, mit Effizienz und mit »Weltbeherrschung« zu tun haben, ist es ebenfalls nicht überraschend, dass zum Beispiel das Interesse für Sportgeräte, Computer, Maschinen und Autos bei Männern doppelt bis dreimal so stark ausgeprägt ist wie bei Frauen. Eine Auswertung vor einiger Zeit hat übrigens gezeigt, dass sich in den letzten 10 Jahren hier nichts verändert hat. Testosteron erhöht auch die Risikobereitschaft – das macht sich im Gesundheitsverhalten bemerkbar: Männer achten zu 50 % weniger auf ihre Gesundheit als Frauen.

Geschlecht und Limbic Types

Wir wissen also, dass im männlichen Gehirn das Dominanz- und Sexualhormon Testosteron eine große Rolle spielt, während im weiblichen Gehirn das Toleranz- und Sexualhormon Östradiol und die Fürsorge- und Bindungshormone Oxytocin und Prolactin stärker den Ton angeben. Alle die geschilderten Geschlechtsunterschiede müssten doch auch zu erheblichen Unterschieden in der Verteilung der Limbic Types führen. Und genauso ist es, wie Abbildung 5 zeigt:

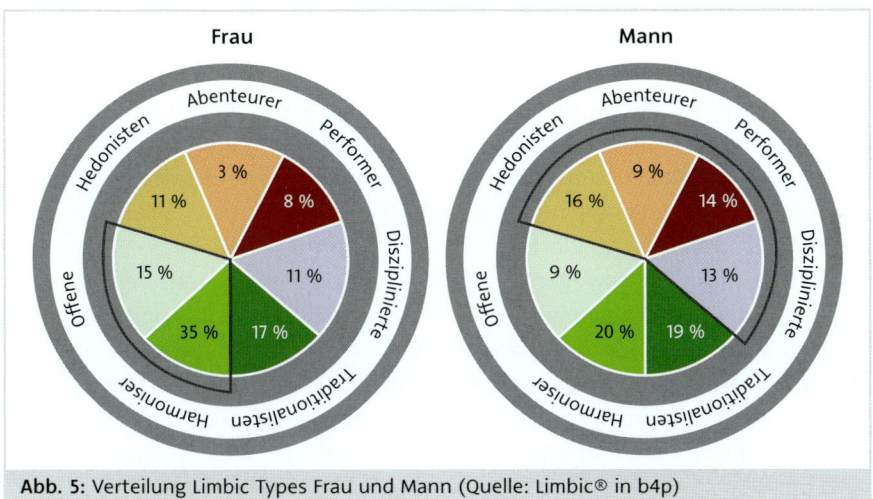

Abb. 5: Verteilung Limbic Types Frau und Mann (Quelle: Limbic® in b4p)

Deutliche Unterschiede zwischen Männern und Frauen gibt es vor allem bei Harmonie und Dominanz. In den anderen Persönlichkeitsdimensionen gibt es ebenfalls Differenzen, die sind aber nicht so groß. Allerdings zeigt die Geschlechtsverteilung der Limbic Types auch, dass Männer nicht grundsätzlich dominant und Frauen nicht grundsätzlich vorsichtiger und harmoniebedürftiger sind. Bei Frauen gibt es ebenso extrem leistungsorientierte Performerinnen, wie es unter Männern eine stattliche Anzahl an Harmonisern gibt!

Insgesamt gesehen aber zeigen die Zahlen, wie wichtig es ist, Geschlechtsunterschiede nicht unter den Teppich zu kehren, sondern bei der Formulierung von Personas aktiv zu nutzen.

2.1.4 Persönlichkeit und Alter

Wir haben gerade gesehen, welchen erheblichen Einfluss Geschlechtsunterschiede auf das Fühlen, Denken und Kaufen haben. Ein weiterer wichtiger Aspekt mit ebenfalls erheblichen Auswirkungen auf die Persönlichkeit ist das

Alter. Auch hier müssen wir manche Scheuklappen abnehmen. Unsere Gesellschaft lebt im Jugendwahn. Da ist die große Sehnsucht nach dem ewigen Leben. Sie ist der Treiber des medizinischen Fortschritts. Die Hoffnung auf Unsterblichkeit, die Verdrängung der negativen Seiten, die mit dem Altern verbunden sind, prägen nicht nur die Gesellschaft, sie bieten auch Marketingmythen reichen Nährboden. Da ist der Mythos der »Neuen Alten«, die mit Säcken voller Geld die Händler glücklich machen. Die Rede ist von den »50-plus-Best-Agern«, die nur so vor Geld und Konsumlust strotzen und bei deren Lebensstil keinerlei Alterseinflüsse erkennbar wären.

Noch eine weitere Strömung im Marketing ist zu erwähnen, ich nenne sie die Egalitaristen, die Gleichmacher. Es sind jene, die im Brustton der Überzeugung behaupten, Geschlechtsunterschiede seien ebenso wie Altersunterschiede vernachlässigbar. Jugendmarketing, Seniorenmarketing usw. seien unsinnig, weil sich der immer aufgeklärtere Konsument hin zu einem »age- & sex-less-consuming-process« bewegen würde. Bei beiden Betrachtungsweisen liegen Wunsch und Wirklichkeit meilenweit voneinander entfernt. Auch hier lohnt ein Blick ins Gehirn von Jungen und Alten, um die Veränderungen und Unterschiede deutlich zu machen. Das Gehirn, die Emotions- und Motivationssysteme, der Konsumstil, die Einkaufspräferenzen, aber auch die Fähigkeit zu denken und zu lernen verändern sich nämlich mit dem Alter erheblich.

Schauen wir uns dazu in Abbildung 6 den Altersverlauf der wichtigsten Nervenbotenstoffe an, die für die großen Emotionssysteme im Gehirn verantwortlich sind: Dopamin für Stimulanz, Testosteron für Dominanz. Für das Balance-System betrachten wir das Stress- und Angsthormon Cortisol.

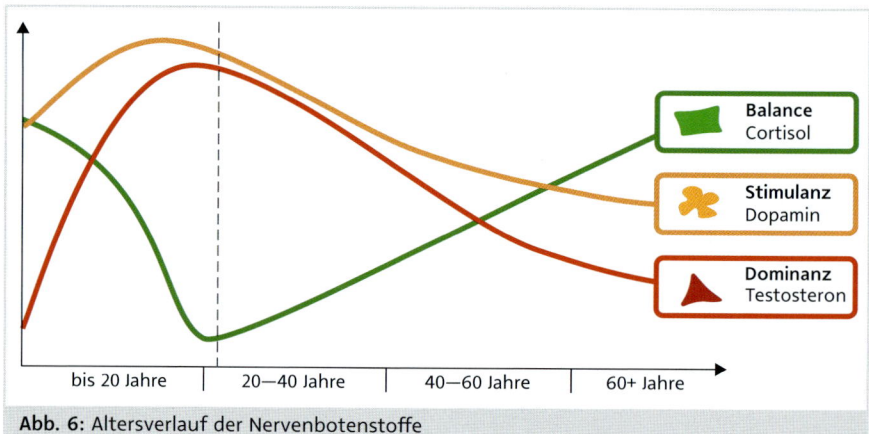

Abb. 6: Altersverlauf der Nervenbotenstoffe

- Dopamin (Stimulanz): Das Dopamin hat im Kindes- und Jugendalter einen starken Anstieg und nimmt dann mit 30 Jahren langsam ab. Der Grund ist klar: Im Kindes- und Jugendalter müssen wir neue Erfahrungen machen, lernen und entdecken. All das Gelernte hilft, sich in einer wechselnden Umwelt flexibel zurechtzufinden.

- Testosteron (Dominanz): Mit Einsetzen der Pubertät steigt die Testosteronkonzentration stark an und erreicht mit 20 bis 30 Jahren ihren Höhepunkt. Östradiol zeigt übrigens einen identischen Verlauf (allerdings durch die Monatszyklen stärker schwankend.). Auch hier ist der Grund klar: Fortpflanzung steht im Vordergrund.

- Cortisol (Balance): Völlig entgegengesetzt verläuft die Entwicklung von Cortisol. Es erreicht seinen Tiefpunkt zwischen 20 und 30 Jahren. Anders ausgedrückt: Zu dieser Zeit wird die Vorsicht für einige Jahre in Urlaub geschickt. Aber je älter wir werden, desto wichtiger werden uns feste Gewohnheiten, Sicherheit und Stressfreiheit.

Alter und Limbic Types

Diese neurobiologischen Zusammenhänge müssten sich auch bei der Verteilung der Limbic Types bemerkbar machen. Dazu schauen wir uns in Abbildung 7 die Limbic-Type-Verteilung von Jugendlichen (14–25 Jahre) und Senioren/innen (60 plus) im Vergleich an.

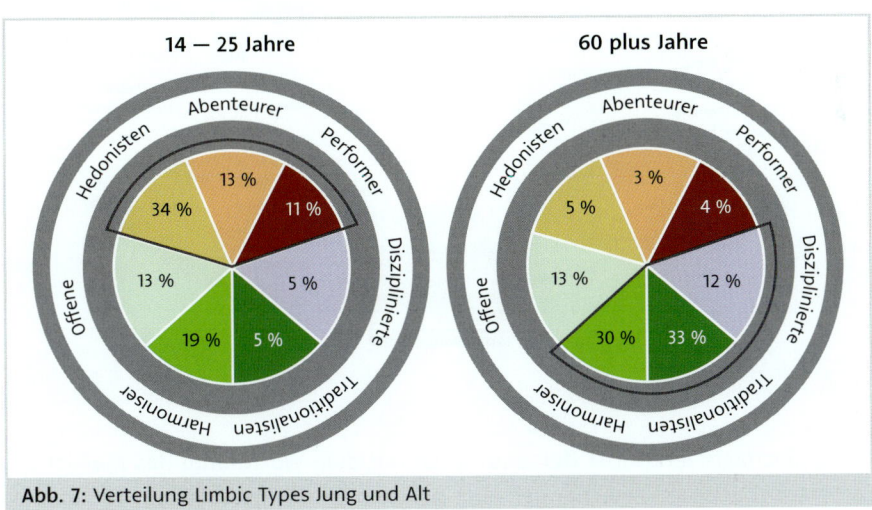

Abb. 7: Verteilung Limbic Types Jung und Alt

Der Sprung ist gewaltig. Die Hedonisten, Abenteurer, aber auch die Performer nehmen dramatisch mit zunehmendem Alter ab, während die Harmoniser, Traditionalisten und die Disziplinierten extrem mit dem Alter wachsen. Aber: Nicht alle Alten sind Angsthasen und nicht alle Jugendlichen sind Draufgänger.

Selbstverständlich gibt es 70-jährige Abenteurer genauso wie es 20-jährige Traditionalisten gibt. Aber: Die Wahrscheinlichkeit ist extrem unterschiedlich.

2.1.5 Persönlichkeit und Werte

Wir haben nun die verschiedenen Persönlichkeitsdimensionen, die prototypischen Limbic Types und deren Veränderung bei Geschlecht und Alter kennengelernt. Wir haben auch gesehen, dass die Emotionssysteme erheblichen Einfluss darauf haben, was den Menschen wichtig ist, wonach sie streben und wonach sie handeln. Diese übergeordneten Orientierungen nennt man Werte. Gerade beim Einsatz von Personas sind deren Werte eine wichtige Orientierungshilfe. Aber wie hängen Persönlichkeitsstruktur und Werte zusammen? Wie erkennt man, welche Werte mit einem Limbic Typ verbunden sind? Antwort und Hilfestellung für diese Fragen gibt die Limbic Map in Abbildung 8.

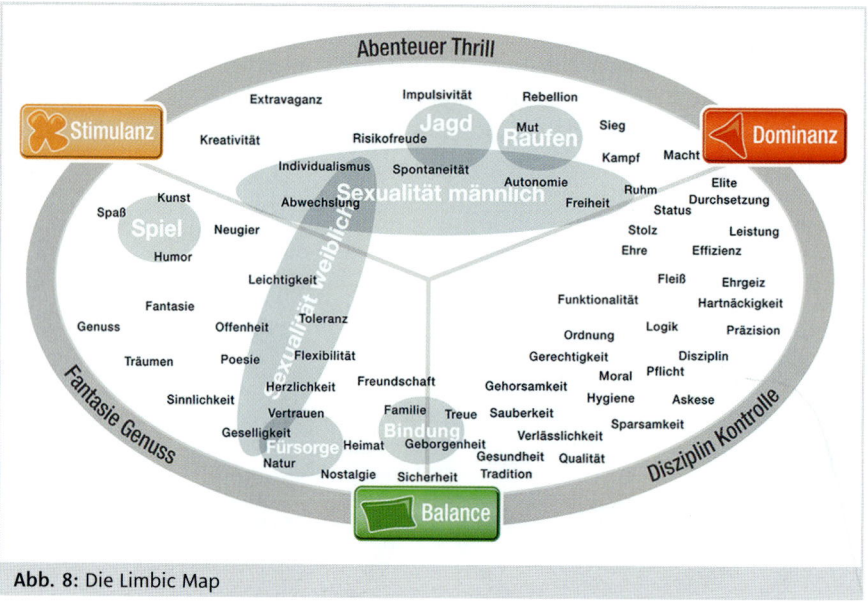

Abb. 8: Die Limbic Map

Die Limbic Map verknüpft den Emotions- mit dem Werteraum des Menschen. Die menschlichen Werte hängen eng mit den Emotionssystemen zusammen oder anders formuliert: Das, was Werte wertvoll und wichtig macht, sind die Emotionen, die mit ihnen verbunden sind. Sie können diesen Zusammenhang mit zwei kleinen Experimenten selber einmal ausprobieren:

- **Experiment Nr. 1:** Ich nenne Ihnen die vier Werte Kreativität, Zuverlässigkeit, Neugier, Qualität. Je zwei dieser Begriffe passen besonders gut zusammen. Welche sind das?

Wir spüren sofort, was zusammenpasst und was nicht. Kreativität gehört zu Neugier und Zuverlässigkeit zu Qualität.

- **Experiment Nr. 2:** Nun folgen vier weitere Werte. Lassen Sie diese Begriffe kurz auf sich (besser: auf Ihr Gefühl) einwirken: Sinnlichkeit, Zuverlässigkeit, Präzision, Mut. Überlegen Sie kurz, wo Sie diese Werte auf der Limbic Map einordnen würden.

  Und jetzt schauen Sie auf Abbildung 8 und suchen, wo diese Werte genau liegen.

Warum sind die beiden Gedankenexperimente relativ einfach zu lösen? In Experiment 1 spürt man die gemeinsame Kraft zwischen Neugier und Kreativität: Das ist das Stimulanz-System. Dasselbe gilt für Zuverlässigkeit und Qualität. Hier ist das Balance-System der Treiber. Bei der Einordnung der vier Begriffe aus Experiment 2 auf der Limbic Map braucht man sicher etwas mehr Zeit. Aber auch hier ist die Lösung mit kleineren Abweichungen spürbar. Man spürt instinktiv: »Sinnlichkeit« hat auf keinen Fall etwas mit Disziplin/Kontrolle zu tun und passt viel besser zu den Bereichen Fantasie/Genuss. Genau gegenteilig wirkt »Präzision«. Vor dem inneren Auge taucht möglicherweise ein Uhrwerk oder eine Maschine auf. Alles ist berechnet, nichts dem Zufall überlassen. Ähnliche Gegensätze fühlt man auch bei »Verlässlichkeit« und »Mut«. Man spürt, wie »Verlässlichkeit« zum Balance-Pol tendiert und »Mut« hin zum Pol Abenteuer/Thrill. Offensichtlich haben auch Werte einen relativ genau bestimmbaren Platz im Gehirn!

Aber wie verknüpft man jetzt eine Persona samt ihrer Limbic-Type-Zuordnung mit den Werten? Das ist ganz einfach: Wir legen die Limbic Types auf die Limbic Map (Abbildung 9) und sehen dann, welche Werte im selben Emotionsraum liegen.

Am Beispiel der Offenen sehen wir, welche Kernwerte bei ihnen eng verknüpft sind: Toleranz, Neugier, Phantasie. Die Kernwerte der Performer dagegen sind: Macht, Leistung, Status usw. Die Limbic Map gibt hier also eine Grundorientierung.

Man darf das aber nicht zu eng sehen: Die in Abb. 9 eingezogenen Linien sind als ungefähre Orientierung und nicht als scharfe Trennung zu sehen. Die Wertefelder der Limbic Types überlappen sich, sie dürfen durchaus auch übersprungen werden. Für einen Offenen kann in seinem Werte-Set durchaus mal Extravaganz (aus dem Hedonisten-Wertefeld) oder Herzlichkeit (aus dem Harmoniser-Wertefeld) auftauchen.

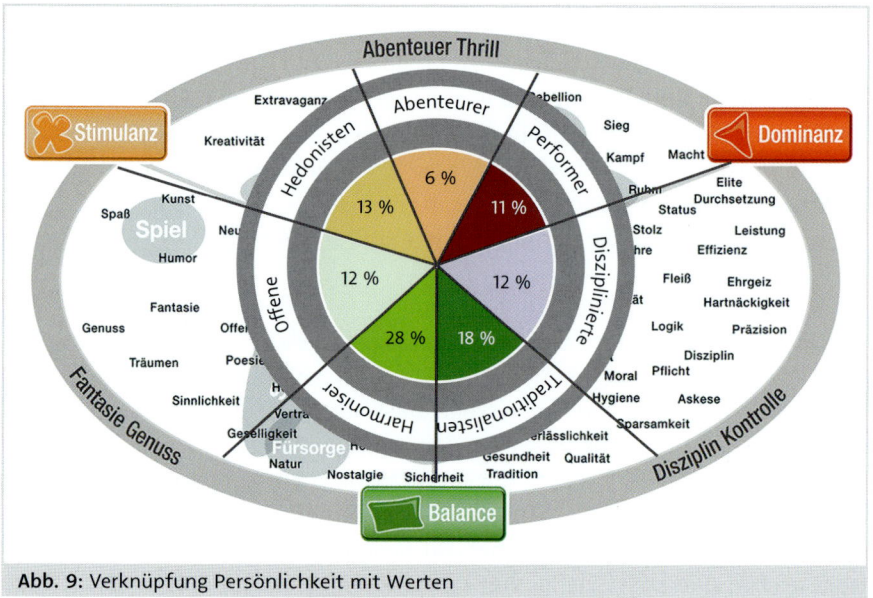

Abb. 9: Verknüpfung Persönlichkeit mit Werten

Verwirrend und wenig zielführend ist es aber, wenn man gleichzeitig zu viele Werte vom limbischen Gegen-Typ mit aufnimmt. Beispiel: Unsere Persona ist in ihrem Limbic Type eine Offene. Ihre Hauptwerte wären: Offenheit, Fantasie, Toleranz, Genuss usw. Wenn wir nun Werte von ihrem Gegen-Typ, dem Disziplinierten, dazustellen würden, wie Pflicht, Askese, Sparsamkeit, dann spüren wir instinktiv, dass das nicht passt.

2.1.6 Persönlichkeit und Wünsche/Interessen

Wünsche und allgemeine Interessen einer Persona sind ebenfalls eng mit ihrer emotionalen Persönlichkeit verknüpft. Für eine Harmoniserin steht der Wunsch nach sozialer Geborgenheit und Familie im Vordergrund. Ihre Interessen und Hobbys sind in der Regel eher ruhigerer Art: relaxen, gemütlich wandern, basteln usw. Ganz anders dagegen die Wünsche und Interessen eines Abenteurers: Extremsportarten, Autos, Computer-Kampf-Spiele usw. Im realen Leben gibt es auch hier wie schon mehrfach bemerkt Ausnahmen: Natürlich kann für einen Abenteurer auch die Familie ganz wichtig sein und natürlich gibt es einzelne Harmoniser, die risikoreiche Extremsportarten betreiben. Aber diese Ausnahmen sind selten.

Bei der Persona-Formulierung kümmern sie uns auch nicht, weil Personas prototypisch gedacht und gemacht werden. Denken Sie bitte immer daran, dass Personas nicht dazu da sind, einer realen Person Gerechtigkeit widerfahren zu lassen und sie zu verstehen. Es geht darum, möglichst genau ins Emotionszentrum einer Zielgruppe vorzudringen und das eigene Angebot darauf auszurichten. Je fokussierter Sie vorgehen, desto klarer werden Sie in Ihren Aktionen.

2.1.7 Persönlichkeit und Abneigungen

Die Emotionssysteme im Gehirn haben immer zwei Seiten: eine positive belohnende und eine negative, bestrafende Seite. Von der belohnenden Seite wollen wir immer mehr, die bestrafende Seite vermeiden wir. Wenn das Stimulanz-System positiv angesprochen wird, durch ein tolles Erlebnis zum Beispiel, spüren wir die Freude, die wir daran haben. Die negative Seite dagegen ist die ätzende Langeweile. Die lustvolle Seite von Harmonie findet sich in Geborgenheit, Liebe, Herzlichkeit, die negative Seite dagegen in Verlassenheit, Einsamkeit, Überforderung. Beim Balance-System ist die positive Seite das Gefühl von Schutz und Sicherheit, die negative Seite Angst, Unkontrollierbarkeit, Chaos.

Wenn wir Personas anschaulich darstellen wollen, ist es deshalb wichtig, nicht nur zu beschreiben, wonach sie streben (Wünsche usw.), sondern auch, was sie vermeiden und was sie hassen. Denn beide Seiten sind für den Kauf von Produkten oder Dienstleistungen wichtig. Eine Alarmanlage kauft man in erster Linie dazu, um Einbrüche (Bedrohung/Angst) zu vermeiden. Ein Fernsehgerät kauft man, um sich unterhalten zu lassen und so freudige Gefühle zu bekommen.

2.2 Soziokultur

2.2.1 Lebensphasen

Lebensphasen finden entlang des Alterns statt, wie bereits Kapitel 2.1.4 aufgezeigt hat. Mit der Betrachtung dieser Lebensphasen kommt eine neue, wichtige Perspektive mit ins Spiel.

Während Persönlichkeit, Geschlecht und Alter einen starken neurobiologischen Hintergrund haben, sind Lebensphasen davon zwar nicht unabhängig, sie werden aber auch stark durch soziale Einflüsse geprägt. Natürlich laufen die neurobiologischen Altersverläufe im Hintergrund mit, sie spielen aber nicht die Hauptrolle. Schauen wir uns in Abbildung 10 ein klassisches Lebensphasen-Modell an:

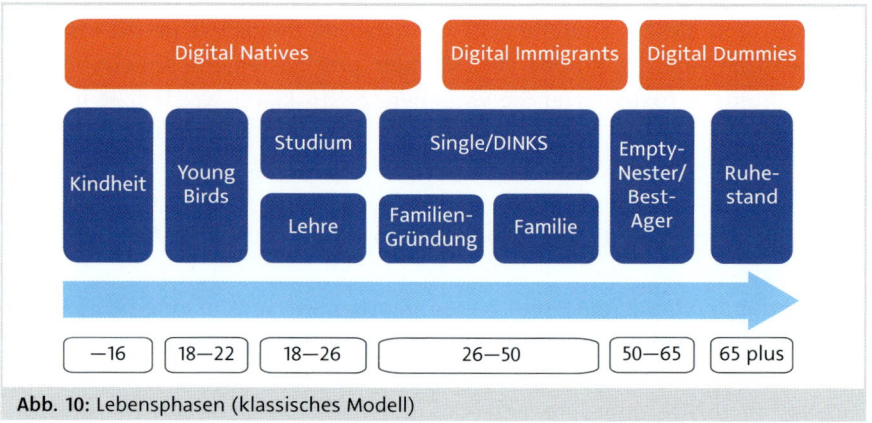

Abb. 10: Lebensphasen (klassisches Modell)

Es beginnt mit der Kindheit, geht weiter über Jugend, Ausbildung, Familiengründung, Empty Nester (Kinder aus dem Haus) bis hin zum Ruhestand. Die unterschiedlichen Lebensphasen verändern den Blick auf die Welt. Auch die Interessen und Bedürfnisse wandeln sich mit ihnen und damit natürlich auch das Konsum- und Investitionsverhalten.

Ein Beispiel verdeutlich das: Ein junges Paar, das gerade geheiratet hat und an Kinder denkt, schließt einen Bausparvertrag ab, träumt von einem Haus mit Garten usw. Sind die Kinder dann klein, fokussiert sich das Interesse auf das Wohlergehen der Familie. Sind die Kinder gerade aus dem Haus, beginnt man das Haus bzw. die Wohnung zu renovieren und beseitigt die Spuren der Kinder. Im Ruhestand verändern sich die Interessen wieder. Man hat mehr Zeit, macht Kreuzfahrten und kümmert sich um Haus und Garten und die Enkel.

Diese Verschiebung der Interessen und Bedürfnisse durch die Lebensphasen kann sehr groß sein. Bei der Persona-Formulierung ist es deshalb wichtig, immer auch die Lebensphase einer Persona mitzudenken und bei Bedarf mit in die Beschreibung der Persona aufzunehmen.

Die obige Grafik (Abb. 10) ist ein klassisches Abbild eines Lebenslaufs. In einer Gesellschaft,

- die sich zunehmend zersplittert,
- in der Partnerschaften nur wenige Jahre halten,
- in der sich Paare nach einer Scheidung in Patchwork-Familys zusammenfinden und
- in der Karrieren und Berufslaufbahnen nicht wie eine Leiter, sondern eher wie ein Klettergarten verlaufen,

lösen sich solche klassischen Lebensphasen-Modelle ein Stück weit auf. Trotzdem bewegt sich noch ein größerer Teil der Bevölkerung in dieser Struktur.

Mit den Lebensphasen und dem Alter verändert sich noch ein wichtiges Merkmal, wie Abb. 10 zeigt: der Umgang mit digitalen Medien. Während sich die Digital Natives in der digitalen Welt scheinbar mühelos bewegen und häufig über digitale Kanäle zu erreichen sind, findet sich das Gegenteil bei den Digital Dummies. Zwar benutzen auch diese zunehmend Computer, Tablets und Smartphones, ihr Leben findet aber noch weitgehend in der analogen Welt statt.

Damit ist nicht die Medienkompetenz gemeint, sondern die emotionale Bindung an digitale Medien und deren Bedeutung in der jeweiligen Lebensphase. Während sie bei Jugendlichen ein Teil der Identitätsfindung geworden sind, haben sie bei älteren Menschen je nach Situation eine andere Bedeutung: als Kommunikationsmittel zur Familie, Medium zur Entdeckung neuer Freiheiten oder nützliches Werkzeug zum Einkauf von Lebensmitteln und Medikamenten.

2.2.2 Soziokultur und Bildung/Einkommen/Schicht und Milieu/Wohnort

Was Menschen wichtig finden, wird nicht nur von ihrem inneren Antrieb und ihrer momentanen Lebensphase bestimmt. Der Mensch ist ein soziales Wesen, er lebt in Gruppen und Gemeinschaften und jede Gruppe hat bestimmte Werte und eigene Lebensstile. Die Gruppe und das soziale Milieu werden sehr stark von Bildung und Einkommen bestimmt. Menschen mit höherer Bildung haben in der Regel auch ein höheres Einkommen. Bildung und Einkommen wiederum bestimmen sehr häufig, wo wir wohnen, wer unsere Bekannten und Freunde sind usw.

Alle diese Faktoren haben einen großen Einfluss auf unsere Wünsche und unsere Lebensführung. Ein Manager z. B. mit einem Hochschulabschluss fährt an andere Urlaubsorte, liest andere Zeitschriften und kleidet sich anders als ein Hilfsarbeiter mit Hauptschulabschluss. Er kauft auch andere, meist teurere Produkte. Der Wohnort spielt ebenfalls eine Rolle: Menschen in der anonymen Großstadt sind neueren Entwicklungen meist etwas aufgeschlossener als solche, die auf dem Land leben.

Alle diese sozioökonomischen Faktoren müssen wir bei der Formulierung unserer Personas berücksichtigen, wenn wir ein plastisches Bild von unserer/en Persona/s entstehen lassen wollen. Jetzt werden Sie vielleicht fragen, ob es nicht ausreicht, eine Persona mit sozioökonomischen Faktoren zu charakterisieren? Zu was brauchen wir noch die Persönlichkeit? Hier hilft das Beispiel, das in manchen Vorträgen und Seminaren gerne zitiert wird:

Angenommen, ich charakterisiere zwei Menschen sozioökonomisch wie folgt:

- Alter: 70 Jahre
- Nationalität: Brite
- Einkommen: über eine Million Euro p. a.
- Wohnort: Schloss

Vielleicht denken Sie jetzt an Prinz Charles. Das ist durchaus richtig. Aber der wilde britische Rockmusiker Ozzy Osbourne (Beinamen: Prince of Darkness) entspricht genau den gleichen Kriterien. Ein Blick ins Internet auf ihre Persönlichkeit und Lebensführung zeigt, dass zwischen den beiden Welten liegen. Der Hauptgrund dafür liegt sicher in ihrer unterschiedlichen Persönlichkeit.

Sinus®-Milieus bei der Persona-Formulierung

Marketing-Professionals, die sich mit Zielgruppenmodellen auskennen, werden sicher fragen, ob man die Personas nicht einfacher und schneller (ohne Limbic Types und damit zusammenhängend Alter/Geschlecht) gleich auf der Basis der Sinus®-Milieus bilden könne. Schließlich gäbe es bei Sinus ja auch Performer und Hedonisten usw. Zusätzlich wäre bei Sinus der sozioökonomische Aspekt gleich mit eingebaut.

Zunächst vorweg: Wir haben große Hochachtung vor der Leistung des Sinus®-Instituts. Für viele Fragestellungen ist dieser bei Sinus verwendete Mix aus Soziologie und Psychologie eine gute Möglichkeit, schnell einen Überblick über die Struktur der deutschen Bevölkerung zu bekommen. Prinzipiell lassen sich auch die Sinus®-Milieus als Strukturierungsbasis nutzen. Wir glauben aber, dass bei der Persona-Formulierung Limbic das bessere Modell ist.

Die Begründung liegt darin, dass die Basis von Personas immer die menschliche Grundpersönlichkeit in ihren verschiedenen Persönlichkeitsdimensionen ist. Diese Dimensionen werden durch Limbic umfassend abgebildet. Zwar scheinen auch bei den Sinus®-Milieus Persönlichkeitseigenschaften durch (Performer = Dominanz), aber schon bei den Hedonisten ergibt sich ein Problem. Bei Sinus sind Hedonisten auf die Unterschicht beschränkt. Ein Blick zum Beispiel in die Oberschichtszeitschriften Gala, Cosmopolitan oder Vogue zeigt aber, dass es auch bei gehobenen Schichten sehr häufig hedonistische Persönlichkeiten gibt. Dazu kommt, dass wichtige Persönlichkeitseigenschaften wie Harmonie, Abenteuerlust, Offenheit und Disziplin bei Sinus überhaupt nicht vorkommen.

Ein zusätzliches Problem ist das Geschlecht. Wir haben oben gesehen, dass es viele Unterschiede zwischen Männern und Frauen gibt. Mit dem Limbic-Ansatz werden diese Unterschiede erklärt; mit Sinus dagegen nicht. Gleiches gilt für das Alter und seine Einflüsse auf die Persönlichkeit. Zwar gibt es bei Sinus Alterskorrelationen: Das hedonistische Milieu ist im Durchschnitt jünger als das traditionell-konservative Milieu. Aber eine Korrelation erklärt kein Warum. Mit Limbic werden Altersentwicklungen wesentlich besser erklärt als mit Sinus.

Wie gesagt, es geht nicht darum zu sagen: Limbic ist besser als Sinus®. Es gibt viele Anwendungen, bei denen Sinus Vorteile hat. Bei der Entwicklung von Personas ist Limbic aber das bessere Modell, weil es näher an den Menschen und das Individuum herankommt. Verkürzt ausgedrückt, erklären sich die Eigenschaften der Menschen bei Sinus® eher aus dem Umfeld (»Sage mir, mit wem du gehst und ich sage dir, wer du bist«), bei Limbic eher aus der psychischen Disposition (»Zeige mir, wie du fühlst, und ich sage dir, wer du bist«). In einer zunehmend fragmentierten Gesellschaft bietet das zweite Modell mehr Möglichkeiten.

In Kapitel 4 und 5 werden wir noch auf zwei weitere Vorteile des Modells eingehen: Die Limbic Map bietet Werte, die man sofort für die semantische Analyse von Kundenbewegungen im Netz nutzen kann und für Keyword-Advertising. Und die Limbic Map gibt eine konkrete Orientierung bei der Entwicklung von Produktmerkmalen.

2.2.3 Kulturelle Differenzen

Viele Unternehmen sind international tätig und bei der Formulierung von Personas stellt sich die Frage, ob das, was für den deutschsprachigen oder mitteleuropäischen Raum Bestand hat, auch international gilt? Die Antwort: zum Teil.

Fangen wir damit an, was kulturübergreifend stabil ist. Das sind unsere Emotionssysteme im Gehirn und daraus auch abgeleitet die Grundpersönlichkeit, wie wir sie mit Limbic beschreiben. In allen Kulturen gibt es diese Persönlichkeitsunterschiede. Es gibt die Hedonisten, die Abenteurer, die Performer usw. Auch die neurobiologischen Unterschiede in Bezug auf Alter und Geschlecht sind universell. Was sich aber kulturell stark unterscheidet, sind u. a die Lebensführung, aber auch die Alters- und Geschlechtsrollen.

Lebensführung
Fangen wir mit der Lebensführung an und nehmen als Beispiel einen Performer, also einen Mann mit hoher Dominanz-Ausprägung und Durchsetzungskraft. Diesem Persönlichkeitstyp ist der Erfolg und der Status wichtig und er kauft auch gerne Statusprodukte wie Uhren und besonders wichtig: Autos.

Das ist kulturell relativ gleich und stabil. Trotzdem gibt es aufgrund der Kultur hier erhebliche Unterschiede: Während der deutsche Performer seinen 5-er BMW (mit großem Motor und allem Schnickschnack) möglichst dezent in die Garage stellt, parkt der chinesische Performer seinen Rolls Royce gut sichtbar vor dem Haus. Unsere Kultur ist nämlich eher eine Neidkultur, die stark von christlichen Wertmaßstäben geprägt wurde. Ein Blick in die Bibel zeigt, warum: »Eher geht ein Kamel durch ein Nadelöhr, als dass ein Reicher in das Reich Gottes gelangt (Markus 10, 23–27).« Reichtum und Status laut und protzig zu zeigen, ist in Deutschland eher verpönt.

Völlig anders ist dagegen der kulturelle Kontext eines chinesischen Performers. Seine Werthaltungen werden stark vom Konfuzianismus beeinflusst. Der Konfuzianismus propagiert Leistung und sichtbaren Erfolg. Die, die es zu etwas gebracht haben, sind nicht Feindbilder wie bei uns, sondern Vorbilder. Ein chinesischer Performer hat deshalb kein Problem damit, mit seinem Auto richtig anzugeben. Dieser Unterschied zeigt sich übrigens auch in der calvinistisch geprägten Kultur in den USA im Vergleich zu Deutschland.

Aber auch in den Zeichen dieser Werte gibt es Unterschiede: Betrachten Sie die Werte, die in Deutschland mit den hier produzierten Automarken in Verbindung gebracht werden. Sie werden schnell VW (»das innovative Auto für alle«), Mercedes (»der gute Stern«), BMW (»Freude am Fahren«) oder Audi (»Vorsprung durch Technik«) zuordnen können. In vielen anderen Ländern stehen diese Autos viel näher zusammen im Bereich »Status«, weil durch hohe Luxussteuern oder das Ansehen von »Autos aus Deutschland« einfach per se schon dieser Wert zugeordnet wird. Sie können dieses Experiment aber auch umgekehrt machen. Ihre Souvenirs aus dem Urlaub werden von Ortsansässigen meist viel kritischer betrachtet, weil diese die Dinge viel differenzierter betrachten. Die isländische Sprache wartet nicht umsonst für die Beschreibung für Schnee mit 14 Wortstämmen auf.

Geschlechtsrollen und Alter

Über die neurobiologischen Konstanten haben wir oben gesprochen, trotzdem gibt es beim Geschlecht ebenfalls große kulturelle Unterschiede, insbesondere wie es gelebt, gefühlt und artikuliert wird. Das ist auch der Bereich, in dem der Begriff Gender von großer Bedeutung ist. Es ist offensichtlich, dass sich eine gut ausgebildete und selbstbewusste junge Frau in Mitteleuropa anders wahrnimmt und anders lebt als ihre gleichaltrige Alterskollegin in arabischen Ländern. Auch ihre soziale Rolle und ihr sozialer Spielraum sind völlig unterschiedlich.

Ähnliches gilt für das Alter. Während in unserer westlichen »Jugendkultur« ältere Menschen eher als Last begriffen werden, werden sie in vielen asiatischen Ländern verehrt. Auch ihre Stellung in der Familie und der Gesellschaft ist deshalb eine andere.

Fassen wir zusammen: Bei der internationalen Persona-Formulierung ist es wichtig, immer von den universellen neurobiologischen Konstanten Persönlichkeit inkl. Alter und Geschlecht auszugehen. Für die Feinjustierung der anderen Dimensionen Werte, Wünsche, Interessen, Lebensphasen, soziales und kulturelles Milieu und kategorie-spezifische Präferenzen (siehe folgendes Kapitel 2.3) empfehlen wir dringend, Kulturspezialisten für die jeweiligen Länder/Kulturen mit an Bord zu nehmen. Alle letztgenannten Dimensionen werden sehr stark von kulturellen Einflüssen geprägt und beeinflusst.

2.3 Kategorie-spezifische und individuelle Präferenzen

Mit den obigen Dimensionen haben wir Personas weitgehend beschrieben. Wir sind aber noch nicht ganz fertig. Kunden haben nämlich häufig individuelle Vorlieben, Fertigkeiten und Einstellungen, die weder durch Persönlichkeit noch durch Soziokultur erklärt und auch nicht beschrieben werden können. Diese Unterschiede kommen meist aus individuellen Erfahrungen und Präferenzen in bestimmten Produkt- oder Dienstleistungskategorien. Für Unternehmen, die in diesen Kategorien tätig sind, können diese Differenzen sehr wichtig sein.

Ein kleines Beispiel soll das verdeutlichen: Für ein Buchverlagshaus mit Schwerpunkt Gesundheit sind Frauen, Typ Harmoniserin, Alter 40–60, Basis für eine Persona; nennen wir diese einfach »Maria«. Wenn wir alle oben beschriebenen Variablen ausgefüllt haben, haben wir ein relativ gutes Bild von Maria. Was wir aber noch nicht beschrieben haben, ist das Medien- und Buchverhalten von Maria. Es gibt nämlich Marias, die ihr Gesundheitsinteresse weitgehend im Internet stillen. Andere Marias trauen dem Internet nicht, sondern nur dem, was sie als Buch schwarz auf weiß in den Händen halten. Bei der Persona-Formulierung wird der Verlag deshalb seine Maria-Beschreibung mit den Attributen »Informiert sich hauptsächlich über Bücher« und »Nur sporadische Internetnutzung« versehen. Damit wird die Persona-Gruppe Maria zwar kleiner, aber auch schärfer und zugänglicher für valide Potenzialschätzungen.

Diese individuellen und meist kategorie-spezifischen Schärfungen trifft man überall. Für einen Pharmahersteller kann es wichtig sein, ob seine Arzt-Persona Homöopathie einsetzt oder ablehnt. Für einen Baumarktbetreiber ist es von Bedeutung, ob seine Persona mit zwei linken Händen bastelt oder handwerklich geschickt und versiert wie ein Profi ist.

> **!** **Lifestyle-Moods**
>
> Ein Bild sagt mehr als tausend Worte und das gilt auch bei der Beschreibung von Personas. Ein Ziel von Personas ist es, dass bei allen Beteiligten ein konkretes Bild von der Kernzielgruppe im Kopf entsteht. In der Praxis verstärkt man diese Veranschaulichung durch sogenannte Lifestyle-Moods, die möglichst in einem Gruppenprozess gebildet werden. Die Bilder und Elemente dafür findet man im Internet. Ganz wichtig sind Zeitschriften, aus denen man Bilder, Szenen, Texte usw. herausschneidet, die für die Persona typisch sind. Alles zusammen wird dann zu einer großen »Stimmungs-Collage« oder neuhochdeutsch »Lifestyle-Mood« zusammengefügt. Schon die Erarbeitung und die Zusammenstellung dieser Collagen ist für die Teilnehmer ein wichtiger Diskussions- und Erkenntnisprozess, weil man an konkreten Bildern diskutiert und beginnt, die Persona zu spüren.
>
> Auch bei der späteren Einführung von Personas ins Unternehmen kann man die Erstellung von Lifestyle-Moods als wichtige Gruppenarbeit und »Selbsterfahrung« für die Teilnehmer wiederholen. Das gemeinsame Schneiden, Kleben, Gestalten und Diskutieren sorgt dafür, dass nicht nur auf dem Flipchart, sondern auch im Kopf ein Bild entsteht.
>
> *Anmerkung der Autoren: Wir hätten gerne ein paar echte Praxisbeispiele für solche Moods gezeigt. Aus Bildrechts-Gründen ist das leider nicht möglich.*

2.4 Personas in B2B

Auch im B2B können Personas sehr hilfreich sein. Allerdings unterscheiden sich die Bausteine im B2B doch in mancher Hinsicht von denen, die wir oben kennengelernt haben und stärker auf B2C ausgerichtet sind. Zunächst einmal:

- Was bleibt gleich?

  Auch im B2B beschreiben wir die Persönlichkeit (Limbic Type, Werte, Geschlecht, Alter) wie im B2C. Auch wenn Geschlecht nicht die Rolle spielt wie im B2C, ist es von Bedeutung. Ebenso sind Ausbildung und beruflicher Hintergrund von Interesse.

- Was ist anders?

  Prinzipiell laufen im B2B die Entscheidungen anders als im B2C: Der bewusste Anteil ist wesentlich größer. Der Entscheider/die Entscheiderin wird durch ihre Rolle/Aufgabe vorgeprägt: Ein Einkäufer schaut auf eine Investition anders als der Geschäftsführer oder die Finanzchefin. Die Rolle hat aber häufig einen emotionalen Hintergrund, weil sich Menschen oft den Beruf suchen, der zu ihrem emotionalen Persönlichkeitsschwerpunkt passt. Dieses Phänomen nennt man in der Psychologie »Selbstselektion«. Ein Mensch mit einem ausgeprägten Stimulanz-System fühlt sich in der Marketingabteilung wohler als in der Buchhaltung. Und ein Geschäftsführer ist in der Regel mit einem überdurchschnittlich starken Dominanz-System ausgestattet, denn sonst hätte er keine Karriere gemacht.

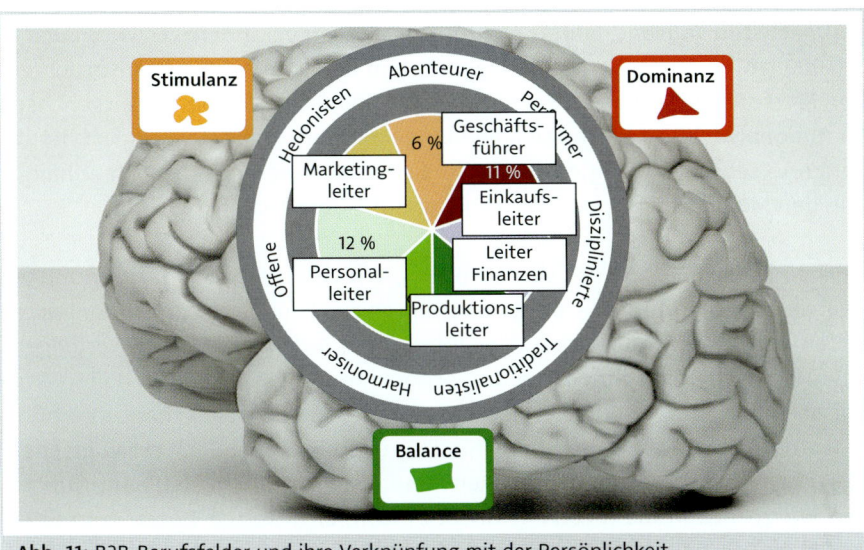

Abb. 11: B2B-Berufsfelder und ihre Verknüpfung mit der Persönlichkeit

Zudem sind im B2B meist mehrere Personen oder Abteilungen an der Entscheidung beteiligt. Der Grundaufbau einer B2B-Persona sieht also in etwa wie folgt aus:

- Persönlichkeit (Limbic Type, Alter, Geschlecht)
- Werte
- Ausbildung/Bildung
- Aufgabe und Stellung im Unternehmen/Entscheidungsmacht
- Tätigkeiten
- Entscheidungsverhalten und Entscheidungsstil
- Likes und Dislikes
- kategorie-spezifische Interessen
- kulturelle Eigenarten

2.5   Personas im digitalen Wandel

Wir leben im Zeitalter von digitalen Umbrüchen, die unser Leben und unser Verhalten in vielen Bereichen dramatisch und schnell verändern. Zu Recht stellt sich hier jetzt die Frage, ob Personas, die ja eine langfristige Ausrichtung für ein Unternehmen bedeuten, noch sinnvoll sind.

Um diese Frage zu klären, müssen wir uns klarmachen, was bei Personas stabil bleibt und was sich mit gesellschaftlichem und technologischem Wandel verändert. Unsere Emotionssysteme und damit die Grundsäulen unserer Persönlichkeit haben Millionen Jahre auf dem Buckel und sie werden sich auch in den nächsten Tausend Jahren nicht grundsätzlich verändern. Es wird auch in 100.000 Jahren Menschen mit ausgeprägtem Ehrgeiz und Machtanspruch geben (Performer), wie es besonders vorsichtige und risikoaverse Zeitgenossen (Traditionalisten) gibt. Was sich allerdings mit dem Wandel verändert, ist die konkrete Lebensführung dieser Persönlichkeiten. Diese ist nämlich abhängig von den Möglichkeiten, die der Markt und die Gesellschaft bietet.

Ein kleines Beispiel soll das verdeutlichen. Wir versetzen uns dazu ins Mittelalter und betrachten uns einen sehr ehrgeizigen und leistungsorientierten Ritter (Performer). Was wären seine Interessen? Auf was würde er Wert legen? Er würde nach dem schnellsten und schönsten Hengst Ausschau halten, weil der bei einem Turnier was hermacht und zudem seine Siegeschancen erhöht. Er würde sich ebenfalls die beste Rüstung und das beste Schwert wünschen. Gleichzeitig würde er intensiven Reit- und Fechtunterricht nehmen. Nun gehen wir zurück in die Jetztzeit. Unser Performer-Ritter ist heute ein Performer-Manager. Sein Hengst wäre heute ein Porsche, Ferrari, BMW oder Audi. Seine Ausrüstung wäre sein digitales Equipment und sein Fecht- und Reiterunterricht wäre ein Kurs an einer internationalen Business-School. Was gleich bleibt, wird klar: der Wunsch, der Performer Nr. 1 und der Beste zu sein. Was sich dramatisch verändert hat, sind die gesellschaftlichen Strukturen und die Technologien, die man einsetzen kann, Nr. 1 zu werden.

Weil sich ein digitaler Wandel sowohl auf Produkte und Möglichkeiten wie auch auf Gesellschaft auswirkt, sind alle Aspekte von Personas, die davon betroffen sind, wie Lebensführung, Hobbys, Interessen, konkretes Verhalten, in bestimmten Produktkategorien usw. immer wieder auf ihre Aktualität zu überprüfen! Und je schneller und umfassender der Wandel ist, desto häufiger muss diese Aktualisierung erfolgen. In Kapitel 4 und Kapitel 5 werden wir uns sehr ausführlich damit beschäftigen, wie man Personas in einer digitalen Welt fundiert und optimiert.

So einfach wie möglich

In diesem Kapitel haben wir jetzt gesehen, welche Bausteine bei der Formulierung von Personas berücksichtigt werden sollten. Jetzt werden Sie sicher sagen: »Recht und gut – aber wenn ich alle diese Aspekte mit in die Persona-Formulierung aufnehme, werden Romane daraus und Personas sollten doch so einfach wie möglich sein!« Genauso ist es. Unter »berücksichtigen« verstehen wir nämlich nicht, dass alle diese Aspekte in der endgültigen Persona-Formulierung enthalten sein müssen, sondern nur, dass bei der Formulierung geprüft werden muss, ob sie für die Formulierung wichtig oder unwichtig sind. Im nächsten Kapitel werden einige konkrete Praxisbeispiele dargestellt, die zeigen, wie unterschiedlich die obigen Bausteine eingesetzt werden können.

3   Konkretisierung von Personas

Wir haben in Kapitel 2 gesehen, welche Bausteine bei der Persona-Formulierung wichtig sind. In diesem Kapitel werden wir uns damit beschäftigen, wie man die Theorie in die Praxis, nämlich in konkrete Personas umsetzt. Dabei werden wir uns auch mit der Frage beschäftigen, wie viele Personas man braucht. Die Beispiele werden uns zeigen, dass es weder bei der Formulierung einzelner Personas noch bei der idealen Anzahl ein Patentrezept gibt. Jedes Unternehmen, jeder Markt, jedes Angebot ist unterschiedlich und erfordert deshalb eine individuelle Vorgehensweise.

Trotzdem haben alle Persona-Strategien eine Gemeinsamkeit: *so einfach wie möglich*. Das bedeutet konkret:
- a) so wenige Personas wie möglich und
- b) die Persona-Formulierung sollte so kurz wie möglich sein.

Den Grund dafür kennen wir: Personas müssen das ganze Unternehmen auf die Kern-Zielgruppe(n) ausrichten und das tun sie nur, wenn sie von allen verstanden werden. Und in puncto Verständnis gibt es einen klaren Zusammenhang: Je komplexer und differenzierter eine Botschaft ist, desto weniger wird sie verstanden. Schauen wir uns also nun einige Praxisbeispiele an.

3.1   Praxisbeispiel 1: Mobilfunkanbieter

Im Rahmen eines strategischen Projekts »Kundenorientierung« wurde den Marketing- und Vertriebsverantwortlichen eines Mobilfunkanbieters schnell klar, dass sich die Bedürfnisse ihrer Kunden im Consumerbereich (B2C) erheblich unterschieden. Dies galt sowohl in Bezug auf die Handys, aber auch in puncto Vertragsgestaltung und Service/Beratung. Während ältere Kunden ihre Verträge überwiegend in den stationären Verkaufsstellen abschlossen, waren jüngere Kunden längst digital unterwegs. Eine Kundenanalyse zeigte auch, dass alle Altersgruppen, Einkommensgruppen und Bildungsniveaus unter den Kunden vertreten waren, in puncto Geschlecht gab es ebenfalls keine Unterschiede. Die Kundenanalyse machte zudem klar, dass der Mobilfunkanbieter im Vergleich zu den Wettbewerbern deutlich mehr jüngere Kunden an sich binden konnte. Die Gründe dafür waren vielfältig: frechere Kommunikation, andere Vertragsleistungen usw.

Die Aufgabe war nun, ein Persona-Konzept zu entwickeln. Im Vorfeld wurden umfangreiche Datenanalysen durchgeführt, die zeigten, dass Alter und

Lebensphase den Umgang mit Mobilfunk am meisten prägten. Zudem zeigte sich, dass Geschlechtsunterschiede vor allem in den jüngeren Altersgruppen von Bedeutung waren. Man kann sich leicht vorstellen, dass innerhalb der Persona-Projektgruppe heftig diskutiert wurde, wieviel Personas man bräuchte und auf welcher Grundlogik das ganze Persona-Konzept aufzubauen wäre. Zudem müsste das Persona-Konzept immer im Einklang mit den umfangreichen statistischen Kundendaten des Konzerns stehen. Die Vorgaben waren klar: so wenige Personas wie möglich, aber so viele wie nötig.

3.1.1 Schritt 1: Festlegung des Handlungsraums

Wie die Datenanalysen gezeigt hatten, waren Alter und Lebensphase die wichtigsten Treiber und Einflussfaktoren bei der Mobilfunknutzung. In Kapitel 2 haben wir bereits gesehen, wie ein Lebensphasen-Modell prinzipiell aussieht. Um die Sache nicht zu verkomplizieren, entschloss man sich, mit diesem klassischen Lebensphasen-Modell zu arbeiten (siehe Abb. 10 in Kapitel 2.2.1).

Damit war zunächst die Basis gegeben, denn das Lebensphasen-Modell erklärt schon einmal die Veränderung der Bedürfnisse mit den sich wechselnden Lebensveränderungen. Es erklärt aber nicht die für Persona-Konzepte so wichtige Dimension der Persönlichkeit. Hier kam der Limbic-Ansatz ins Spiel. Wir haben oben gesehen, wie sich die menschliche Persönlichkeit mit dem Alter verändert. Ursache dafür: die Veränderung der Emotionssysteme im Altersverlauf. Wie koppelt man nun aber die Lebensphasen mit diesem Wissen? Ganz einfach: Man legt den emotionalen Altersverlauf über die Lebensphasen. Das sieht dann so aus:

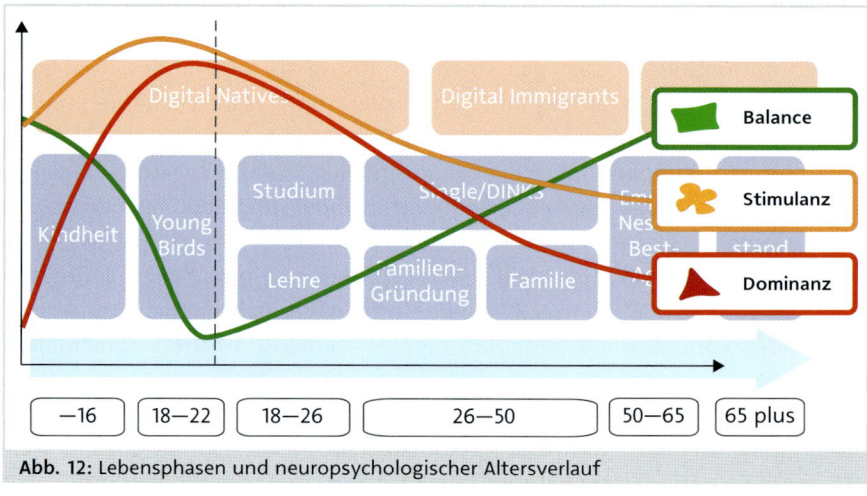

Abb. 12: Lebensphasen und neuropsychologischer Altersverlauf

3.1.2 Schritt 2: Segmentierung und Namensgebung

Nachdem der Handlungsrahmen feststand, stellte sich die nächste Frage: In wie viele Segmente und damit auch Personas teilen wir den Handlungsraum? Hier gibt es viele Möglichkeiten. Die ideale Anzahl ist nicht gottgegeben, sondern muss durch Denken, unterstützt durch Datenanalysen, herausgearbeitet werden. Dabei handelt es sich immer um die Abwägung von Genauigkeit vs. Übersichtlichkeit: In je mehr Gruppen man segmentiert, desto genauer kann man sie beschreiben. Der Nachteil: Das Ganze wird unübersichtlich und ist nicht mehr im Unternehmen kommunikationsfähig. Einen Tod stirbt man also immer ... Der schlimmere »Tod« ist aber bei Personas, in Komplexität zu sterben und zu viele Personas abzuleiten. Entlang des Altersverlaufs und der Lebensphasen wurden deshalb sechs Segmente definiert.

Diese sechs Segmente wurden mit Kurzbeschreibungen versehen. Beschreibungen zeigen schon auf den ersten Blick auf, wo der emotionale Schwerpunkt des Segments und damit der Persona liegt. Die Kurzbeschreibungen sind untrennbar mit einer wirkungsvollen Persona-Entwicklung verknüpft. Sie sind daher von besonderer Bedeutung, weil sie auf den ersten Blick zeigen sollen, um was es geht. Hier die sechs Segmente und ihre Beschreibung:

- »Die spontanen Spaß-Sucher«
- »Die optimistischen Starter«
- »Die modernen Familien-Manager«
- »Die gelassenen Etablierten«
- »Die aktiven Senioren«
- »Die vorsichtigen Traditionalisten«

Abbildung 13 zeigt, wie sich die Persona-Segmente im Lebensphasen- und Altersverlauf verteilen:

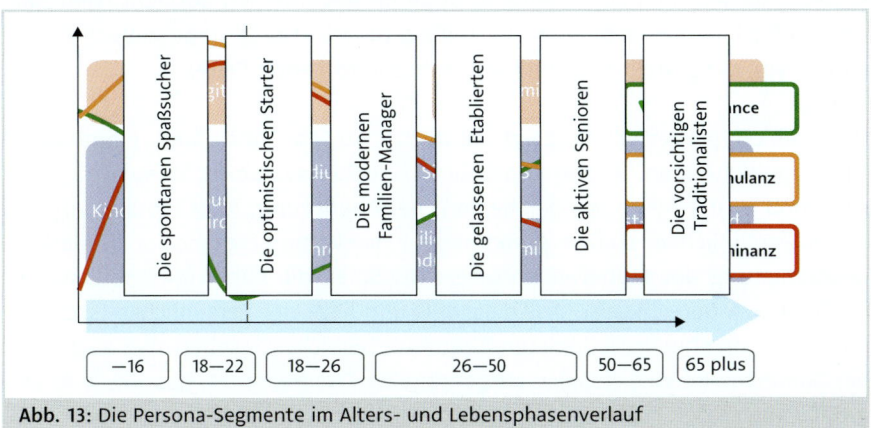

Abb. 13: Die Persona-Segmente im Alters- und Lebensphasenverlauf

3.1.3 Schritt 3: Persona-Formulierung

Nachdem die Segmente inklusive der Kurzbeschreibung festgelegt worden waren, folgte nun der letzte und wichtigste Schritt: die eigentliche Persona-Formulierung. Diese Detaillierung wird hier am Beispiel des Segments »Optimistische Starter« dargestellt (alle anderen Segmente wurden in gleicher Systematik detailliert).

Betrachten wir also das Segment, den »optimistischen Starter«, genauer. Wie die Datenanalyse gezeigt hat, gibt es durch Lebensphase und Alter viele Gemeinsamkeiten in dieser Gruppe. Es gibt aber auch einen wichtigen Unterschied im Digital- und Mobilfunkverhalten, nämlich das Geschlecht. Es macht daher Sinn, das Segment weiter in zwei Subsegmente zu unterteilen: männlich/weiblich. Da Personen Namen haben, empfiehlt es sich, Personas mit einem Namen zu versehen. Die Namensgebung erfolgt nicht zufällig. Die Abbildung 13 zeigt, wo der Altersschwerpunkt dieser Gruppe liegt: zwischen 25 und 35 Jahren. Aus diesem Grund wurden Namen gewählt, die in dieser Altersgruppe häufig vorkommen: Jan und Carla. Nun wurden die Personas detailliert dargestellt, diese Detaillierung wird nachfolgend am Beispiel von Jan gezeigt. Zur schnellen Orientierung wurde für jede Persona eine Kurzcharakteristik entwickelt; sie ist die Quintessenz der Persona.

> **!** **Kurzcharakteristik von Jan, dem »optimistischen Starter«**
> Jan ist Technik-Freak. Gleich, ob Mountainbike, Auto oder Handy, er ist immer auf dem neuesten Stand. Jan lebt mit seiner Freundin zusammen. Er ist gerne mit seinen Kumpels unterwegs.

3.1.3.1 Die Persönlichkeit von Jan, dem »optimistischen Starter«

Wir beginnen mit der Persönlichkeitsstruktur von Jan. Der Alterskorridor ist mit 25–35 Jahren festgelegt. Daher interessiert uns, wie die Persönlichkeitsstruktur dieser männlichen Altersgruppe im Allgemeinen aussieht. Hier hilft uns ein Blick in die Limbic-Type-Verteilung dieser Altersgruppe in Best 4 Planning (b4p), dargestellt in Abbildung 14 (siehe folgende Seite).

Die Limbic-Type-Verteilung zeigt deutlich, wo die Jans ihren emotionalen Schwerpunkt haben: in den expansiven Emotionssystemen Stimulanz, Dominanz und in der Mischung der beiden, bei Abenteurer. Aber wo soll Jan nun seinen Persönlichkeitsschwerpunkt haben? Hier kommt die emotionale Markenpositionierung des Mobilfunkanbieters ins Spiel, die näher im Stimulanz- als im Dominanz-Bereich liegt. Aus diesem Grund liegt der Persönlichkeitsschwerpunkt von Jan eher im Hedonisten/Abenteuerbereich. Wir sehen aber auch, dass der Dominanz-Bereich ziemlich ausgeprägt ist. Das bedeutet, dass diese Altersgruppe zwar offen für Neues ist, gleichzeitig aber auch nach oben kommen will.

Wie gehen wir damit um? Indem wir das Persönlichkeitsprofil von Jan differenzierter in allen Persönlichkeitsdimensionen darstellen (Limbic Personality). Als Anhaltspunkt nutzen wir die Limbic-Type-Verteilung, bedienen uns aber eines kleinen Kunstgriffs. Jede Persönlichkeitsdimension kann für sich theoretisch eine Stärke von 0 bis 100 % haben. Unsere stärkste Dimension ist hier die Stimulanz-Dimension, ihr weisen wir einen Prozentsatz von 80 bis 90 % zu (100 % sind meist pathologisch) und normieren die anderen entsprechend. Die differenzierte Persönlichkeit von Jan zeigt Abbildung 15.

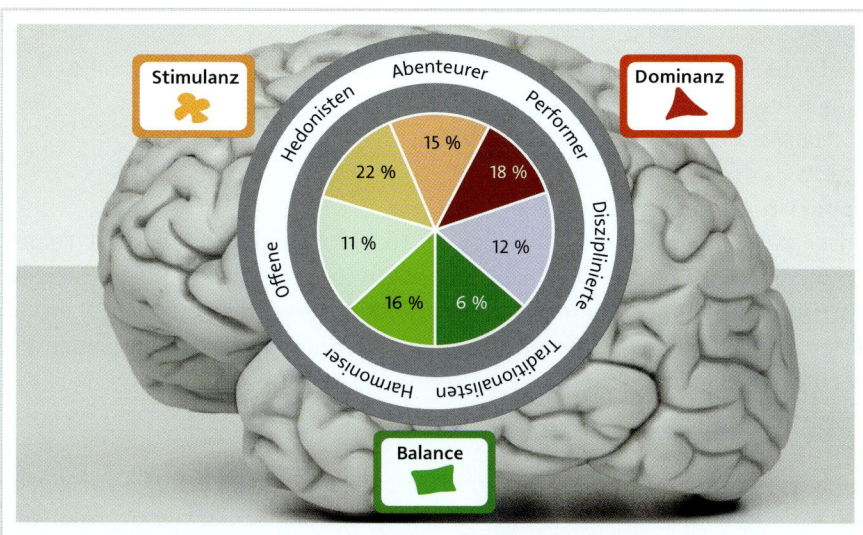

Abb. 14: Limbic Types männlich, 25–35 Jahre (Quelle: Limbic® in b4p)

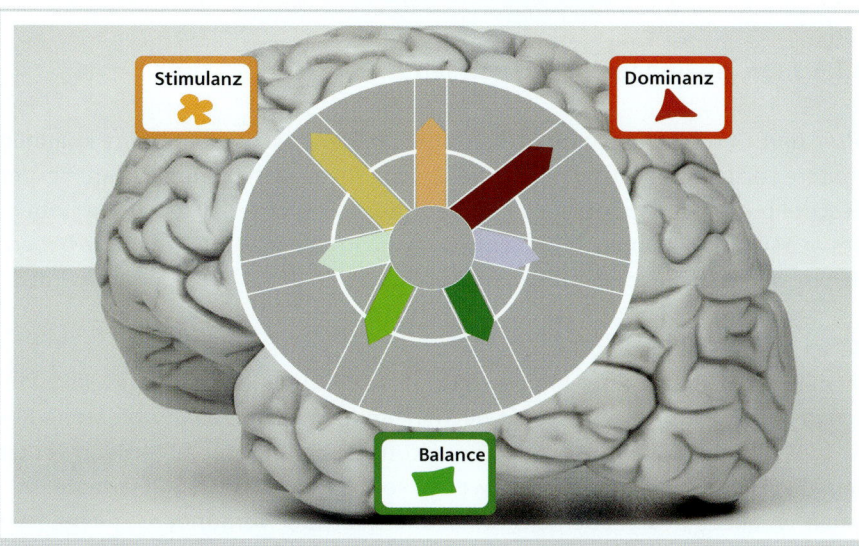

Abb. 15: Limbic Personality Jan

3.1.3.2 Die Werthaltungen von Jan

Wie wir gesehen haben, sind Werthaltungen eng mit den Emotionssystemen verknüpft. Wie sieht also die Wertewelt von Jan aus? Hier hilft ebenfalls ein Blick auf die Limbic Map, um den Werteraum zu formulieren. Diese Werte können natürlich auch verändert werden. Beschreiben wir prototypisch den Werteschwerpunkt von Jan:

- *Neugier, Spaß, Risikofreude, Mut, Impulsivität, Ehrgeiz, Sex, Karriere, Status, Extravertiert*

Die Limbic Map zeigt uns aber auch Werte, die für Jan keine größere Bedeutung haben, Anti-Werte sozusagen:

- *Familie, Heimat, Fürsorge, Sparsamkeit*

Hobbys & Interessen
Unser Jan ist sportlich aktiv, er spielt Freizeitfußball; er fährt mit seinen Freunden Mountainbike und liebt das Feiern in geselliger Runde. Er interessiert sich für Technik und Autos und kauft überwiegend im Internet. Kulturell ist er zurückhaltend: Bücher liest er kaum, dafür schaut er gerne Serien bei Netflix usw.

Abneigungen
Jan hasst es, langfristig zu planen und sich festzulegen. Er will frei von Zwängen und Restriktionen leben. Eine Familiengründung schiebt er deshalb weit in die Zukunft.

3.1.3.3 Die Soziodemografie von Jan

Alter und Geschlecht wurde weiter oben schon beschrieben, jetzt kommen weitere soziodemografische Variablen hinzu. Bitte auch hier beachten: Bei der Beschreibung von Personas soll im Kopf des Rezipienten ein Bild entstehen, deswegen sollte man auch in dieser Dimension den Mut zur Prägnanz haben. Gehen wir nach dieser Prämisse Jan durch:

Beruf und Ausbildung von Jan
Da der Mobilfunkanbieter breit aufgestellt ist, wurde Jan in der gesellschaftlichen Mitte positioniert. Jan hat mittlere Reife und eine abgeschlossene Berufsausbildung. Er kann Polizist, Verwaltungsbeamter oder auch Handwerker sein. Typisch für Jan ist, dass er weder Rechtsanwalt noch Hilfsarbeiter ist! Damit ist automatisch auch ein Einkommenskorridor verbunden: Er liegt zwischen EUR 35.000 und EUR 45.000 p. a.

Familienstand von Jan

Natürlich gibt es in dieser Altersgruppe alles: verheiratet sein mit kleinen Kindern, mit Partnerin zusammenwohnen, schwul sein usw. Auch hier wurde Jan in der Mitte verortet: Jan hat eine feste Partnerin. Aber Familiengründung ist kein Thema für ihn.

Wohnort

Es gibt Unterschiede zwischen Stadt und Land, die sich auch auf Einstellung und Verhalten auswirken. Das spielt in unserem Fall aber keine Rolle – Wohnort ist also egal.

Kultur

Da die Personas ausschließlich für den deutschen Markt formuliert wurden, spielen Kulturdifferenzen keine Rolle.

3.1.3.4 Kategorie-spezifisches Verhalten: Digital & Mobil

Diese Kategorie ist für den Mobilfunkanbieter wichtig und wird deswegen detaillierter ausgeführt. Jan ist Trendsetter/Early Adopter im Hinblick auf die digitale Welt. Seine Wohnung ist komplett vernetzt. Er hat stets die neuesten Devices und eine Flatrate mit hohem Datenvolumen. Der Kontakt mit dem Mobilfunkanbieter findet ausschließlich digital statt.

3.1.4 Schritt 4: Einführung im Unternehmen

Nachdem in der Projektgruppe, bestehend aus Mitarbeitern von Marketing, Vertrieb und Produktmanagement, die Personas formuliert wurden, war es anschließend das Ziel, das Persona-Konzept im Unternehmen bekanntzumachen. Diese Einführung erfolgte in zwei Stufen.

Die erste Stufe bestand aus mehreren Informationsveranstaltungen, um vielen Mitarbeitern die Gelegenheit zu geben, daran teilzunehmen. Nach einer Einführung durch die Geschäftsführung wurde zunächst die Idee von Personas vorgestellt und danach wurden in einem kurzen Vortrag die einzelnen Personas kurz vorgestellt. Um die Personas schon hier unterhaltsam zum Leben zu erwecken, spielten Schauspieler jede Persona in einem kurzen, witzigen »Slice of Life« vor. Danach wurden Fragen zur Umsetzung usw. beantwortet.

Die zweite Stufe bestand aus Persona-Workshops. Die Workshop-Gruppen wurden fachspezifisch gebildet (Marketing, Vertrieb, Produktmanagement,

Filialen, Personal). Zunächst wurden die Personas im Detail vorgestellt und Fragen beantwortet. Danach erfolgte die erste Gruppenarbeit, und zwar Life-Style-Moods für die einzelnen Personas zu gestalten. Auf mehreren Tischen waren große Stapel mit verschiedenen Zeitschriften vorbereitet, ebenso standen Laptops mit Farbdruckern zur Verfügung. Durch die hohe Interaktion dieser Gruppenarbeit lernten die Teilnehmer und Teilnehmerinnen spielerisch ihre Personas kennen. In einer weiteren Gruppenarbeit erarbeiteten die Teilnehmer mögliche Konsequenzen und Veränderungen für ihre konkrete Abteilung und Aufgabe aufgrund der Einführung von Personas.

3.1.5 Schritt 5: Dokumentation und Kommunikation

Die gesamten Workshop-Ergebnisse wurden von der Projektgruppe geordnet und redaktionell überarbeitet. Aus den Ergebnissen wurde eine ausführliche Persona-Dokumentation erstellt, die im Firmennetzwerk für alle zugänglich war. Diese Dokumentation wird regelmäßig überprüft und aktualisiert. Sie dient als Nachschlagewerk. Damit die Personas aber allen Teilnehmern in der täglichen Arbeit immer vor Augen sind, wurden die Personas in sogenannten Setcards und Plakaten dargestellt.

Die Inhalte der Setcards für die Schreibtische und der Plakate für die Gänge und Besprechungsräume sind die gleichen. Die Idee ist einfach: Man fasst die wesentlichen Elemente der Personas in Kurzform zusammen. Abbildung 16 zeigt die Setcard von Jan. Auf der Vorderseite ist die verbale Beschreibung der Persona, die erarbeitet wurde. Zusätzlich wird auf der Vorderseite auch vermerkt, welche Priorität die jeweilige Persona für das Unternehmen im Vergleich zu seinen anderen Personas hat. In unserem Fall ist Jan Kernzielgruppe Nr. 1, deshalb Priorität A. Auf der Rückseite platziert man idealerweise Bild-Collagen oder Fotos aus dem Netz (=Lifestyle-Mood), die einen Eindruck vom »Lifestyle« der Persona geben. Bei den Plakaten findet beides auf der Vorderseite statt.

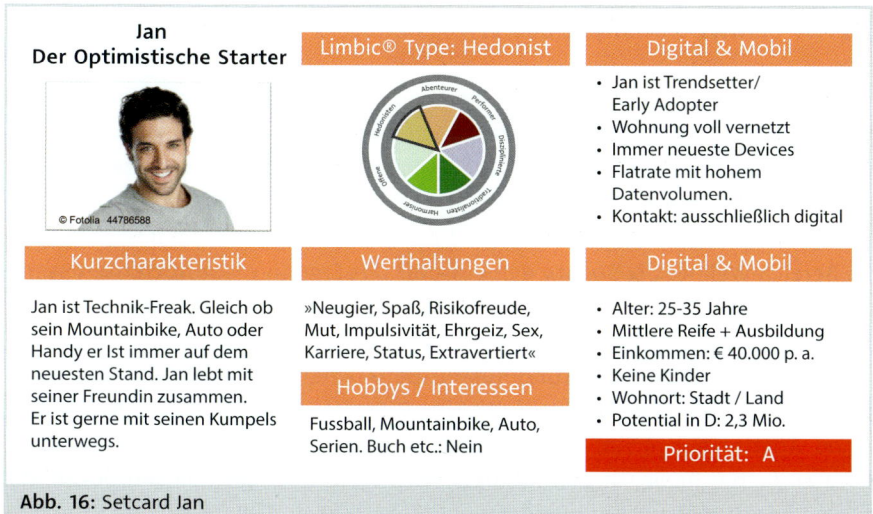

Jan
Der Optimistische Starter

© Fotolia 44786588

Limbic® Type: Hedonist

Digital & Mobil

- Jan ist Trendsetter/ Early Adopter
- Wohnung voll vernetzt
- Immer neueste Devices
- Flatrate mit hohem Datenvolumen.
- Kontakt: ausschließlich digital

Kurzcharakteristik

Jan ist Technik-Freak. Gleich ob sein Mountainbike, Auto oder Handy er Ist immer auf dem neuesten Stand. Jan lebt mit seiner Freundin zusammen. Er ist gerne mit seinen Kumpels unterwegs.

Werthaltungen

»Neugier, Spaß, Risikofreude, Mut, Impulsivität, Ehrgeiz, Sex, Karriere, Status, Extravertiert«

Hobbys / Interessen

Fussball, Mountainbike, Auto, Serien. Buch etc.: Nein

Digital & Mobil

- Alter: 25-35 Jahre
- Mittlere Reife + Ausbildung
- Einkommen: € 40.000 p. a.
- Keine Kinder
- Wohnort: Stadt / Land
- Potential in D: 2,3 Mio.

Priorität: A

Abb. 16: Setcard Jan

3.2   Praxisbeispiel 2: Home-Shopping-Sender

Ein erfolgreicher TV-Home-Shopping–Sender führte ein strategisches Projekt zur Markenschärfung durch. Teil des Projekts Markenschärfung war auch eine Schärfung der Zielgruppen und damit die Formulierung von Personas. Die Mission des Senders lautet: »Innovative Produkte für Haushalt, Freizeit, Wellness und Beauty zu einem guten Preis.« Ungefähr die Hälfte der Produkte kommt aus den USA, die andere Hälfte sind Eigenentwicklungen. Allen Produkten gemeinsam ist, dass sie in einem Merkmal eine erstaunliche Leistung bieten, wie z. B. Küchenmesser, die so scharf sind, dass man damit auch Holz sägen kann; Pfannen, die absolut kratzfest sind; Trainingsgeräte, die ohne Anstrengung eine gute Figur und straffes Gewebe versprechen usw. Die Produktdemonstrationsfilme im Fernsehen sind in Hardselling-Manier gedreht. Der Produktvorteil wird plakativ demonstriert und danach mehrmals wiederholt. Am Schluss wird ein hoher Kaufdruck aufgebaut.

Eine Analyse der Kunden ergab folgende Käuferstruktur: 65% Frauen und 35% Männer; Alter zwischen 30 und 70 Jahren; häufigste Schulbildung/Berufsqualifikation: Hauptschulabschluss mit Lehre. In einem der Projektworkshops mit dem Produktmanagement, Marketing und Vertrieb ging es darum, aus dieser amorphen Kundenbeschreibung klare, verständliche Personas abzuleiten. Auch hier stellte sich wie im ersten Beispiel die Frage: wie viele?

3.2.1 Schritt 1: Analyse des Erfolgsmusters des Unternehmens

Gemeinsam mit dem Workshop-Team wurde analysiert, welche Produkte in den letzten Jahren besonders erfolgreich waren. Es zeigte sich, dass es in allen Produktkategorien (Haushalt, DIY, Freizeit, Beauty & Wellness) sehr erfolgreiche Bestseller gab. Die nächste Frage war: Gab es innerhalb der Kategorien Erfolgsmuster bei diesen Bestsellern? Konkret: Was haben die Bestseller z.B. im Bereich Wellness & Beauty gemeinsam? Das Ergebnis war hochinteressant: Im Bereich Beauty & Wellness war das verbindende Muster aller Bestseller »Schlank und Schön ohne Anstrengung«. Aber auch in den anderen Kategorien gab es solche Hintergrundmuster. Bei Küchenprodukten war es »Traditionelles Kochen ohne Risiko und Mühe«. Im Haushalt »Perfekte Sauberkeit ohne Anstrengung«, im Bereich »DIY: Produkte mit Profi-Geling-Garantie, aber einfacher Bedienung« und im Bereich Freizeit »High-Tech-Produkte, die etwas hermachen«. Diese Erfolgsmuster wurden auf die Limbic Map gelegt (Abbildung 17).

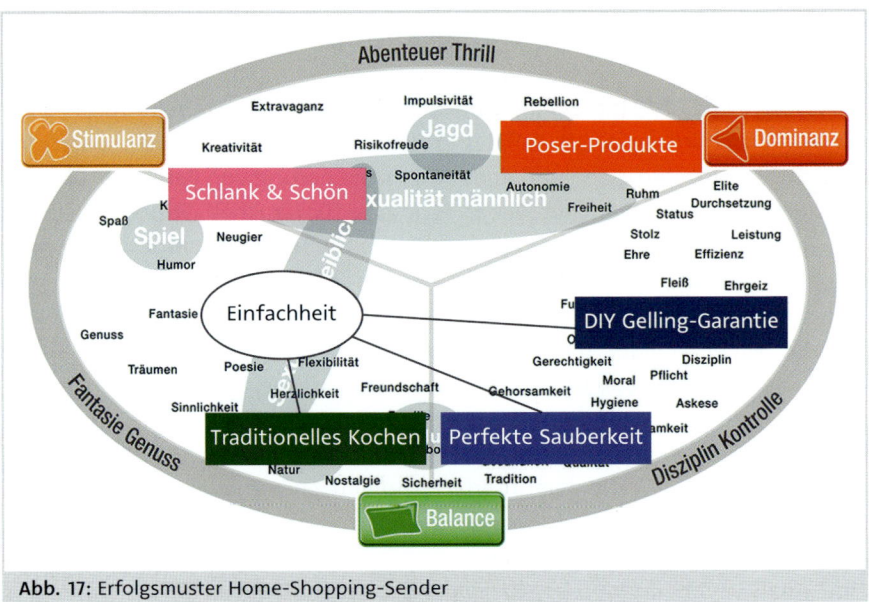

Abb. 17: Erfolgsmuster Home-Shopping-Sender

Zudem war offensichtlich, dass die Kategorien und ihre Erfolgsmuster eine deutliche Geschlechtsausrichtung hatten:

- »Schlank und Schön«, »Klassisches Kochen«, »Perfekte Sauberkeit« = weiblich
- »Produkte mit Profi-Garantie« und »High-Tech-Produkte, die etwas hermachen« = männlich

Andersherum formuliert: Das Unternehmen war und ist deshalb so erfolgreich, weil es prototypische Geschlechtswelten mit seinen Produkten angesprochen hat. Auch wenn hier Stereotypen wie: »Frauen, die kochen« und »Männer mit High-Tech-Faible« sichtbar wurden, die Realität der Abverkaufzahlen zeigte, dass es diese Welten real gibt.

3.2.2   Schritt 2: Extrahierung der Personas

Anschließend wurden diese Cluster auf die Limbic Types gelegt, die weiblichen auf Limbic Types weiblich, die männlichen auf die Types männlich (Abbildung 18).

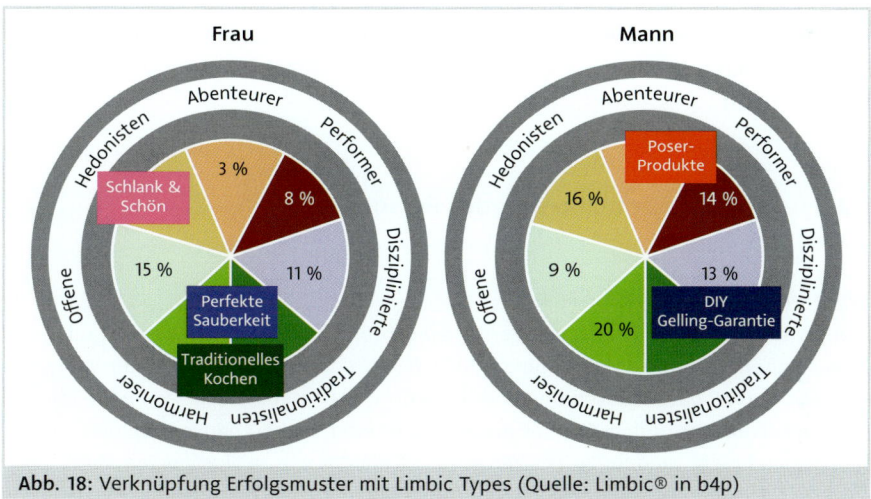

Abb. 18: Verknüpfung Erfolgsmuster mit Limbic Types (Quelle: Limbic® in b4p)

Das Ergebnis machte deutlich, dass man mit vier Personas auskommt. Allen Personas gemeinsam war nach der Auswertung der Verkaufszahlen ein eher unterdurchschnittliches Bildungsniveau. Nun zu den vier Personas:

- **Sandy – die Schönheitssucherin**
  Sandy ist 30–40 Jahre alt und liebt das Leben. Ihr Typ ist eine Mischung zwischen Offene und Hedonistin. Beruf: Verkäuferin. Sie lebt täglich in einem Kampf zwischen Abnehmen und Schönheit. Für Kosmetik und Kleider gibt sie viel aus.

- **Mike – der Gernegroß**
  Mike ist zwischen 30–40 alt und ein typischer Macho. Er möchte gerne groß rauskommen. Mike ist von Beruf Kraftfahrer und fährt einen Betonmischer bei einer Baufirma. Inzwischen ist er verheiratet und hat einen Sohn. Zweimal in der Woche trifft er sich mit seinen Kumpels. Er fährt einen gebrauchten SUV.

- **Monika – die Hausfrau**
  Monika ist zwischen 55 und 65 Jahre alt und eine typische Hausfrau. Sie hilft ab und zu in einer Bäckerei am Ort aus. Sie hat zwei verheiratete Kinder, die am gleichen Ort wohnen und die Kinder vorbeibringen. Sie singt im Kirchenchor.

- **Hans – der Ordentliche**
  Hans ist zwischen 55 und 65 Jahre alt. Von Beruf ist er Lagerist. Die Kinder sind aus dem Haus. In seiner Freizeit kümmert er sich um Haus und Garten. Sein Motto: Alles muss seine Ordnung haben.

Wichtig bei der Betrachtung ist, dass nicht alle vier Personas von gleicher Bedeutung sind. Für den Home-Shopping-Sender sind Sandy und Monika wichtiger als Hans und Mike. Erinnern wir uns: 65% des Umsatzes kommen von weiblichen Kunden. Alle vier Personas wurden nun detailliert beschrieben. Auch hier schauen wir uns eine Persona beispielhaft an: Sandy, die Schönheitssucherin

3.2.3 Schritt 3: Detaillierung der Personas

> **!** **Die Kurzcharakteristik von Sandy**
>
> Sandy ist gesellig und liebt das Leben. Sie möchte wie ein Model aussehen und von Männern begehrt werden. Der tägliche Blick in den Spiegel und auf die Waage zeigen ihr aber, dass Wunsch und Wirklichkeit nicht passen. Bauch, Po und Beine zeigen Fettpolster und im Gesicht machen sich Falten bemerkbar. Joggen und Fitnessstudio etc. sind ihr zu anstrengend. Sie glaubt, was in Illustrierten steht und im Fernsehen gezeigt wird. Sie orientiert sich gerne an Promis, wie z.B. Daniela Katzenberger.

3.2.3.1 Die Persönlichkeit von Sandy

Wir beginnen mit der Persönlichkeitsstruktur von Sandy. Der Alterskorridor ist auf 30–40 Jahre festgelegt. Jetzt interessiert uns, wie die Persönlichkeitsstruktur dieser weiblichen Altersgruppe im Allgemeinen aussieht. Ein Blick in die Limbic-Type-Verteilung dieser Altersgruppe in Best 4 Planning (b4p) zeigt die Verteilung in Abbildung 19 auf der folgenden Seite.

Die Limbic-Typ-Verteilung zeigt, dass diese weibliche Altersgruppe ihren Schwerpunkt deutlich bei den Harmonisern hat. Harmoniser sind sozial sehr umgänglich und haben eine weitere Eigenschaft: Sie lieben es bequem. Anstrengung ist nicht ihre Sache. Das Kategorie-Muster »Schlank und Schön

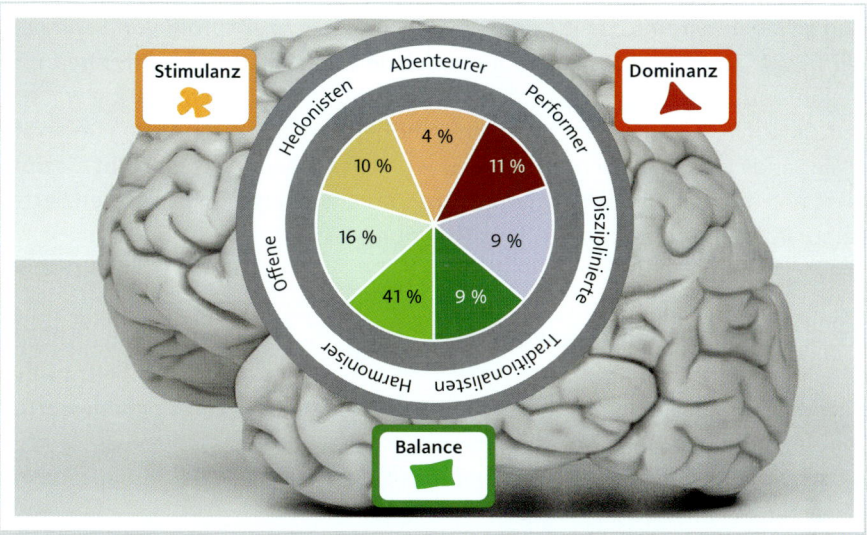

Abb. 19: Limbic-Type-Verteilung Sandy, Frauen 30–40 Jahre (Quelle: Limbic® in b4p)

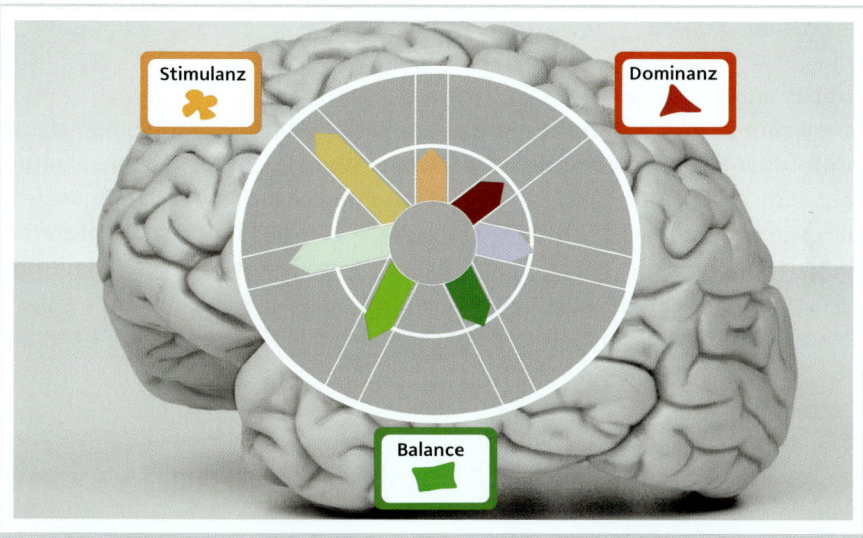

Abb. 20: Limbic Personality Sandy

ohne Anstrengung« nimmt dieses Bedürfnis auf. Daraus kann man ableiten, dass unsere Sandy einen höheren Harmonie-Anteil in ihrer Persönlichkeit hat. Aber ist dies auch ihr Persönlichkeitsschwerpunkt? Nein, denn jetzt kommt der Wunsch nach Schönheit und Schlanksein dazu. Diese Merkmale sind stark mit dem expansiveren Stimulanz-System verbunden. Damit rutscht der Persönlichkeitsschwerpunkt von Sandy nach oben, zu den Offenen und Hedonisten. Der Persönlichkeitskern von Sandy ist eine Mischung zwischen Offenen und Hedonisten. Eine reine Hedonistin ist Sandy nicht, dazu ist sie zu bequem.

Nun schauen wir uns das differenziertere Persönlichkeitsprofil von Sandy an. Wir haben gesehen, dass Sandy ihren Schwerpunkt im Bereich Offenheit und Hedonismus hat. Diese Schwerpunkte sind aber nicht extrem stark – wir setzen sie auf 70%. Sandy hat auch einen höheren Harmoniser-Anteil, ungefähr 60%. Sandy ist keine Abenteurerin, sie ist nicht ehrgeizig, sie ist nicht diszipliniert und auch ihr Balance-Anteil ist unterdurchschnittlich. Ihr differenziertes Persönlichkeitsprofil findet sich in Abbildung 20.

3.2.3.2 Die Werthaltungen von Sandy

Nachdem wir die Persönlichkeitsstruktur von Sandy festgelegt haben, werfen wir einen Blick auf ihre Werte:

- *Schönheit, Spaß, Genuss, Bequemlichkeit, Geselligkeit, Liebe, Sexuelle Attraktivität, Partnerschaft, Promis*

Nun zu den Werten, die für Sandy keine größere Bedeutung haben:
- *Leistung, Karriere, Ehrgeiz, Sparsamkeit, Bildung*

Hobbys und Interessen.
Sandy shoppt gerne. Dabei spielt es keine Rolle, ob der Einkaufsbummel stationär oder digital stattfindet. Eine langfristige finanzielle Lebensplanung hat Sandy nicht; auch ihre Sparsamkeit ist unterdurchschnittlich – finanzielle Rücklagen hat sie nicht. Sandy kocht gerne – allerdings nichts Kompliziertes und Aufwändiges. Sie ist Thermomix-Fan. Eine große Rolle spielen Promis und ihre Liebesgeschichten. Bücher liest sie eher selten – Shades of Grey hat sie aber gelesen. Frauen, die einen reichen Mann zum Partner haben, beneidet sie.

Abneigungen
Sandy will keine Probleme sehen. Bei Berichten von Krisen und Katastrophen in der Welt wechselt sie das Fernsehprogramm.

3.2.3.3 Soziodemografie

Mit der Kurzcharakteristik, der Persönlichkeit und den Werten von Sandy ergibt sich eigentlich schon ein ziemlich klares Bild dieser Persona. Der Vollständigkeit halber gehen wir die anderen Variablen kurz durch.

Beruf und Ausbildung

Wir haben gesehen, dass Sandy keine Anwärterin auf einen Nobelpreis ist. Ihre Schul- und Berufsausbildung ist eher unterdurchschnittlich. Die intensive und intellektuelle Beschäftigung mit der Welt ist ihre Sache nicht: Sie mag es auch intellektuell einfach und bequem. Dementsprechend ist das Berufsspektrum von Sandy: Verkäuferin, Kassiererin, Arbeiterin. Ihr Einkommen: ca. EUR 20.000–25.000 p. a.

Familienstand von Sandy

Sandy lebt in einer festen Partnerschaft. Es ist aber durchaus möglich, dass sie verheiratet ist und ein Kind hat. In der Realität sind natürlich andere Konstruktionen denkbar. Es geht aber bei Personas nicht darum, die Realität mit allen Möglichkeiten zu beschreiben, sondern bewusst Schwerpunkte zu setzen.

Wohnort

Es gibt Unterschiede zwischen Stadt und Land, die sich auch auf Einstellung und Verhalten auswirken. Das spielt in unserem Fall aber keine Rolle – Wohnort also egal.

Kultur

Da es sich ausschließlich um den deutschsprachigen Markt dreht, spielen Kulturdifferenzen keine Rolle.

3.2.3.4 Digital und Mobil und Medien

Sandy ist vor allem auf Facebook und Instagram unterwegs. Egal wo sie ist und was sie isst: Sie postet gerne Fotos. Digitale Technik nutzt sie, sie interessiert sich aber nicht dafür. Sie kauft ab und zu eine Klatsch- oder Promizeitschrift und liebt es, diese auf der Couch bei einem Nespresso durchzublättern.

3.2.3.5 Schritt 4: Kommunikation und Dokumentation

Da das Team des Senders relativ klein war, waren alle Mitarbeiter an der Formulierung der Personas beteiligt, sodass eine zusätzliche Kommunikationsrunde im Unternehmen nicht erforderlich war. Wie im Beispiel des Mobilfunkanbieters wurde auch hier eine ausführliche (digitale) Dokumentation angelegt, zusätzlich wurden Set-Cards für die Schreibtische und Plakate für Gänge und Besprechungsräume gedruckt.

3.3 Fallbeispiel 3: Pharmahersteller

Ein großer internationaler Pharmakonzern suchte nach einer Möglichkeit, seine ca. 10.000 Kunden (niedergelassene Internisten/Kardiologen) in Deutschland zu segmentieren. Die Praxis zeigte nämlich, dass sich die Ärzte erheblich in ihrem für den Pharmahersteller relevanten Verhalten unterschieden. Dazu gehörten:

- das Verschreibungsverhalten,
- die Praxisgröße und damit auch der Umsatz,
- Kongress- und Fortbildungsbesuche,
- Bereitschaft zur Studienteilnahme,
- Offenheit für Besuch der Pharmaberater usw.

Ziel war es nun, eine Segmentierung zu finden, die für das Marketing und den Vertrieb gleichermaßen relevant und praktikabel waren. Idealerweise sollte sich die Segmentierung in einem Persona-Konzept verdichten.

Die vorliegenden Kundendaten (Hardfacts) waren bereits sehr detailliert und beinhalteten den Umsatzverlauf in den relevanten Medikamenten, Praxisgröße, Alter des Arztes/Ärztin, Geschlecht, Besuchsprotokolle usw.

3.3.1 Schritt 1: Persönlichkeitstest Ärzte

Aber: Für eine Vertriebsstatistik war das genug, für ein Persona-Konzept war es zu wenig, weil eine entscheidende Variable fehlte – die Persönlichkeitsstruktur des Kunden. Auf vielen Vertriebstagungen machte der Außendienst deutlich, dass die Hardfacts sehr stark von der Persönlichkeit des Arztes/der Ärztin abhingen. Aber wie sollte man die Persönlichkeitsstruktur herausfinden?

Zunächst kam die Idee auf, den Außendienst damit zu beauftragen, seine Persönlichkeitseinschätzung in das CRM-System (Customer-Relationship-Management-System) einzutragen. Der Gedanke wurde aber aus Qualitäts- und Validitätsgründen schnell wieder verworfen. Der Leiter der Marktforschung hatte eine Idee. Er beschäftigte sich schon länger mit Limbic und schlug vor, die Ärzte einfach zu testen. Ein klassischer Limbic-Persönlichkeitstest kam nicht in Frage – den würden die Ärzte nicht ausfüllen. Wenn es aber gelänge, die emotionalen Grundgesetze von Limbic in einen Fragebogen mit berufsspezifischem Verhalten zu übersetzen, sähe die Sache schon anders aus.

Was ist damit gemeint? Im Persönlichkeitstest lautet ein Statement: »Ich bin ein Perfektionist.« Berufsspezifisch umgesetzt lautet die Frage dann folgendermaßen: »Ich achte darauf, dass meine Praxis technisch immer auf dem besten Stand ist.« Das ist zwar sprachlich nicht ganz das Gleiche, aber das zugrundeliegende Emotionssystem für beide Fragen ist das Dominanz-System. Auf diese Weise wurde ein kurzer Fragebogen mit 20 Items konstruiert. In Vortests wurden zunächst 50 Items auf ihre Signifikanz getestet. 20 Items, die den Limbic-Emotionsraum gut abdeckten, wurden schließlich ausgewählt.

Dieser Fragebogen wurde an die 10.000 Kunden ausgegeben, die Beantwortung war mit einem Incentive verbunden. Das Ergebnis: 2.000 ausgefüllte Fragebögen kamen zurück und konnten ausgewertet werden. Mit diesen Fragebögen konnten 2000 Ärzte einem der sieben Limbic Types zugeordnet werden.

3.3.2 Schritt 2: Clusteranlyse zur Persona-Segmentierung

Sieben Limbic-Ärzte-Types sind für das Marketing o. k., für den Vertrieb aber zu kompliziert. Die Frage war, ob eine weitere Reduzierung möglich war. Sie war es: In eine Cluster-Analyse flossen sowohl die Limbic-Types-Zuordnung wie auch alle anderen Daten aus dem CRM-System ein. Das Ergebnis: Mit vier Clustern konnte eine hohe emotionale Differenzierung und gleichzeitig eine hohe medizinische Verhaltensdifferenzierung beschrieben werden. Das Verblüffende daran war, dass die vier Cluster relativ genau den Limbic-Hauptdimensionen Balance, Harmonie, Dominanz und Stimulanz entsprachen. Durch die hohe Korrelation zwischen Arztpersönlichkeit und medizinischem Verhalten war klar, dass diese vier Cluster auch die gesuchten Ärzte-Personas waren. Diese vier Ärzte-Personas waren:

- Der/die Empathische
- Der/die Innovator(in)
- Der/die Fokussierte
- Der/die Konservative

3.3.3 Schritt 3: Qualitative Interviews zur Vertiefung

Von diesen Ärzte-Personas waren nun Persönlichkeit und quantifizierbares medizinisches Verhalten vorhanden, aber das weichere, qualitative Verständnis fehlte noch. Um einen tieferen Einblick in die Denk- und Fühlwelt dieser Personas zu bekommen, wurden mit je 10 Ärzten und Ärztinnen der jeweiligen Persona-Gruppe längere explorative Einzelinterviews durchgeführt. Inhalte dieser Interviews waren z.B. der Grund für die Berufswahl, Motivatoren/Demotivatoren bei der jetzigen Tätigkeit, medizinisches Leitbild, Praxisführung und Organisation, Informationsverhalten wie z. B. Teilnahme an Kongressen, Einstellung und Umgang mit innovativen Medikamenten, Erwartungen an Außendienst und Services des Pharmaherstellers.

3.3.4 Schritt 4: Detaillierung der Personas

Die Erkenntnisse dieser Interviews rundeten das Bild ab und machten die Ärzte-Personas plastischer. Schauen wir uns die vier Ärzte-Personas kurz an:

- **Der/die Empathische**

  Die Ärztinnen/Ärzte, die zu dieser Persona-Gruppe gehören, haben ein ganzheitliches Medizinverständnis: Eine Krankheit ist für sie nicht nur das konkrete Krankheitssymptom, sondern auch die beeinträchtigte Lebensqualität des Patienten. Dementsprechend sind sie auch aufgeschlossen für psychosomatische und homöopathische Aspekte bei der Behandlung. Sie nehmen sich viel Zeit für das Gespräch mit dem Patienten. Bei der Verschreibung von Medikamenten sind sie zurückhaltend. Die technische Ausstattung der Praxis genügt den Anforderungen. Kongresse etc. besuchen sie gerne – neben dem Kongressprogramm ist für sie aber das Treffen mit gleichgesinnten Kollegen und Kolleginnen von großer Bedeutung. Zum Pharma-Außendienst pflegen sie ein nettes Verhältnis; wenn es zeitlich passt, ist ein Termin kein Problem.

- **Der/die Fokussierte**

  Das genaue Gegenteil von den Empathischen sind die Fokussierten. Ihr Motto: Zeit ist Geld. Ihr Medizinverständnis ist technokratisch-naturalistisch. Krankheiten haben kausale physiologische Ursachen und werden auch kausalmedizinisch behandelt. Psychosomatik und Homöopathie lehnen sie als nicht »wissenschaftlich« ab. Patienten werden als »Fälle« gesehen, die möglichst effizient und mit allen zur Verfügung stehenden Mitteln behandelt werden. Das Selbstbewusstsein dieser Gruppe ist hoch; der Arztberuf wurde auch aus Statusgründen gewählt. Die Praxis ist technisch und digital auf dem neuesten Stand; die gesamte Praxisorganisation und ihre Abläufe sind auf Effizienz ausgerichtet. Sozialer Status und Einkommen haben eine hohe Wichtigkeit. Die Fokussierten sind wissenschaftlich auf neuestem Stand – sie lesen auch englischsprachige Fachzeitschriften. Kongresse werden nur besucht, wenn es zeitgünstig Fortbildungspunkte gibt und wenn wirklich neuer Inhalt geboten wird. Das soziale Rahmenprogramm meiden sie eher. Sie verschreiben viel und häufig und wechseln Medikamente auch, wenn eine deutliche Wirkungsverbesserung durch Innovation nachweisbar ist. Den pharmazeutischen Außendienst betrachten sie als Störung und Zeitfresser. Einen Termin gibt es nur, wenn eine wirkliche Innovation besprochen wird.

- **Der/die Konservative**

  Diese Gruppe betreibt Medizin nach alter Schule. Das Verhältnis zum Patienten ist sachlich und stärker auf den medizinischen Fall und weniger auf den Menschen bezogen. Das Arztbild ist von ethischer Werthaltung geprägt: Die Gesundheit und die gute Behandlung des Patienten stehen im Vordergrund und nicht das erzielbare Einkommen. Die Behandlungsstrategie ist konservativ: Medikamente etc. werden nur eingesetzt, wenn es unbedingt sein muss. Viele Krankheiten, so das Verständnis dieser Gruppe, heilen auch auf natürlichem Wege. Neuen Medikamenten steht diese Gruppe skeptisch gegenüber. Die technische Ausstattung der Praxis erfüllt die Anforderungen, mehr nicht. Viele Ärztinnen und Ärzte dieser Gruppe bewegen sich im humanistischen Bildungskanon. Das Verhältnis zum Pharma-Außendienst ist gut – aber allen seinen Aussagen wird mit tiefem Misstrauen begegnet. Kongresse sind eher Pflichtprogramm; Kongressorte mit kulturellem Anspruch werden geschätzt.

- **Der/die Innovative**

  Diese Gruppe betrachten sich selbst als »Sherlock Holmes« der Medizin. Untersuchungen und Diagnosen sind für sie spannende Denkaufgaben. Das Finden seltener Krankheiten erfüllt sie mit dem Glücksgefühl des Entdeckers. Sie sind die Ersten, die neue Technik und neue Medikamente ausprobieren. Allerdings sind sie auch die Ersten, die wieder abspringen. Sie lieben ihren Beruf nicht nur wegen der medizinischen Abwechslung, sondern auch wegen neuen, interessanten Menschen, die man als Patienten kennenlernt. Die Praxis betrachten sie auch als Geschäft. Sie haben kein Problem damit, moderne Methoden des Marketings und der Werbung einzusetzen. Zum Außendienst der Pharmahersteller haben sie einen guten, im Stil locker-lässigen Kontakt. Eine besondere Freude haben sie daran, an (bezahlten) Studien der Pharmahersteller teilzunehmen. Moralische Bedenken bei Geschenken der Pharmahersteller plagen sie nicht. Sie gehen gerne und viel auf Kongresse.

3.3.5 Schritt 5: Die Übertragung auf den gesamten Kundenbestand

Der Pharmahersteller konnte von den 2000 Rücksendungen ca. 1800 einer Persona zuweisen. Durch die Tiefeninterviews wusste man viel besser, wie die Personas ticken. Aber eine Frage blieb: Was geschieht mit den 8.000 Kunden, die keinen Fragebogen ausgefüllt hatten? Die Lösung lag in der Statistik: Da man wusste, dass das medizinische Verhalten der Ärzte sehr stark von ihrer Persönlichkeit geprägt wird und man ja die Cluster-Information von den 2000 gemessenen Ärzten hatte, wurden die 8.000 verbliebenen Ärzte aufgrund ihres medizinischen Verhaltens den vier Persona-Gruppen zugeordnet.

3.3.6 Schritt 6: Umsetzung in Vertrieb und Marketing

Das gesamte Projekt wurde von Anfang an von einer Arbeitsgruppe begleitet, die sich aus der Marktforschung, dem Marketing und dem Vertrieb zusammensetzte. Mit dieser Gruppe wurden auch die gesamte Implementierung und Umsetzung entwickelt. Diese beinhalteten die Ausbildung des Marketings und des Vertriebs. Mit dem Marketing wurden z. B. Prospekte und Fachanzeigen für bestimmte Personas/Medikamente entwickelt. Der Vertrieb wurde in Argumentation und Kommunikation geschult. Bei Einführungen von Innovationen in den Markt wurden im ersten Schritt die Empathischen und Bewahrer gar nicht angesprochen – die ganze Vertriebskraft wurde dagegen auf die Innovativen und Fokussierten konzentriert. Der gesamte Veranstaltungskalender wurde neu justiert: Es wurden spezielle Veranstaltungen z. B. nur für die Fokussierten entwickelt. Dieses Denken und Handeln in Personas bestimmt wesentlich die neuen Strategien von Marketing und Vertriebsarbeit.

3.4 Fiktives Fallbeispiel 4: Computerhersteller

Während obige Beispiele reale Fallbeispiele waren, wollen wir bei diesem Beispiel in den Fiktionsmodus wechseln. Der Grund liegt darin, dass man so besser einige wichtige Aspekte bei der Persona-Entwicklung zeigen kann, die zwar praxisrelevant sind, bei denen aber kein Praxisbeispiel aus eigenen Projekten vorliegt.

Das Szenario

Angenommen, Sie wären Produkt- oder Marketingmanagerin bei einem internationalen Computerkonzern und für Laptops verantwortlich. In diesem Unternehmen sind Sie schon zehn Jahre beschäftigt. Sie haben als Wirtschaftsingenieurin angefangen und später ins Produkt- und Marketingmanagement gewechselt. Selbstverständlich kennen Sie die Abverkäufe in den internationalen Märkten bestens. Bei Ihren Marktanalysen stellen Sie fest, dass es im Premium-Segment nur wenig Konkurrenz gibt. Zugleich wissen Sie, dass Ihr Unternehmen in vielen Bereichen Technologieführer ist. Was liegt für Sie also näher, dem CEO und Board Ihrer Firma vorzuschlagen, eine Laptop-Premium-Serie in den Markt zu bringen. Da Sie schon lange im Geschäft sind, wissen Sie auch, wie man Vorstände und kleine Kinder für sich gewinnt: mit Bildern.

Natürlich haben Sie auch Futter für die Erbsenzähler in Ihrem Unternehmen und Potenzialschätzungen zeigen, dass sich das Projekt lohnen könnte. Aber vorher gilt es, das Board zu überzeugen und die Mittel freizubekommen für den Projektstart. Als Marketingfuchs oder -füchsin wissen Sie genau, wo die

Konzeption beginnt: bei der Person, die das Produkt kaufen soll. Und Sie wissen auch, dass Sie nur 15 Minuten im Board zur Präsentation haben und Sie deshalb schnell zum Punkt kommen müssen. Sie wissen aber auch, dass alle Produkt- und Marketingspezifikationen vom Kunden ausgehen. Und als überzeugter Persona-Fan wissen Sie, dass Sie zu Ihrer Board-Präsentation einen Design-Entwurf der Serie brauchen und natürlich auch ein Persona-Konzept.

Doch wo anfangen? Natürlich liegt es nahe, eine Produkt-Design-Agentur zu beauftragen. Aber Sie wissen, was Sie eine Agentur sofort fragen wird: »Wie sieht Ihr Briefing aus?«, »Wer ist die Zielgruppe?« Sie beschließen zu Beginn Ihres Konzepts Personas für Ihre Premium-Serie zu formulieren. Die empirische Überprüfung, ob die Personas stimmig sind und funktionieren, haben Sie für die nächste Woche eingeplant.

Als Marketingmanagerin eines großen Konzerns haben Sie Zugang zu Instrumenten wie b4p in Deutschland und ähnlichen Instrumenten für die wichtigsten Weltmärkte. Sie beginnen also mit der Entwicklung Ihres Persona-Konzepts.

3.4.1 Schritt 1: Welches Geschlecht haben meine Personas?

Die erste Frage, die Sie sich stellen, lautet: Welches Geschlecht sollen meine Personas haben? Für Sie ist klar: Es gibt keine Geschlechtsunterschiede in dieser Frage. Natürlich lieben Männer Technik, aber Sie selbst sind doch das beste Beispiel dafür, dass Frauen auch Technik lieben. Sie haben stets den besten Computer, haben eine Audi-Quattro Cabrio usw. Außerdem treten Sie seit vielen Jahren für die Gleichstellung von Mann und Frau ein.

Aber dann fällt Ihnen ein, dass man bei der Persona-Entwicklung das Sein nicht mit dem Ideal verwechseln darf. Natürlich sollen Frauen die gleichen Möglichkeiten wie Männer haben. Aber sind sie deshalb gleich wie Männer (Sein) und haben sie die gleichen Interessen? Sie ahnen, dass dem nicht so ist. Aber Sie wollen sichergehen und recherchieren in Ihrer internationalen Datenbank, ob es Geschlechtsunterschiede gibt bei der Frage: »Ich möchte stets den besten und neuesten Laptop.« Die Antwort könnte eindeutiger nicht sein. Der Anteil von Männern zu Frauen, die diese Frage mit »Ja« beantworten, liegt bei 85 % (und mit wenigen Unterschieden weltweit!). Ihnen wird dabei klar: Sie selbst sind zwar Technikfan. Aber Sie gehören als Frau zu einer Minderheit.

Man sollte bei der Persona-Formulierung deshalb strikt vermeiden, von sich selber auszugehen. Unsere eigene Existenz, unsere Wünsche und Werte sind nur ein Ausschnitt aus den vielen Möglichkeiten, die es gibt. Das Problem:

Weil wir täglich nur durch unsere eigene Brille (fest verdrahtete Standardein-stellung) auf die Welt schauen, glauben wir, dass die Welt so wäre, wie wir sie sehen. Dass andere Individuen die Welt mit ihrer eigenen Brille anders sehen, kommt uns nicht in den Sinn. Auch dafür sind Personas wichtig: Sie zwingen uns, unsere Ego-Brille abzusetzen und ermöglichen uns einen klareren Blick in andere Bedürfniswelten. Nutzen Sie deshalb früh Daten aus Ihrer eigenen Datenbank (wo liegen meine bisherigen Schwerpunkte, wo will ich hin) oder anderen Quellen (mehr dazu im nächsten Kapitel 4).

Jetzt stehen Sie vor der Frage, ob es Sinn macht, evtl. zwei Persona-Cluster zu etablieren: ein männliches und ein weibliches. Aber hier erinnern Sie sich: Die Formulierung von Personas bedeutet auch Verzicht zugunsten der Klarheit. Sie entscheiden sich deshalb für männlich. Ihre Persona ist also männlich. Die Anzahl möglicher männlicher Personas ist aber noch offen.

3.4.2 Schritt 2: Welches Alter haben meine Personas?

Nun kommen Sie zum nächsten Punkt, um Ihre Personas einzugrenzen: dem Al-ter. Sie lehnen sich zurück und werfen einen inneren Blick auf Ihre Erfahrungs-welt, um diese Frage zu beantworten: Da kommt Ihnen Ihr eigener Vater in den Sinn. Er geht auf die 65 zu, fährt Mountainbike, ist immer modisch angezogen. Gleichzeitig hat er stets das neueste Handy. Zudem hat er gerade sein Haus fast komplett auf »Smart Home« umgestellt und digitalisiert. Gleichzeitig fallen Ihnen viele Artikel aus Illustrierten ein, die von den »Neuen Alten« berichten. Und Sie erinnern sich an einen Speaker bei einem Kongress, der mit dem Brust-ton der Überzeugung verkündet hat, man könne heute im Marketing Altersun-terschiede komplett vergessen. Aber nach Ihrer Erfahrung mit dem Geschlecht stellen Sie Ihrer Datenbank die gleiche Frage: »Ich möchte stets den besten und neuesten Laptop«, aber diesmal mit der Einschränkung »Männlich/Alter«.

Auch hier zeigt sich, dass Ihr eigenes Bild von der Welt falsch war: Der höchste (relative) Anteil der Ja-Sager auf diese Frage liegt im Alter von 20–30 und nimmt dann erheblich bis 60 Jahre ab. Zwar gibt es auch 50- bis 60-Jährige, die mit Ja antworten, aber im Vergleich zu den 20- bis 30-Jährigen sind sie nur ein kleiner Teil. Jetzt wissen Sie aber, dass Ihre Premium-Laptop-Linie hochpreisig sein wird. Sie wissen auch, dass Jugendliche zwischen 20–30 einen geringeren finanziellen Spielraum haben. Mit dieser Information grenzen Sie das Alter Ihrer Personas zunächst zwischen 30 und 50 Jahren ein. Da sich aber 30-Jäh-rige von 50-Jährigen doch unterscheiden, überlegen Sie sich, ob Sie vielleicht zwei männliche Personas brauchen: Persona 1 mit 30–40 Jahren und Persona 2 mit 40–50 Jahren. Allerdings erinnern Sie sich wieder an ein wichtiges Gesetz bei der Persona-Bildung: Keep it simple! Sie entscheiden sich daher für eine Persona. Beim Alter machen Sie einen kleinen Kompromiss und legen die Altersgruppe auf 30–45 Jahre.

Sie sind also schon weiter: Sie haben nur noch eine Persona, die ist männlich und zwischen 30 und 45 Jahre alt. Sie lehnen sich zurück und sind mit Ihrem Werk zufrieden.

3.4.3 Schritt 3: Welche Persönlichkeit haben meine Personas?

Aber jetzt kommen Ihnen Zweifel: Ist meine Persona-Definition scharf genug? Wie immer schalten Sie Ihren Erfahrungsscheinwerfer ein und lassen alle Männer zwischen 30–45 Jahren, die Sie so kennen, vor Ihrem geistigen Auge passieren. Und Sie fragen sich dabei, ob sich diese alle für Technik und Computer interessieren? Viele ja – aber einige auch nicht. Zum Beispiel Kurt, der promovierte Kunsthistoriker. Er hat ein in die Jahre gekommenes Handy. Auch sein Laptop ist ein älteres Semester und Xing, Linkedin und andere Social-Media-Plattformen lehnt er als neumodisches Zeug und aus Angst vor Überwachung strikt ab. Sie fragen sich nun, ob es auf diese Unterschiede eine systematische Antwort geben kann.

Auch hier erinnern Sie sich an einen Kongress über die Zukunft der digitalen Entwicklung und die faszinierende Präsentation eines Neuropsychologen. Er hatte gezeigt, dass die emotionale Persönlichkeitsstruktur erheblichen Einfluss auf das Produktinteresse von Menschen hat. Sie schauen wieder in Ihre Datenbank, ob Sie dazu etwas finden. Bei der Frage »Beschäftige mich gerne mit Computern und neuester Technik« antwortet die Gruppe der Abenteurer und Performer weit überdurchschnittlich mit »Trifft voll und ganz zu«. Stärkste Gruppe sind die Abenteurer, zweitstärkste die Performer. Bei der weiteren Frage, nämlich wer beim Computerkauf vor allem auch auf einen günstigen Preis achten würde bzw. wer nicht, zeigt die Datenbank ebenfalls extreme Unterschiede: Die geringste Rolle spielt der Preis bei den Performern und noch ein Stück bei den Abenteurern. Für alle anderen Limbic Types wäre dagegen ein niedriger Preis entscheidend. Jetzt stellen Sie die letzte Frage, und zwar nach der Wichtigkeit von gutem Design bei technischen Produkten. Hier gibt es eine eindeutige Antwort: Die Performer antworten mit großem Abstand mit »Ja«[4].

---

4 Das Beispiel ist zwar fiktiv, die Ergebnisse der Datenbank dagegen sind real, das Vorgehen wurde von uns in b4p genauso simuliert.

Mit diesem Vorgehen haben Sie das Grundgerüst Ihrer Persona skizziert. Jetzt können Sie Ihre Persona nach der oben gezeigten Struktur (Kurzcharakteristik, Werte, Beruf, Interessen usw.) noch weiter plastisch formulieren. Ihre Persona wäre zum Beispiel

- Name: Marc
- Bezeichnung: Der Ambitionierte
- Limbic-Typ: Performer
- Alter: 30–45 Jahre
- usw. usw.

3.5 Fallbeispiel 5: Buyer Personas für »Buyer Persona«

Nanu, werden Sie sich jetzt denken, was ist das für eine komische Überschrift – was soll denn die bedeuten? Natürlich haben wir uns auch für die Positionierung dieses Buches eine Buyer Persona(s) überlegt. Diese Persona(s) wird/ werden uns gute Dienste im nächsten Kapitel 4 leisten, wenn es darum geht, Daten aus der digitalen Welt zur Formulierung und Optimierung von Personas zu nutzen. Sie dienen dort als Beispiel, wie man das macht. Aber vorab noch eine Warnung: Wenn die Persona völlig anders ist als Sie, liebe Leserin oder Leser, liegt das daran, dass wir jetzt noch keine Daten über die Käufer und Käuferinnen dieses Buchs haben. Es kann also sein, dass unsere Personas im nächsten Jahr anders aussehen, wenn wir die digitalen Medien, wie in Kapitel 4 beschrieben, genutzt haben. Lassen Sie uns nun aber einfach mal mit der Persona-Konstruktion beginnen.

Geschlecht
Das Thema ist sicher geschlechtsneutral, zudem ist der Anteil Frauen/Männer im Marketing ziemlich ausgeglichen, während es bei Start-ups und in der Produktentwicklung meist mehr Männer gibt. Gelesen wird insgesamt hingegen eher von Frauen, wobei das bei Fachbüchern anders aussieht. Deshalb haben wir eine geschlechtsneutrale oder 2 Personas männlich/weiblich gewählt.

Ausbildung/Beruf/Unternehmen/Stellung im Unternehmen
Da das Thema in erster Linie für das Marketing interessant ist und entsprechende Persona-Projekte meist dort beginnen, haben unsere Persona(s) eine Marketingausbildung. Sie arbeiten in mittelständischen Unternehmen und sind dort für das Marketing verantwortlich. Ebenso möglich wäre eine Arbeit in Agenturen oder in Marketingberatungen. Gut möglich, dass unsere Personas aber auch in der Produktentwicklung oder in Start-ups arbeiten, denn auch dort ist das Thema präsent. Noch wissen wir es nicht genau.

Alter

Man muss schon einige Jahre Berufserfahrung haben, um die Wichtigkeit und Chancen eines solchen Themas zu erkennen. Deshalb ist die Persona in die Lebensphase von 33–45 Jahre eingeordnet. Da aber auch Start-ups mit dem Thema zu tun haben, könnte sich das bei einer genaueren Betrachtung ändern.

Persönlichkeit

Der Wunsch, ein solches Fachbuch zu kaufen, kann aus mehreren Motiven kommen:

- Dominanz: »Mit dem Wissen dieses Buches werde ich noch besser. Das bringt mir steigende Karrierechancen und Bezahlung.«
- Stimulanz: »Es ist ein relativ neues Thema, worüber es noch keine Bücher gibt. Mal schauen, ob ich etwas Spannendes lernen kann.«
- Balance: »Ich will in meinem Job keine Fehler machen – so ein Ratgeber hilft, Fehler zu vermeiden.«

Unsere Wahl: Unsere Personas sind Innovatorinnen und Innovatoren mit einem überdurchschnittlichen Stimulanz-System.

Weitere Kaufmotive

Nicht alle Anreize zum Kauf kommen so direkt aus den Emotionssystemen wie die gerade beschriebenen (auch wenn sie trotzdem einen emotionalen Hintergrund haben). Es gibt auch andere, wie z.B.: »Bei uns im Unternehmen läuft gerade ein Persona-Projekt, da will ich mich informieren«; »Ich habe mich schon viel mit den Büchern von Dr. Häusel und dem Limbic-Ansatz beschäftigt – ich bin interessiert, was es Neues gibt«; »Habe Henzler/Häusel auf einem Vortrag gehört und möchte das Ganze nochmals nachlesen« usw. Unsere Annahme hier ist: Unsere Personas haben schon einmal etwas von Personas gehört.

Einstellung zum Beruf

Unsere Personas lieben ihren Job, weil er so abwechslungsreich ist, und freuen sich, permanent neue Ideen einzubringen.

Digitales Verhalten

Unsere Personas sind (weil sie neugierig sind) auch digital auf dem aktuellen Stand. Begriffe wie »Metadaten, Google Analytics, Key Words usw.« sind ihnen geläufig.

Unsere Personas zusammengefasst:

- Name: Julia und Benedict
- Kurzbeschreibung: die Marketing-Trendsetter

3.6 Wie viele Personas sind optimal?

Wir haben bei den obigen Praxisbeispielen gesehen, dass die Anzahl der Personas höchst unterschiedlich ist. Beim Mobilfunkkonzern waren es sechs, mit einer Geschlechterdifferenzierung in allen Segmenten wären es noch mehr. Beim Home-Shopping-Sender waren es vier Personas und beim Pharmahersteller ebenfalls vier. Bei unserem vorletzten Beispiel dagegen war es nur eine einzige. In der Praxis gibt es Fälle, wo sogar noch mehr als sechs Personas sinnvoll sind: Bei einem Projekt für einen der größten deutschen Buchverlage mit einem extrem breiten Belletristik- und Sachbuchprogramm waren am Ende zehn Personas notwendig, um das heutige und zukünftige Verlagsprogramm emotional und zielgruppenspezifisch gut zu strukturieren.

Einfach gesagt ergibt sich folgende Regel: Je breiter das emotionale Spektrum ist, das vom Unternehmen und seinen Produkt- oder Dienstleistungen abgedeckt wird, desto mehr Personas wird es geben. Ein wichtiger Aspekt in dieser Diskussion ist dabei die Unternehmensmarke, wir werden uns weiter unten damit intensiver beschäftigen.

3.7 Schärfung von Personas durch Interviews und Beobachtungen

In den obigen Beispielen haben wir das Konstruktionsprinzip anhand mehrerer Beispiele kennengelernt. Wichtige Hilfsmittel bei der Formulierung waren dafür der Limbic-Ansatz, eigene Abverkaufsanalysen und Marktforschungsergebnisse aller Art. Aber: Letztendlich haben wir unsere Personas am Schreibtisch bzw. im Workshop-Raum gebildet. Manchmal reicht ein solches Vorgehen aus. Wenn man allerdings seine Personas noch besser spüren und fühlen will, wenn man ihre Entscheidungsabläufe noch besser verstehen will, muss man näher an sie heran. In Kapitel 4 werden wir uns mit den digitalen Möglichkeiten dazu beschäftigen, in diesem Kapitel stehen die klassischen Methoden im Vordergrund.

Ein ganz wichtiges Instrument dazu sind **qualitative Interviews**. Im Konsumbereich sollten diese möglichst im direkten Lebensumfeld der Personas geführt werden; im B2B-Bereich im Arbeitsumfeld. Da die Entscheidungsfindung im Konsumbereich in der Regel anders abläuft als im B2B, sind auch unterschiedliche Interview- und Explorationstechniken anzuwenden.

3.7.1 Interviews im Konsumbereich

Ein Problem bei Konsumentscheidungen ist, dass diese einen sehr hohen unbewussten Anteil haben. Man kann sich darüber streiten, ob der unbewusste Anteil 70%, 80% oder 90% sind. Eines ist unbestritten: Der unbewusste Anteil dominiert den bewussten Anteil. Im Interview eines Porschekäufers würden wir kaum erfahren, welche große Rolle der Wunsch nach sexueller Attraktivität beim Kauf gespielt hat. Ein ähnliches Problem hätten wir bei einer Frau, die sich gerade bei Zara neu eingekleidet hat. Während dem Bewusstsein funktionale Motive wie Leistung beim Porsche oder Stoffqualität beim Outfit durchaus zugänglich sind, bleiben Motive wie soziale Anerkennung oder sexuelle Attraktivität dem Bewusstsein oft verschlossen. Diese sind aber häufig die kaufbestimmenden Auslöser. Zudem tendieren die Interviewten dazu, dem Interviewer zu gefallen, sozial erwünschte Antworten zu geben oder sich als rationale(r), kluge(r)r Entscheider(in) darzustellen. Kurz und gut: Interviews im Konsumbereich muss man mit Vorsicht betrachten, vor allem, wenn man direkt fragt: »Was ist für Sie beim Kauf von Kleidung bzw. eines Gartengrills wichtig?«

Man wird auf diese Frage viele Informationen bekommen, aber die wahren Entscheidungsgründe bleiben häufig im Verborgenen. Aber heißt das, dass Interviews nichts bringen? Nein, das heißt es nicht. Man muss allerdings die richtigen Fragen stellen – Fragen nämlich, die einen Spalt zum Unbewussten öffnen. Diese Fragen haben wir »Zauberfragen« genannt. Das Prinzip bei diesen ist: Sie versuchen stärker die tiefen, emotionalen Schichten im Gehirn, das sogenannte limbische System, zu erreichen und weniger das bewusste Großhirn.

Ein Beispiel soll das verdeutlichen. Nehmen wir an, Sie sind mit der Persona-Formulierung eines Bildungsreisen-Reiseveranstalters beauftragt. Das Grundgerüst Ihrer Persona haben Sie bereits, wie in den obigen Beispielen dargestellt, formuliert. Ihre Persona hieße Karl, wäre 55 Jahre alt, akademisch gebildet, höherer Beamter und als Persönlichkeit ein Disziplinierter. Aus der Marktforschung wissen wir, dass er Bildungsreisen liebt und im Sommer gerne Wanderurlaub macht. Jetzt suchen wir in der Kundendatei des Veranstalters nach einigen Kunden, die dem »Karl-Schema« entsprechen und versuchen, einen Interviewtermin zu bekommen. Wenn es klappt, fahren wir hin und beginnen unsere »Karls« zu interviewen. Wir könnten jeden »Karl« jetzt direkt fragen, welche Entscheidungsgründe bei der Auswahl der Reise und des Reiseveranstalters für ihn wichtig waren. Diese Fragen stellen wir aber zurück (wir stellen sie später) und beginnen dafür mit einer Zauberfrage. Diese könnte in etwa so lauten: »Wie sähe für Sie ein gelungener und toller Tag bei einer Bildungsreise aus?«

Auf diese Weise haben wir im Gehirn von Karl den Glücksknopf gedrückt und Karl erzählt uns nun alles, was ihm bei einer Bildungsreise wichtig ist und Freude macht. Das Wichtige dabei ist: Er erzählt in konkreten Erlebnissen und Bildern. Genau diese Sprache brauchen wir, um unsere Personas plastisch und lebendig zu machen. Ganz wichtig dabei ist, die Interviewten zu bitten, die Interviews aufnehmen zu dürfen. Der aufgenommene Originalton kann von großer Bedeutung sein, wenn wir die Personas im Unternehmen vorstellen und lebendig werden lassen wollen.

Doch zurück zum Interview. Wir brauchen nämlich noch eine zweite Zauberfrage. Mit unserer ersten Frage haben wir den »Glücksknopf« gedrückt. Damit haben wir erfahren, was ihn freut und begeistert. Entscheidungen werden aber nicht nur durch Belohnungserwartung gebildet, oft genauso wichtig ist die Straf- und Unlustvermeidung. Erinnern Sie sich an das Kriterium »Abneigung« bei der Formulierung von Personas? Wir müssen deshalb auch Karls Vermeidungsmotive und seine Abneigungen kennen. Die entsprechende Zauberfrage würde in diesem Falle sein: »Sie haben ja schon einige Bildungsreisen gemacht, was hat Sie auf diesen Reisen am meisten gestört und geärgert?« Auch jetzt greift Karl wieder tief in seine Erlebniskiste.

Nachdem wir damit die eher unbewussten Belohnungs- und Bestrafungsmotive erkundet haben, können wir jetzt auf die bewusstere Großhirnebene wechseln und Fragen stellen wie: »Wo und wie informieren Sie sich bei der Planung einer Reise?«, »Welche Reiseveranstalter kennen Sie/sind Ihnen sympathisch?«, »Nach welchen Kriterien entscheiden Sie?« usw. Diese Fragen geben uns etwas Zusatzinformation – das wichtige »Fleisch« für unsere Personas kommt aber aus den Zauberfragen. Wenn Sie zusätzlich noch ein paar Bilder aus Karls Wohnung bzw. Lebensumfeld mit nach Hause bringen, haben Sie eine reiche und wichtige Beute gemacht.

Wichtig dabei ist, dass Sie Karl zuhören können und dass Karl Ihnen vertraut. Deshalb wollen Sie das Gespräch auch gar nicht in eine bestimmte Richtung lenken, wie ein geschulter Verkäufer, und Karl etwas andrehen. Sie wollen nur zuhören und seine Meinung kennenlernen. Produktmanager sind dabei oft nicht die richtigen Partner, denn sie wittern bei den Antworten auch gleich Kritik an den bisherigen Produkten und wollen sich verteidigen. Darum geht es aber nicht. Wenn Ihnen Karl seine unbewussten Motive darlegen soll, dann muss er so reden können, wie ihm der Schnabel gewachsen ist. Er soll beschreiben dürfen, er muss nichts rechtfertigen. Er soll schildern, nicht argumentieren. Und Sie können aus dem Lesefluss zwischen den Zeilen so viel erkennen und erfassen wie ein Germanist bei der Lektüre von Goethe, wie Freud bei der Analyse von Schreber oder Schnitzler. Sie können ein ganzes Psychogramm entschlüsseln.

Allein die Art zu sprechen, verrät viel über Karl. Stimmen unsere Annahmen, dass Karl eher diszipliniert ist, wird auch seine Rede eher strukturiert sein. Sie können dann an der Wahl seiner Adjektive erkennen, dass eine »ordentliche Brotzeit« nach einer »anstrengenden, aber den Fleißigen belohnenden Wanderung« ein tolles Erlebnis war, auch weil man »diszipliniert um 5.30 Uhr auf der Matte stand«. Lobt Karl hingegen die »waghalsige, spontane Klettertour mit dem neuen Kumpel, weil es in der Gruppe zu langweilig wurde«, dann sollten Sie Ihren Karl überdenken.

Vielleicht kennen Sie ähnliche Techniken und Überlegungen aus dem Design Thinking. Dort wird oft von »Problem-Interviews« und »Lösungs-Interviews« gesprochen und es gibt zahlreiche Vorlagen für derartige Gespräche. So hilfreich diese Vorlagen sein können, sie sollen Sie nie davon abhalten, Ihrem Gesprächspartner vertrauensvoll gegenüberzutreten und ihm zu zeigen, dass Sie an seiner Meinung mehr interessiert sind als am korrekten Ausfüllen Ihres Formulars!

3.7.2 Interviews im B2B

Auch bei der Entwicklung von B2B-Personas können Interviews nützlich sein, um deren Wünsche und Entscheidungsabläufe plastischer und konkreter vor Augen zu haben. Im Unterschied zum Konsumbereich sind aber die Entscheidungsabläufe wesentlich komplexer. Ein B2B-Entscheider entscheidet in der Regel nicht alleine. An der Entscheidung sind Mitarbeiter und Mitarbeiterinnen anderer Hierarchien und Abteilungen beteiligt. B2B-Entscheider haben zudem Funktionsrollen, denen sie entsprechen sollen: Ein(e) Einkäufer/in interessiert sich primär für Preis und Konditionen und weniger dafür, was das Produkt leistet. Und: B2B-Entscheider sind zudem Menschen. Diese denken bei einer Entscheidung nicht nur an das Unternehmen, sondern auch an sich selbst und den ganz persönlichen Nutzen ihrer Entscheidung. All das läuft eher bewusst ab. Aber auch im B2B gibt es viele unbewusste Einflüsse auf die Kaufentscheidungen. Alle diese Ebenen müssen in B2B-Interviews berücksichtigt werden.

Doch wie kommt man auch in B2B-Interviews zu guten Insights? Hier spielen wiederum die Nutzung von B2B-Zauberfragen und die Kunst des Zuhörens und Interpretierens eine elementare Rolle. Am Beispiel einer Lagerlogistiklösung und eines Hauptentscheiders sei die Vorgehensweise kurz skizziert:

- Interviewer: »Sie haben ja vor einem Jahr eine neue Logistik-Lösung in Ihrem Unternehmen eingeführt. Wer gab damals den Anstoß dafür, nach einer neuen Lösung zu suchen?«
Logistikleiter: »Der Anstoß kam von mir.«

- Interviewer: »Was alles hat Sie bei Ihrer alten Logistik geärgert, sodass Sie sich gesagt haben, so geht es nicht mehr weiter?« (Zauberfrage)
  Logistikleiter erlebt die frühere Situation wieder und erzählt in plastischen Bildern.
- Interviewer: »Was hat Sie bei all den aufgezählten Punkten am meisten geärgert und den Stein ins Rollen gebracht?«
  Logistikleiter erzählt von vielen Fehlern, die zu Kundenreklamationen führten.
- Interviewer: »Welche Auswirkungen hatten die Probleme für Sie und Ihr Leben ganz persönlich?«
  Logistikleiter erzählt vom Druck aus dem Management und gleichzeitig dem Ärger mit den Lagermitarbeitern.

Dieser kleine Ausschnitt aus einem Interview soll zeigen, um was es bei Interviews zur Entwicklung von B2B-Personas geht. Wir fragen bei B2B-Persona-Interviews deshalb nicht: »Welche Kriterien waren für Ihr Unternehmen bei der Investitionsentscheidung wichtig?« Uns interessiert in erster Linie die konkrete Erlebnis-und die Gefühlsebene unserer Befragten. Denn nur mit dieser Information werden B2B-Personas zu Menschen und keine pseudo-rationalen Entscheidungsroboter.

3.8 Nutzung von Best for Planning (b4p)

Interviews helfen dabei, die Entscheidungen und das Lebens-/Arbeitsumfeld von Personas plastischer zu machen. Das ist die qualitative Absicherung. Bei der Persona-Formulierung ist aber auch eine quantitative Absicherung wichtig. Es gibt Fragestellungen und Annahmen, die sich lohnen, empirisch überprüft bzw. beantwortet zu werden. Dies können Hobbys, Einstellungen, Umgang mit digitalen Medien, Informations-und Kaufverhalten in bestimmten Kategorien usw. sein. Um an diese Informationen zu kommen, gibt es prinzipiell zwei Wege:

Der erste Weg ist, eine eigene empirische Konsumentenbefragung durchzuführen. Das ist ein sehr teurer und aufwändiger Weg. Der zweite Weg ist günstiger und aussagekräftiger: Man nutzt die von den großen deutschen Medienhäusern durchgeführte Markt-Media-Studie best for planning (b4p). Wir sind dieser Studie in den vorherigen Kapiteln bereits begegnet. Hier also einige Fakten zu b4p (www.b4p.media) aus der Originalbeschreibung von der b4p-Website:

Information der b4p-Website

!

Die Untersuchung gliedert sich in drei Schwerpunkte: Märkte, Medien und Menschen.

Märkte

»b4p ist mit der Erhebung von über 2.400 Marken in mehr als 120 Marktbereichen die umfassendste Markt-Media-Studie im deutschen Markt. Die Studie deckt alle werberelevanten Märkte ab. Märkte und Marken werden über die Darstellung von Verwendern bzw. Käufern transparent gemacht. Folgende Märkte werden in b4p abgedeckt:

- Ernährung
- Körperpflege und Kosmetik
- Gesundheit
- Mode
- Consumer Electronics
- Haushalt und Wohnen
- Pkw und Mobilität
- Reisen
- Finanzen und Versicherungen
- Handel

Medien

b4p weist alle relevanten Mediengattungen für die Mediaplanung aus: Über 170 Zeitschriftentitel, 66 Belegungseinheiten von Tageszeitungen, 11 TV-Sender, alle ma-Radiosender [an der Mediaanalyse teilnehmend, d. Verf.], Plakat, Kino und einige kleinere Medien.

Darüber hinaus beinhaltet b4p eine Vielzahl digitaler Angebote und bildet einen Großteil der stationären Internet- und mobilen Smartphone-Nutzung ab. Ebenfalls werden zahlreiche Angebote der ma-Internet und diverse, unverzichtbare Medienpartner-Websites dargestellt: Rund 784 Websites, 316 Angebote der mobilen Nutzung und 181 Apps.

Menschen

b4p ist der Navigator zu Menschen mit ähnlichen Interessen, Konsumvorlieben und Lebensstilen. b4p bietet umfassende demographische Angaben und deren Einordnung (z.B. in sozioökonomische Segmente, Statusgruppen, Lebensphasen). Die Studie fragt Informationsinteressen in rund 40 Themenbereichen sowie eine Vielzahl redaktioneller Themeninteressen in Print ebenso wie TV-Genres. Über 150 Statements zu Einstellungen werden zusätzlich verdichtet zu wichtigen Zielgruppenmodellen, Konstrukttypen und Typologien (Sinus, Sigma, Limbic Types, microm, Personicx, Branchentypologien etc.).«

Die genauen Nutzungsbedingungen finden Sie auf der Website. Im nachfolgenden Beispiel soll gezeigt werden, wie man b4p nutzen kann.

Anwendungsbeispiel von b4p bei der Persona-Formulierung

Potenzialschätzung mit b4p

Unsere Persona von oben, Maria, ist zwischen 40 und 50 Jahre alt. Limbic Typ: Traditionalistin, Schulabschluss: Hauptschule bis mittlere Reife, verheiratet und Kinder usw. Qualitativ haben wir Maria sehr plastisch beschrieben. Uns interessiert nun aber,

a) wie viele Marias es in Deutschland gibt (= Potenzialschätzung) und

b) vielleicht noch, wie sie sich in bestimmten Märkten verhält.

In b4p wird nun in einem ersten Schritt die Persona modelliert. Mit dieser Modellierung erhält man gleichzeitig eine Potenzialschätzung. Diese Modellierung machen wir schrittweise.

1. Schritt 1 – wir beginnen mit Geschlecht und Alter:
    »Wieviel Frauen gibt es in Deutschland im Alter zwischen 40–49 Jahren?«
    – b4p: *6,00 Mio.*

2. Schritt 2 – als nächsten Schritt grenzen wir die Schulbildung ein:
    »Wieviel Frauen gibt es in Deutschland im Alter zwischen 40–49 Jahren und Schulbildung maximal mittlere Reife?«
    – b4p: *4,17 Mio.*

3. Schritt 3 – jetzt fügen wir als weiteres Kriterium »Kinder« dazu:
    »Wieviel Frauen gibt es in Deutschland im Alter zwischen 40–49 Jahren und Schulbildung maximal mittlere Reife plus Kinder?«
    – b4p: *3,60 Mio.*

4. Schritt 4 – jetzt grenzen wir noch den Limbic-Type ein (Traditionalistin):
    »Wieviel Frauen gibt es in Deutschland im Alter zwischen 40–49 Jahren und Schulbildung maximal mittlere Reife und Kinder und Limbic-Type Traditionalistin?«
    – b4p: *0,40 Mio.*

Aus diesem Vorgehen sehen wir, was passiert: Je mehr Eigenschaften wir dazu verwenden, unsere Persona zu beschreiben, desto differenzierter wird zwar die Persona, desto geringer wird aber das Potenzial!

Einen weiteren Weg, Potenziale zu schätzen, lernen wir im nächsten Kapitel kennen: die Nutzung von Facebook und/oder Google.

Verhalten in Märkten

Wir bleiben aber in b4p und nutzen diese Studie nun dazu, auch inhaltlich mehr über unsere Persona zu erfahren, zum Beispiel über das Verhalten in bestimmten Märkten oder Produktsegmenten. In b4p sind viele Produktsegmente/Märkte enthalten. Es würde den Rahmen sprengen, diese alle zu beschreiben. Wir schauen uns einmal ein Beispiel an:

Bei Maria interessiert uns ihre Einstellung und ihr Verhalten im Bereich Finanzen, zum Beispiel, ob unsere Maria ihrer Bank treu ist. In b4p gibt es ein Item, dass diese Einstellung abfragt: »*Ich bin bereit, meine Bank zu wechseln, wenn ich irgendwo anders bessere Konditionen bekomme.*«

Zunächst bekommen wir die absoluten Zahlen – also wie viele Marias die Antwort-Ausprägung wählen: »Trifft voll und ganz oder eher zu.« Von allen Marias (0,40 Mio.) sind es 22 % (ca. 90.000), die diese Ausprägung wählen. Aber ist das nun viel oder eher wenig? Wir brauchen dazu Referenzgruppen. Unsere erste Referenzgruppe sind Frauen allgemein. Von allen Frauen wählen 29 % diese Ausprägung. Wir sehen also (wie zu erwarten), dass unsere Marias ihrer Bank wesentlich treuer sind als Frauen allgemein. Jetzt interessieren uns noch alle Männer und hier sind es 36 %, die ihre Bank wechseln würden. Wir sehen also, dass unsere Maria eine sehr, sehr treue Bankkundin ist.

Jetzt könnten wir b4p noch weiter nutzen und schauen, ob Maria auch eine attraktive Bankkundin im Vergleich zu Frauen allgemein oder Männern allgemein ist. Attraktiv definieren wir mit: eigenes Einkommen mehr als EUR 2.000 im Monat. Hier zeigt uns b4p Folgendes: Nur 3,3 % aller Marias haben ein Einkommen von mehr als EUR 2.000, bei Frauen allgemein sind es 9,9 % und bei Männern sind es sogar 31,5 %[5].

Dieses Beispiel zeigt exemplarisch, wie man b4p zur Entwicklung und empirischer Absicherung von Personas nutzen kann. Sie werden aber spätestens jetzt fragen oder sagen: »Interviews, b4p oder klassische Marktforschung – das ist doch Old School?« Und: »Wie können wir die vielfältigen Möglichkeiten von Google, Facebook und Co. für die Entwicklung und Optimierung von Personas nutzen?« In Kapitel 4 und Kapitel 5 werden wir uns damit sehr ausführlich beschäftigen.

3.9 Personas und Unternehmensmarke

Der emotionale Korridor, der von einem Unternehmen bedient wird, wird sehr häufig von der Unternehmensmarke vorgegeben. Die Wirkung von Marken im Kundengehirn kann man verkürzt auf zwei Wirkdimensionen verdichten:

5   Quelle für alle Zahlen aus dem Beispiel: b4p.

Wirkdimension 1: Bekanntheitsgrad

Alleine die häufige Wiederholung einer Sache führt im Kundengehirn dazu, dass diese als »vertraut« erscheint und damit positiver bewertet wird. In der Psychologie wird dieser Effekt als »Mere Exposure Effect« bezeichnet. Der Effekt tritt auch bei unterschwelliger oder beiläufiger Wahrnehmung auf. Es spielt also keine Rolle, ob sich die Person des Kontakts bewusst ist oder nicht. Dieser Effekt funktioniert auch bei Marken. Der Neuroökonom Peter Kenning konnte im Hirntomografen zeigen, dass bekannte Marken die Aktivitäten im vorderen Großhirn/Neocortex reduzieren. Das vordere Großhirn spielt eine wichtige Rolle beim bewussten Denken. Bekannte Marken sorgen, so sein Ausdruck, für »Kortikales Vertrauen«.

Wirkdimension 2: Emotionen

Die zweite und für Personas wichtigere Wirkdimension von Marken sind die emotionalen Vorstellungswelten, die mit der Marke verbunden sind. Marken sind deshalb emotionale Verstärker. Damit diese emotionale Verstärkung funktioniert, dürfen Marken emotional nicht diffus sein. Sie müssen klar umrissene Emotionen im Kundengehirn auslösen. Der emotionale Raum, der von einer Marke besetzt wird, kann nun breiter oder enger sein, wie wir am Beispiel VW und Porsche gleich sehen werden.

Die emotionale Markenpositionierung hat nun erhebliche Konsequenzen für die Ableitung von Personas. Es gibt nämlich einen extrem starken Zusammenhang zwischen der emotionalen Persönlichkeit eines Menschen und den Marken, die er wählt und die er sympathisch findet. Dieser enge Zusammenhang lautet: *Kunden präferieren die Marken, die emotional im gleichen Feld liegen wie der Kern ihrer eigenen emotionalen Persönlichkeit!*

Dieser Zusammenhang ist kein Determinismus, sondern eine Wahrscheinlichkeitsrelation. In der Regel bevorzugen also zum Beispiel Harmoniser mit größerer Wahrscheinlichkeit Marken, die Harmoniser-Signale ausstrahlen. Aber selbstverständlich gibt es auch einzelne Harmoniser, die, warum auch immer, in bestimmten Bereichen Abenteurer-Marken präferieren. Der Zusammenhang ist wichtig, um die Beziehung Marke und Persona zu verstehen.

Diesen Aspekt schauen wir uns am Beispiel der beiden Automobilmarken VW und Porsche an.

3.9.1 Personas und die Marke VW

Ein wichtiges Hilfsmittel zur Verdeutlichung dieses Zusammenhangs ist die Limbic Map, die wir in Kapitel 2 bereits kennengelernt haben. Die Limbic Map ist das beste Instrument, um emotionale Markenpositionierungen deutlich zu machen. Beginnen wir mit der Markenpositionierung und dem emotionalen Markenraum der Marke VW. Die Marke von VW liegt auf der Limbic Map im unteren Bereich – also in der Nähe von Balance (Abbildung 21).

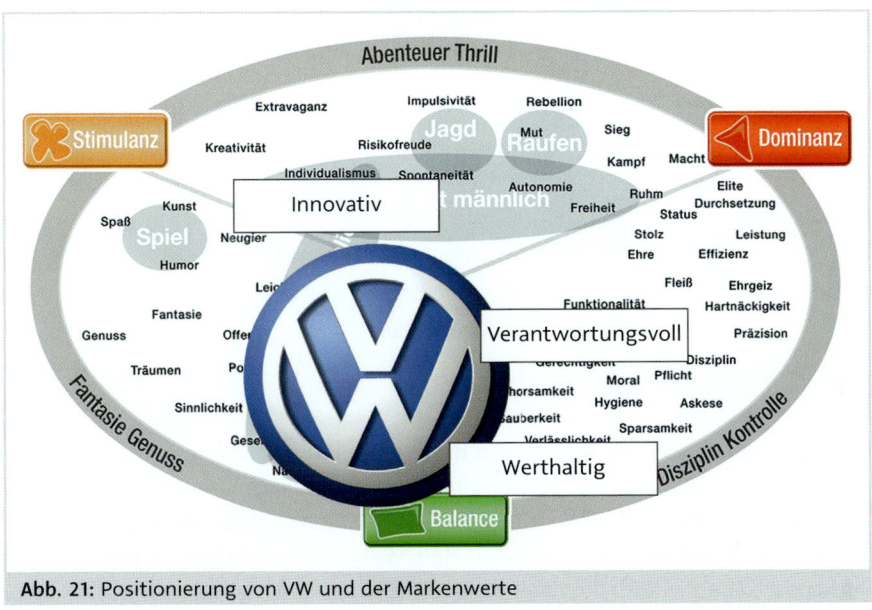

Abb. 21: Positionierung von VW und der Markenwerte

Wie kommt man dazu? Man schaut sich die Markenwerte und Markenmission auf ihren emotionalen Gehalt hin an. Die Markenwerte von VW sind: Werthaltig, Verantwortungsvoll, Innovativ. Wenn wir diese Werte auf der Limbic Map verorten, sehen wir einen Emotionsraum, der von ihnen abgesteckt wird. Interessant ist der Wert »Innovativ« – den könnte man, so der Gedanke, weiter Richtung Stimulanz setzen. Die Stimulanz-Kraft ist schließlich die Treiberin für das Neue. Aber die Innovation, die VW im Blick hat, ist nicht die revolutionäre Innovation, sondern die massenfähige Innovation. Es sind solche Innovationen, die mit Audi oder Porsche in den Markt kommen und dann einige Zeit später für VW adaptiert werden. Damit rutscht der Wert »Innovation« auf der Limbic Map nach unten in Richtung Balance. Mit dieser Erkenntnis kann die Marke VW verortet werden. Man sieht, dass der emotionale Markenraum relativ groß ist. Nun wenden wir uns den Produkten, genauer gesagt, den Baureihen von VW zu. Das sind in unserem Fall die Baureihen Golf, Passat,

Beetle, Touareg, Tiguan, Sharan, Polo usw. Auch diese Baureihen haben einen emotionalen Kern und lassen sich auf der Limbic Map grob verorten (Abb. 22):

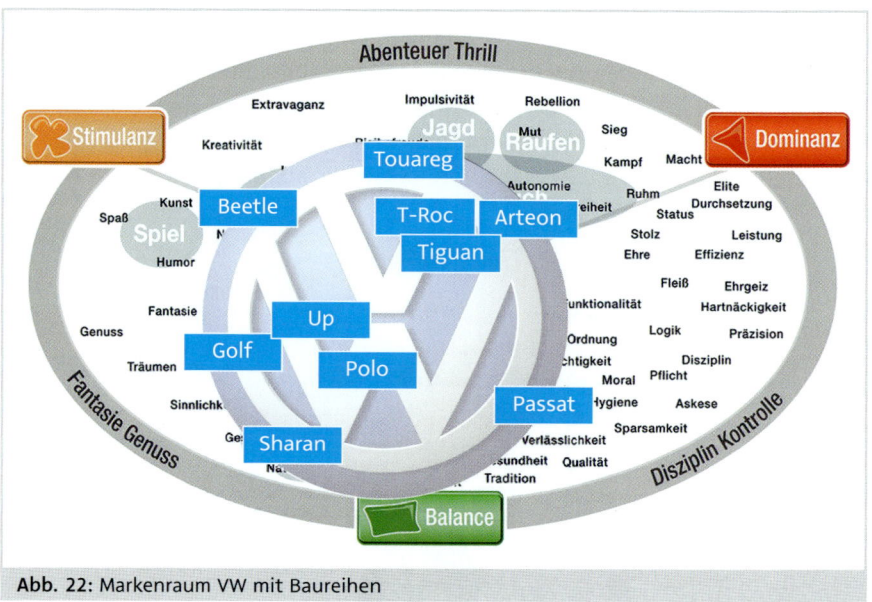

Abb. 22: Markenraum VW mit Baureihen

Wir sehen, dass von der Marke und den Baureihen ein enorm großer emotionaler Raum abgedeckt wird. Angenommen, wir bekämen von VW den Auftrag, dafür ein Persona-Konzept zu entwickeln. Wenn wir jeder Baureihe, die VW anbietet, eine Persona zuordnen würden, wären wir allein hier schon bei zehn Personas. Damit wären wir aber noch nicht am Ende unseres Projekts. Unsere Projektleiterin bei VW würde uns nämlich bei der Präsentation der zehn Personas fragen, ob wir daran gedacht hätten, dass es auch innerhalb der Baureihen erhebliche Unterschiede gibt. Am Beispiel des VW Golf würde das schnell klar werden: Die Käufer-Persona eines Golf Variant wäre eine andere als die eines Golf Cabrios. Und diese Persona wäre wieder eine andere als die Käufer-Persona eines Golf R mit 310 PS und Allradantrieb.

Dieses Beispiel macht klar, dass der Weg über die Baureihen und dann weiter innerhalb der Baureihen zu extrem vielen Personas führen würde. Oder anders ausgedrückt: Dieses Persona-Projekt würde an seiner Komplexität ersticken. Sind deshalb für VW keine Personas möglich? Doch, aber sie müssten über die Baureihen hinweg formuliert werden. Ein Persona-Konzept könnte so aussehen:

- der/die Sportliche
- der/die Spaßsucher/in
- der/die Statusaffine

- der/die Alltagsfahrer/in
- der/die Familienmanager/in
- der/die Rechner/in

Ob VW mit Personas arbeitet, ist nicht bekannt. Bekannt ist dagegen, dass Porsche mit Personas arbeitet. Dieses Fallbeispiel in puncto Marke schauen wir uns jetzt etwas genauer an.

3.9.2 Personas und die Marke Porsche

Beginnen wir mit der Markenpositionierung von Porsche. Die Marke Porsche ist, wie man in der Fachsprache sagt, emotional viel spitzer positioniert als die Marke Volkswagen. Wenn wir den emotionalen Markenkern von Porsche auf der Limbic Map abbilden, sieht das Ergebnis in etwa so aus (Abbildung 23).

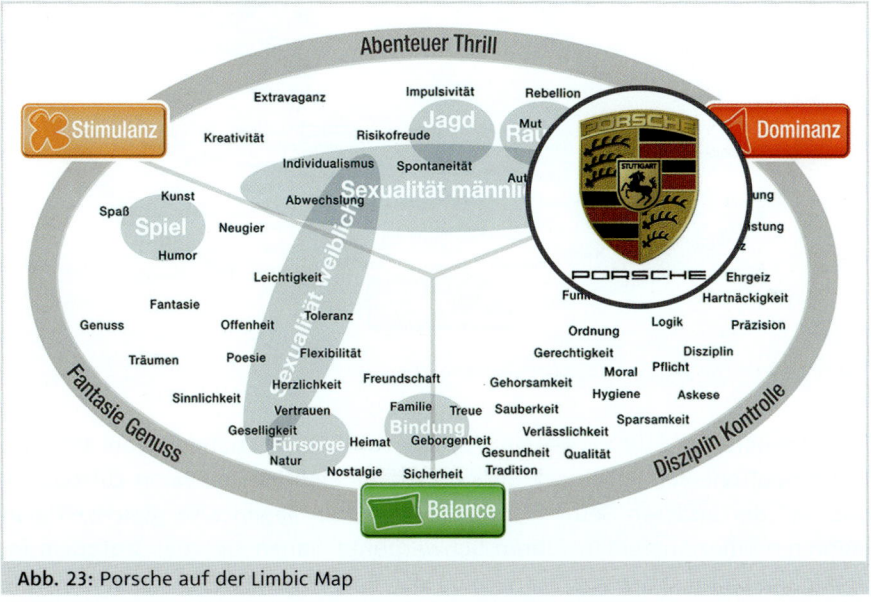

Abb. 23: Porsche auf der Limbic Map

Man sieht, dass Porsche eindeutig im Dominanz-Bereich positioniert ist. Assoziierte Markenwerte sind Leistung, Perfektion, Status, Dynamik usw. Damit wird klar, wer die emotionale Kernzielgruppe von Porsche ist: Das sind die Performer. Nun wissen wir aber aus Kapitel 2, dass die Limbic Types eine Verdichtung einer komplexeren Persönlichkeitsstruktur darstellen. Was alle Performer gemeinsam haben, ist ein überdurchschnittlich ausgeprägtes Dominanz-System. Trotzdem gibt es im Detail auch Unterschiede zwischen den Performern. Es gibt Performer, die neben einem ausgeprägten Dominanz-System auch im Bereich Balance/Disziplin eine stärkere Ausprägung haben. In der Regel sind das ältere Performer. Und es gibt im Gegensatz dazu Performer, die auch in der Stimulanz-/Abenteuerdimension stärker ausgeprägt sind. Darüber hinaus sind noch weitere Performer-Spielarten denkbar.

Nun zurück zu Porsche. Der Markenkern, wie schon beschrieben, liegt im Dominanz-Bereich. Wenn wir wie bei VW auch bei Porsche die Baureihen (911, Cayman, Boxster, Panamera, Macan, Cayenne) auf die Limbic Map legen, erweitern diese den emotionalen Markenraum (Abbildung 24).

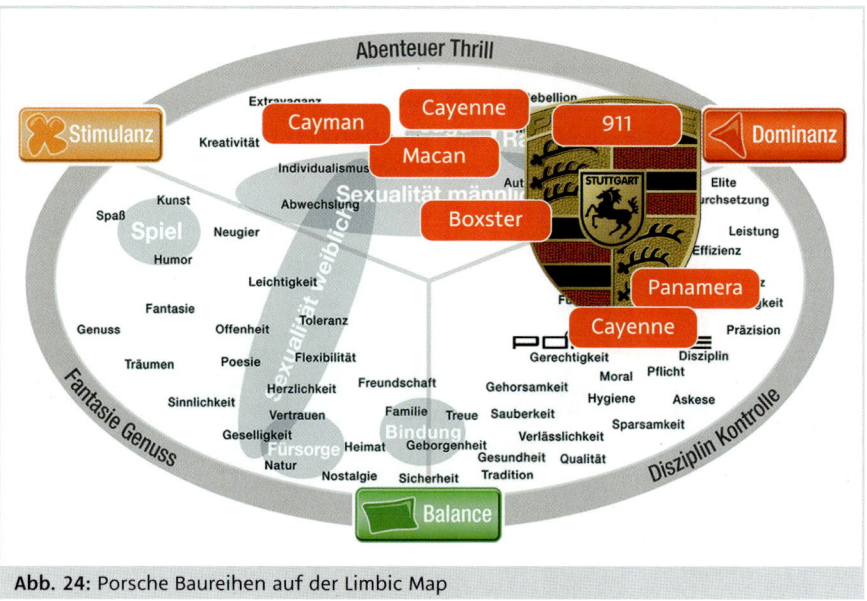

Abb. 24: Porsche Baureihen auf der Limbic Map

Insbesondere die SUV-Baureihen Cayenne und Macan haben dabei eine etwas gespaltene Persönlichkeit: Sie sind auf der einen Seite »Salon-Offroader« und auf der anderen Seite »Familien-Vans«. Sie liegen also gleichzeitig in mehreren Emotionsfeldern. Ihren Schwerpunkt haben sie aber trotzdem im Dominanz-Raum. Aber auch innerhalb der Baureihen gibt es wiederum verschiedenste Modelle. Es gibt zum Beispiel den klassischen 911er und es gibt ihn u. a. als 911er Turbo Cabriolet. Auch bei allen anderen Modellreihen gibt es solche Unterschiede.

Wir sehen auch beim Porsche-Persona-Konzept, dass es nicht direkt an Modellreihen gebunden ist. Schauen wir uns zunächst die Porsche-Personas im Überblick aus der Limbic Brille und ihren Porsche-Affinitäten an:

- Die »Top Guns«:

  Sie werden als »Driven« und »Ambitious«« bezeichnet. Aus Limbic-Sicht haben sie neben einem starken Dominanz-System auch eine starke Ausprägung im Abenteurer-Bereich. Die Modellreihen mit der höchsten Affinität sind der 911-er und bei kleineren finanziellen Mitteln der Cayman oder Boxster.

- Die »Elitists«

  Sie werden mit »Old Money« und »Blue Blood« beschrieben; gleichzeitig gelten sie als nicht preissensitiv. Aus Limbic-Sicht haben sie neben einem starken Dominanz-System noch eine etwas stärkere Ausprägung im Bereich »Disziplin«. Die Modellreihen mit der höchsten Affinität sind der Panamera und der Cayenne. Aber auch der klassische (nicht aufgemotzte) 911er passt noch ins emotionale Schema.

- Die »Proud Patrons«

  Sie werden mit »Trophy for hard work« beschrieben. Wie Name und Beschreibung zeigt, haben sie neben einem starken Dominanz-System zusätzlich eine stärkere Ausprägung in der Balance- und in der Disziplin-Dimension. Die Modellreihen mit der höchsten Affinität sind der Panamera und der Cayenne.

- Die »Bon Vivants«

  Sie werden als »Thrill-Seekers« beschrieben. Sie haben neben einem nicht ganz so starken Dominanz-System eine stärkere Ausprägung in der Stimulanz- und Abenteuer-Dimension. Die Modellreihen mit der höchsten Affinität sind Boxster, Caymann, aber auch 911 – vor allem in den Cabrio-Versionen.

- Die »Fantasists«

  Sie werden mit »Avoid Flaunting« (flaunting = protzen) beschrieben. Ihre Persönlichkeit ist zwar auch von einer stärkeren Dominanz-Kraft gekennzeichnet, aber alle anderen Dimensionen sind ebenfalls vorhanden. In ihrem Persönlichkeitsschwerpunkt rückt sie in die Mitte. Die Modellreihen mit der höchsten Affinität sind der Macan, der Cayman und der Boxster.

- Die »Every Day Users«

  Sie werden mit »Enjoy sportly cars for everyday use« und »women/ younger users« beschrieben. Ihr Persönlichkeitsprofil hat zwar noch eine Dominanz-Ausprägung, der Schwerpunkt liegt aber jetzt im Stimulanz-Bereich. Die Modellreihen mit der höchsten Affinität sind der Boxster und der Cayman.

Wenn wir jetzt die Persönlichkeitskerne der Personas auf der Limbic Map auftragen, sehen wir, dass sie im Prinzip alle mit dem Markenkern verbunden sind (Abbildung 25).

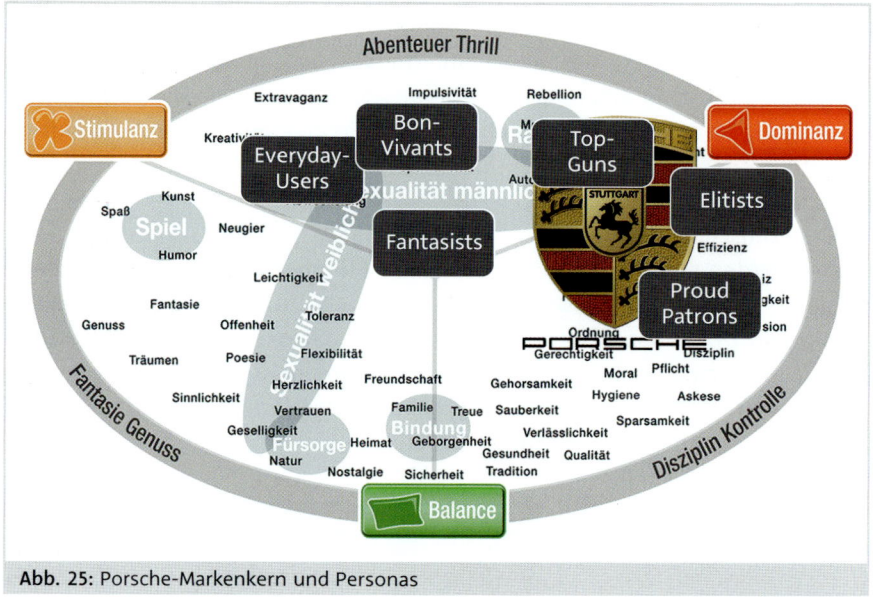

Abb. 25: Porsche-Markenkern und Personas

Wir sehen aber auch, welche Personas dem Markenkern am nächsten liegen: die »Top Guns«, die »Proud Patrons« und die »Elitists«. Sie sind daher die wichtigsten Personas für Porsche. Die »Bon Vivants«, »Every Day Users« und »Fantasists« haben nicht ganz die Bedeutung – sie sorgen aber dafür, dass Porsche bei jüngeren und weiblichen Zielgruppen einen Fuß in der Tür hat.

Am Beispiel Volkswagen und Porsche haben wir den Zusammenhang zwischen Unternehmensmarke und Persona-Strategie gesehen. Im Sinne einer nachhaltigen und wirksamen Markenstrategie sollte bei der Entwicklung von Persona-Konzepten immer die Unternehmens- oder die Produktmarke Ausgangspunkt des Persona-Konzepts sein. Aus der emotionalen Markenpositionierung leitet sich nämlich meist die zu wählende Persona-Strategie ab!

3.10 Strategische und taktische Personas

Wenn Sie sich die Fallbeispiele zu Beginn des Kapitels nochmals vor Augen führen, haben Sie sicher bemerkt, dass es einen Unterschied zwischen den Persona-Konzepten »Mobilfunk, Home Shopping-Sender, Pharmahersteller« und dem fiktiven Konzept des Computer-Herstellers gab. Bei den ersten drei Konzepten handelte es sich nämlich um »Strategische Personas«, beim Computerhersteller und bei den Personas für dieses Buch hingegen um »Taktik Personas«. Wo liegt der Unterschied?

Strategische Personas sind Teil einer langfristigen Ausrichtung des Unternehmens und damit Teil der Unternehmensstrategie. Ganz anders bei taktischen Personas: Beim Computerhersteller wurde ein Persona-Konzept speziell für die Vermarktung eines Premium-Laptops entwickelt. Diese Persona ist zunächst mit dem Markterfolg des Projekts Premium-Laptop verknüpft. Es kann sein, dass das Projekt scheitert. Hier sind viele Ursachen denkbar, die nichts mit der Positionierung des Produkts zu tun haben. Beispiele wären: Die Lithium-Batterie geht in Flammen auf und das Produkt bekommt verheerende Kritiken bei Amazon und Co. Oder: Die Wettbewerber bringen zeitgleich ein vergleichbares Produkt heraus, das aber wesentlich leistungsfähiger und/oder preiswerter ist. In diesen Fällen kann das Unternehmen entscheiden, die Idee von Premium-Laptops nicht weiter zu verfolgen, was automatisch auch das Ende der Buyer Persona bedeutet.

Taktische Personas haben trotzdem ihre Berechtigung und ihren Nutzen, weil sie Kampagnen schärfer und klarer machen. Die volle Kraft, die in Personas steckt, bringen in der Regel vor allem strategische Personas. Wir werden in der Folge noch einmal darauf eingehen, vor allem, wenn es um die Implementierung der Personas in Unternehmen geht.

4 Digital Touchpoints und die empirische Überprüfung: Meine Persona schärfen

4.1 Digital shift: Meine Persona und die vielen Daten aus dem Netz

In den ersten drei Kapiteln haben wir die Schritte vorgestellt, wie man eine Persona entwickelt und formuliert. Diese Grundlagenarbeit ist sehr wichtig. Sie gibt Orientierung und fokussiert auf das Wesentliche, denn Personas bieten eine Verdichtung, eine Fokussierung. Und die Limbic Map ist eine bewährte Methode, die Ihnen relativ schnell ein treffendes Bild verschafft.

Es fehlt nicht an Managementbüchern und Coaches, die genau das empfehlen: sich Klarheit zu verschaffen und die Aktivitäten zu fokussieren. Kompliziert werden die Dinge von alleine. Unsere bisherigen Verfahren, die wir zur Fokussierung benutzt haben, waren: unser Verstand, die klassischen Methoden der Positionierung und Marktforschung und die Erfahrung im Umgang mit der Limbic Map. Zusätzlich bietet jetzt die digitale Welt eine fast schon explosionsartige Zunahme an Möglichkeiten und Informationen. Diese können und müssen wir auch dazu nutzen, unsere Personas noch klarer zu zeichnen und mit konkretem und aktuellem Verhalten zu verknüpfen. Denn in der digitalen Welt ertrinken wir in Daten. Es ist schwierig zu erkennen, was relevant und was unwichtig ist. Und genau hier helfen uns die in den ersten Kapiteln entwickelten Personas: Sie sind unsere Trichter und Raster, um die Fülle an Informationen richtig einzuordnen und zu strukturieren.

In diesem Kapitel[6] geht es darum, welche digitalen Daten man nutzen kann, um die schon vorliegenden Annahmen zu überprüfen und zu verfeinern. In der Praxis sind diese Schritte nicht immer so trennscharf zu unterscheiden. Sie gehen ja nicht wie in einem Buch kapitelweise vor, sondern nutzen die vorliegenden Erfahrungen. Meistens operieren Sie bereits bei der Entwicklung der Personas mit Annahmen, die Sie aus Kundenanalysen, Marktforschungen oder aus dem Nutzerverhalten im Netz gewonnen haben. Das ist gut so. Jetzt geht es darum, diesen »digitalen Blick« auf unsere Personas zu vertiefen.

---

6   Teile von Kapitel 4 und 5 sind dem Blog www.smartdigits.com entnommen, dort finden Sie auch weitergehende Texte zum Thema.

In den ersten Kapiteln wurde deutlich, dass es sich bewährt hat, Personas mit der Unterstützung von richtigen Daten zu erfassen. Schon in den »guten, alten Zeiten« des Direktmarketings waren Adresskataloge und die Daten des Statistischen Bundesamts wichtige Quellen, um die eigenen Annahmen und Marktforschungen zu unterstützen. Sind die Daten des Statistischen Bundesamts auch verlässlich und geprüft, so decken sie leider nicht alle Bereiche ab, die einen Marketer interessieren. Trotzdem erhält man immer noch zahlreiche Daten, die das Bild der eigenen Persona schärfen. Ein Schulbuchverlag zum Beispiel möchte mehr über seine Zielgruppe Lehrer wissen. Auf Fragen wie »Wie alt sind die Lehrer im Durchschnitt und welche Altersgruppe ist besonders stark vertreten?« (um z. B. zu erkennen, ob man mit innovativen Produkten und Angeboten für junge Lehrer punkten kann), gibt es dort eindeutige Antworten. Die Angaben sind zwar nicht immer auf dem neuesten Stand, sie geben aber gute erste Anhaltspunkte.

Adressbroker liefern neben den Adressen weitere Hinweise, wie man die eigene Zielgruppe klassifizieren kann: nach Region, Branche, Mitarbeiterkennzahl etc. Je nach Zielgruppe können diese Angaben relevant sein, vor allem, wenn es darum geht, Personas für den B2B-Bereich zu formulieren.

Diese ersten Informationen sind immer die Basis bei der Erstellung der Steckbriefe. Oft werden wir in Workshops gefragt, ob man eine Frau oder einen Mann wählen sollte und wo diese wohnen. Diese Wahl sollte immer von den vorliegenden Daten abgeleitet sein, von eigenen oder fremden. Man entwickelt die Personas auf der Basis der bisherigen Erfahrungen und Daten und entscheidet sich im ersten Schritt immer für das, was häufiger vorkommt. Das heißt, wenn die demografischen Angaben, die man zur Verfügung hat, bei der eigenen Zielgruppe auf mehr Frauen als Männer schließen lassen, die in Ballungsräumen leben, dann werde ich mir als Persona keinen Hans aus Wurmannsquick entwickeln.

4.1.1 Big Data, Smart Data – die digitale Wende

Durch die Digitalisierung hat sich die Generierung und Analyse von Daten grundlegend geändert.

1. *Es gibt viel mehr Daten als je zuvor.*
   Denn die Mehrheit der Menschen hat die »Produktionsmittel«, um diese Daten zu generieren, sprich Smartphone, Tablet, Laptop etc. Dazu ist die Produktion der Daten günstig und einfach. Jeder ist heute ein Produzent von Inhalten, jeder kann mit geringem Aufwand zum Verleger werden. Die finanziellen Hürden, Informationen zu erstellen und zu teilen, waren früher hoch, jetzt sind sie minimal.

2. *Die Produzenten dieser Daten sind miteinander vernetzt.*
   Der exponentielle Anstieg an Daten ist nur noch durch einen globalen Stromausfall zu verhindern. Ob in geschlossenen Gruppen oder breit zugänglichen Netzwerken, das Netz spielt viele Formen der Kommunikation sofort als Daten zurück. Jeder »Like«, jede Äußerung zu einem Produkt, jeder Click sind identifizierbare Zeichen und Ausdruck einer Haltung.
3. *In der Fülle der Daten lassen Korrelationen neue Merkmale von Personas erkennen.*
   Data Scientists sind zu Schlüsselfiguren geworden, denn sie können durch Korrelationen in den Daten Merkmale erfassen, die auf den ersten Blick nicht sichtbar sind. Aber: Anders als in einer gezielten Befragung, bei der man zu Beginn genau prüft, was man wissen will, nähert man sich jetzt von der anderen Seite. Ich lege zwar nach wie vor zunächst fest, was ich wissen will, aber dann befrage ich nicht mehr nur einzelne Personen oder einzelne Quellen, sondern lege auch Suchalgorithmen über das Meer an Daten und fische die relevanten Korrelationen heraus.
   Die Folge ist, dass ich die vielfältigen Annahmen über meine Personas nicht nur a priori festlege, sondern zudem a posteriori aus dem schließen kann, was vorliegt.

> **Wichtig** !
>
> Das heißt, dass ich viele Daten brauche.
> Und das heißt vor allem, dass ich selber viele Daten sammeln sollte.
> Und das heißt zudem, dass die Unternehmen im Vorteil sind, die ganz viele Daten haben. Allen voran sind das die treibenden Unternehmen der digitalen Ökonomie, die GAFAs (Google, Amazon, Facebook, Apple und Co.) und im Schlepptau ihre Zulieferer und Konkurrenten.

Auf die Frage, was in Abbildung 26 zu sehen ist, kommt meist die Antwort: »Eine Stadt in der Nacht.« Stimmt, es ist Eric Fischers Bild von Berlin, hier auf Flickr hochgeladen. Das Interessante ist, dass die Daten nicht aus einem Foto aus dem All kommen, sondern die zu einem Zeitpunkt auf Flickr hochgeladenen Bilder (rote Punkte) und auf Twitter gesendete Tweets (blaue Punkte) sind. Die weißen Punkte markieren Orte, an denen beides passiert. Für einen Reiseführer sind das z.B. wichtige Informationen, denn sie zeigen verstärkte Aktivitäten an Orten, an denen man gerne fotografiert und über die man berichtet oder an denen etwas Spannendes passiert. Im Gesamtbild kann man deutlich Schwerpunkte der Stadt erkennen, die sich mit den Zentren decken.

Die Daten werden hier nicht mehr auf traditionellem Wege generiert (ich will wissen, was nachts so in der Stadt passiert und mache ein Foto davon), sondern durch die Kombination von Daten aus den sozialen Netzwerken, die re-

Abb. 26: Ist das die Luftaufnahme einer Stadt bei Nacht oder die Analyse von Netzdaten? (https://www.flickr.com/photos/walkingsf/5935471000/in/photostream/)

levante Rückschlüsse hinterlassen. Daten werden generiert, ohne dass man schon das Ziel vor Augen hat. Im Nachgang werden sie dann in den verschiedensten Konstellationen analysiert und ergeben neue Einsichten.

Und das ist möglich, weil unsere Kunden so viele Daten selber produzieren und ihre Spuren hinterlassen. Data Scientists sind die Spurenleser der Zukunft.

4.1.2 Meine Zielgruppe im Netz

Betrachtet man die Nutzungszeiten von Smartphones und den rapiden Anstieg in den letzten zehn Jahren, dann wird deutlich, wie relevant diese Datenquelle geworden ist. Wir gewinnen auf diese Weise eine Fülle an Informationen über unsere Käufergruppen, die wir für die Präzisierung unserer Zielgruppen und Personas nutzen können. Da unsere Käufergruppen natürlich offline wie online ihre Spuren hinterlassen, müssen wir diese beiden Datenquellen verknüpfen.

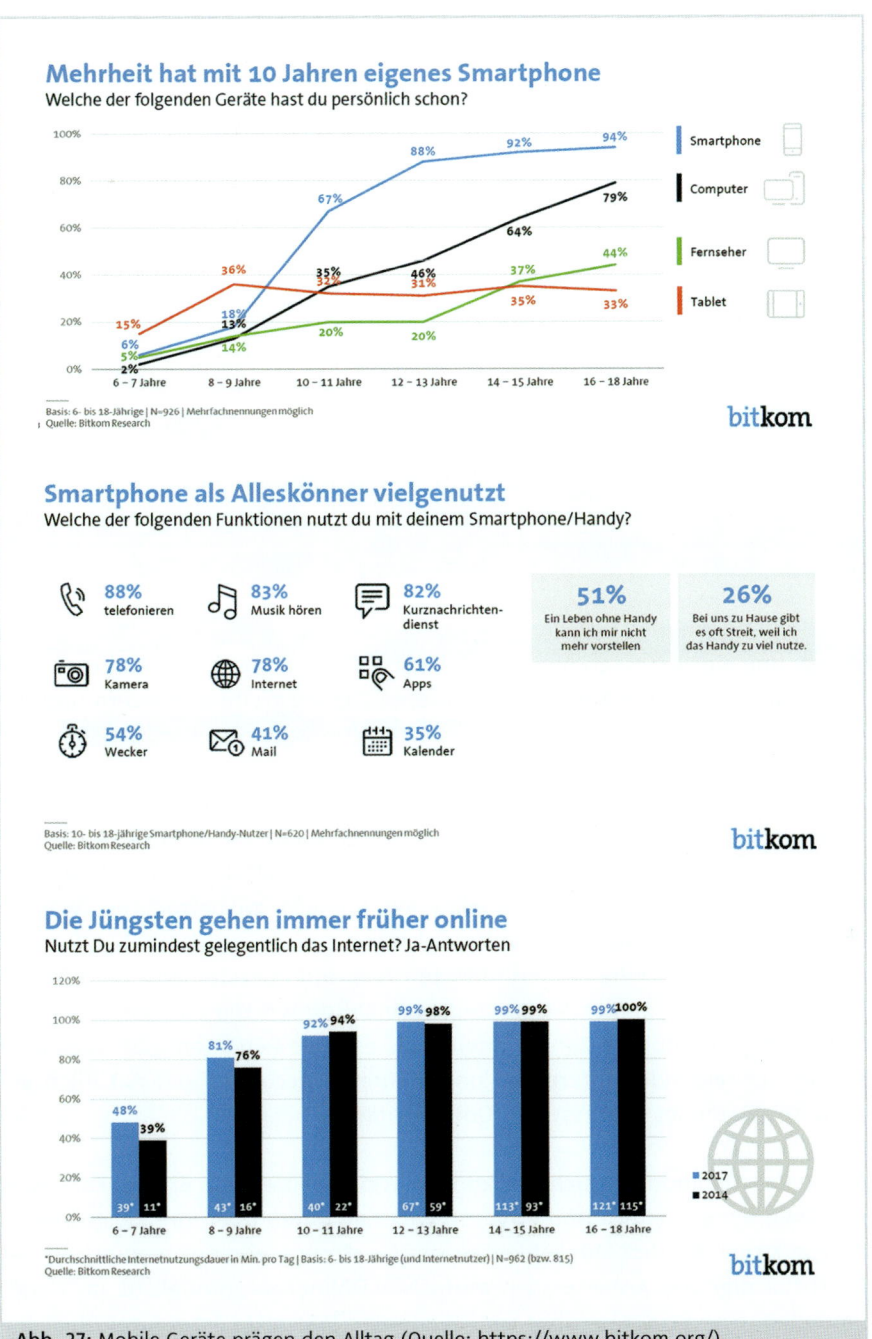

Abb. 27: Mobile Geräte prägen den Alltag (Quelle: https://www.bitkom.org/)

Die Bedeutung der digitalen Welt für den Alltag ist offensichtlich. Diese Befragung der bitkom vom September 2017 mag stellvertretend stehen für alle Befragungen und Statistiken. Jugendliche sind mit 18 Jahren fast zu 100 % in der digitalen Welt angekommen, fast alle (94 %) verfügen mit ihrem Smartphone mindestens über ein eigenes Gerät mit Zugang zu dieser Welt und sie organisieren damit ihre Texte, Bilder, Videos und Audioaufzeichnungen.

Inzwischen haben Facebook wie Google & Co. eine sehr große Akzeptanz bei Werbetreibenden, weil sie ihre Nutzer besser kennen als klassische Marktforschungsunternehmen oder Adressbroker. Denn ihre Kunden verraten ihnen freiwillig so viel über sich, dass sie durch eine kluge Auswertung der Daten viel näher an ihnen dran sind als andere. Ein schönes Beispiel dafür ist z.B. die Diagnose von Bauchspeicheldrüsenkrebs. Durch Datenanalysen konnte Google zeigen, dass solche Nutzer mit hoher Wahrscheinlichkeit erkranken, die sich schon ein halbes Jahr vor der Diagnose der Krankheit über Verdauungsstörungen und gleichzeitig Verfärbung der Haut informieren.

Google und Facebook wissen mehr über den Kunden, als dieser oft über sich selbst. Und sie vergessen nicht. Folgerichtig können diese Unternehmen, wie früher die klassischen Adressbroker, diesen Zugang zu ihren Nutzern und damit zu Ihren Zielgruppen verkaufen. Darauf basiert ihr Geschäftsmodell.

Auf Facebook lassen sich Zielgruppen hervorragend modellieren. Man erfährt nicht nur Ort, Alter und Geschlecht, sondern auch sehr detailliert, welche Interessen vorwiegend vorliegen. Im Vergleich zu den Daten des Statistischen Bundesamts ist natürlich immer alles mit Vorsicht zu betrachten, was an Zahlen nach außen kommuniziert wird. Facebook ist wie Alphabet/Google, Apple und Amazon eine börsennotierte Firma und in erster Linie am eigenen Profit interessiert. Immer wieder zeigen Analysen wie die von adnews[7], dass Facebook gerne höhere Zahlen angibt, als es reale Personen gibt. Dies liegt an überschneidenden Interessen und mehreren Accounts und natürlich geschönten Daten im Interesse des Unternehmens.

Wie in der Abbildung 28 sichtbar können Werbetreibende z.B. über Facebook ihre Zielgruppe clustern und erhalten wichtige Daten über ihre Zielgruppe in diesem Kanal. An den Möglichkeiten der Clusterung erkennt man schon das Potenzial digitaler Anbieter: Ein einfaches Onlinetool ermöglicht im Handumdrehen eine Selektion über verschiedenste Merkmale, vom Alter über den

---

7   http://www.adnews.com.au/news/facebook-audience-inflation-a-global-issue-adnews-study.

Abb. 28: Die Möglichkeiten der Clusterung bei Facebook

Wohnort bis zu verschiedenen Interessen und Verhaltensweisen. Gleichzeitig erfährt man, wie groß die Zielgruppe ist.

Wer heute seine Personas und Zielgruppen besser kennen will, kommt um die Möglichkeiten, die Google, Amazon und die sozialen Medien bieten, nicht herum. Aber: Das heißt nicht, dass man auf die analogen Aktivitäten, wie in Kapitel 1–3 dargestellt, verzichten kann. Der persönliche Kontakt, die direkte Ansprache, der Austausch etc. sind auch in Zukunft wichtig und auch hier müssen Unternehmen immer noch präsent sein. Zudem gibt es genügend Räume, die durch die sozialen Netzwerke nicht erfasst werden – zum Glück. Aber der Vorteil ist enorm, wenn man seine Personas auf der Datenbasis formuliert oder optimiert, die am größten ist. Und die findet man zweifellos im digitalen Raum.

Abb. 29: Verschiedene Datenquellen können wie hier beim Unternehmen Microm zur Zielgruppenanalyse herangezogen werden.

Microm ist ein Unternehmen, das sich auf die Analyse von Kunden spezialisiert hat. Beispielhaft für die Entwicklung im Markt sei in Abbildung 29 eine verkürzte Übersicht von Datenquellen gezeigt, mit denen dieses Unternehmen seine Kunden analysiert. Man erkennt sofort, dass die Aggregation verschiedenster Quellen als eine zentrale Kompetenz ins Zentrum gerückt ist, wenn man die Kundendaten richtig interpretieren will.

Schauen wir uns das Beispiel des Start-ups WriteReader aus Dänemark an. Start-ups verfügen in der Regel über wenig Geld und haben meist nicht mehr als eine gute Idee und eine bestimmte Lösung für eine eng begrenzte Käufergruppe. Die Herausforderung liegt darin, die eigene Zielgruppe durch die Daten aus dem Netz zu identifizieren und herauszufinden, wie viele Kunden sich wohl für das eigene Angebot interessieren.

WriteReader bietet ein Werkzeug für Kinder im Alter zwischen vier und zehn an. Sie können auf dem Tablet Texte zu den Bildern schreiben, die ihnen vorgestellt werden, und diese werden dann korrigiert. Die eigenen Texte können zudem auch gleich nach dem Unterricht als kleines Buch ausgedruckt werden. Der bisherige Erfolg dieser Methode liegt darin, dass viele Schüler Hemmungen schneller überwinden und durch das Ausprobieren nachhaltig schreiben und lesen lernen. Die wichtigste Zielgruppe sind dabei die Lehrer an Grundschulen, denn diese entscheiden über den Einsatz des Werkzeugs.

Die ersten 500 möglichen Käufer hat WriteReader durch »organische Suche« erhalten. Das heißt, man hat die eigene Webseite beworben und auf diese Weise 500 Adressen von Lehrern über Facebook erhalten. Diese Adressen wurden anschließend analysiert: wie alt die Lehrer waren, welches Geschlecht sie hatten, welche Interessen sie verfolgten und welche sonstigen Merkmale für sie kennzeichnend waren. So entstand aus der unspezifischen Zielgruppenformulierung »Lehrer« eine spezifische »Lehrer-Persona«. Mit Hilfe von Facebook wurde daraufhin hochgerechnet, wie viele weitere mögliche Käufer mit einem ähnlichen Interessensprofil zu finden sind. Diese hat WriteReader dann mit der in Abbildung 30 dargestellten Werbung angesprochen:

Mit dieser Aktion hat WriteReader mehr als 46.000 Lehrer in den USA erreicht, wobei über 60.000 Lehrer diese Werbeanzeige gesehen haben. Die reinen Anzeigenkosten betrugen dabei lediglich 200 US$.

WriteReader
Skrevet af MailChimp [?] · 21. august · ⊕

Get your students engaged in book creation while learning to read &
write. A scientifically based learning tool that increases learning skills.

Se oversættelse

Create, Share & Publish Books
Back to School: Turn your students into Authors with WriteReader. Setup your
class in minutes. Sign up for FREE.

WRITEREADER.COM   **Læs mere**

Abb. 30: Facebook-Anzeige von WriteReader – auf der Basis von 500 Facebook-Adressen
konnten weitere 60.000 potenzielle Käufer mit demselben Interessensprofil angesprochen
werden.

Die Segmentierung der Zielgruppe erfolgte nach den klassischen Altersanga-
ben für Lehrer (zwischen 26 und 65) sowie den folgenden Merkmalen:

- primary education
- primary school
- superintendent (education)
- elementary school principal
- elementary school teacher
- elementary teacher
- kindergarten teacher

Das Prinzip kennen wir aus der klassischen Vermarktung und der Zusammenarbeit mit Adressbrokern. Man klassifiziert die Zielgruppe nach soziodemografischen Merkmalen in der eigenen Datenbank und kauft die entsprechenden
weiteren Adressen hinzu.

4.2   Metadaten – oder wie ich meine Persona beschreiben kann

Wir haben in den vorangegangenen Kapiteln einige Buyer Personas charakterisiert. Nehmen wir z. B. Gisela. Wenn Sie sich erinnern:

- *Gisela ist 55 Jahre alt, verheiratet, hat drei Kinder und inzwischen 2 Enkel.*
- *Gisela lebt in einem Vorort in einem Haus mit einem Garten. Die Kinder, die Enkel, ihr Mann, ihr Haus und ihr Kräutergarten sind ihr Lebensinhalt. Gisela arbeitet halbtags als Sekretärin in einem Handwerksbetrieb im Büro. Ihre Persönlichkeit ist vom Wunsch nach Harmonie und Geborgenheit gekennzeichnet. Gisela kocht gerne ...*

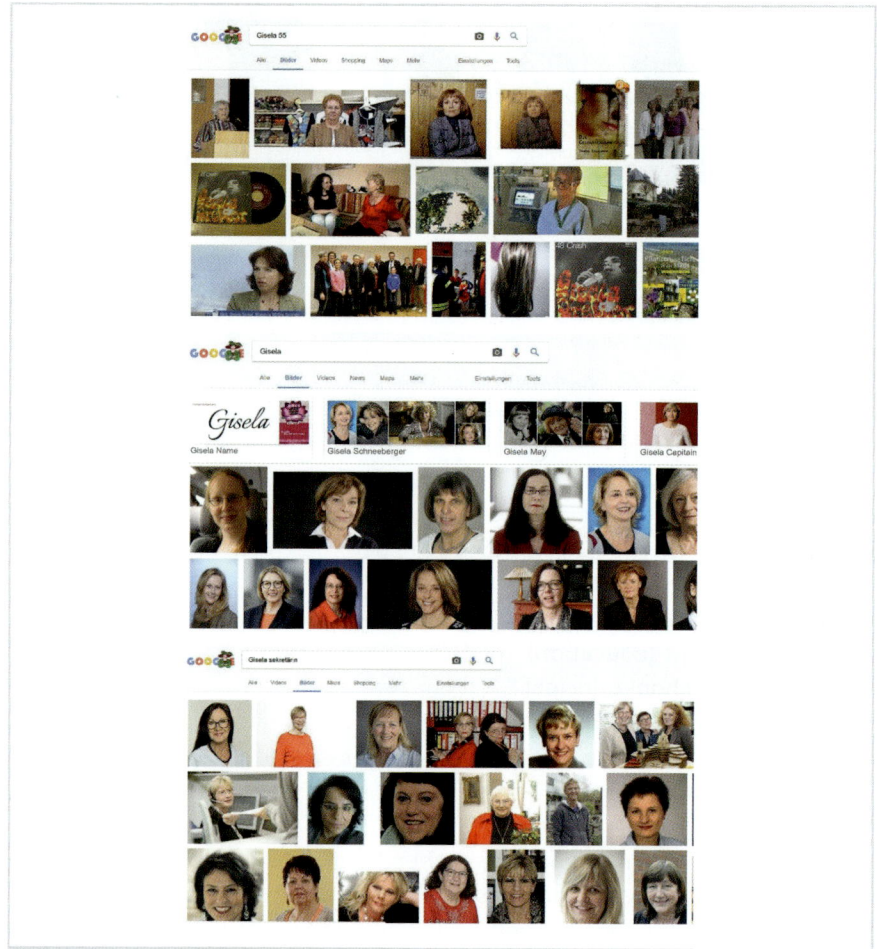

Abb. 31: Je nachdem, mit welchen Suchbegriffen Sie das Suchwort »Gisela« verknüpfen, es kommen immer andere Resultate. Diese Suchbegriffe sind im Sinne der Suchmaschine Metadaten, die Gisela beschreiben, und dann in der Trefferliste des Suchenden auftauchen.

Wollen Sie wissen, wie Gisela aussieht? Googeln Sie sie einmal. Wir haben aus der Beschreibung oben einfach einmal drei Merkmale unserer Persona unterstrichen. Das sind »Metadaten« zu unserer Persona, d.h., es sind Schlagworte, mit denen ich nach dieser Persona im Netz suchen kann. Je nachdem, ob Sie den Namen (Gisela) oder den Namen in Kombination mit dem Alter (55) oder dem Beruf (Sekretärin) nehmen, erhalten Sie über Google-Bilder andere Treffer. Google hat diese Bilder mit den drei Metadaten »Gisela«, »55« und »Sekretärin« getaggt, d.h. bezeichnet, damit sie für Suchende in der jeweiligen Trefferliste erscheinen können.

Metadaten sind die Informationen, die ein Produkt, einen Gegenstand, ein Angebot (im Netz) charakterisieren. Ein Auto kann mit seinem Namen (Marke und Modell wie »VW Sharan« oder »Mercedes S-Klasse«) bezeichnet werden, aber zusätzlich natürlich auch mit »sicher«, »sportlich«, »dynamisch« oder mehr. Metadaten können direkt im Produktnamen vorkommen (»Coca-Cola«, »Tempotaschentücher«) oder in weiteren, beschreibenden Texten oder anderen Medienformaten (»die Ritter-Sport-Schokolade«).

Metadaten sind auch für die Entwicklung von Personas relevant. Im oben beschriebenen Beispiel kennzeichnen z.B. die Metadaten »elementary school« und »teacher« die Zielgruppe. Aufgrund dieser Metadaten werden die Nutzer von Facebook geclustert und in verschiedene Töpfe geschmissen. Dann kommen alle Lehrer heraus, die an Grundschulen unterrichten.

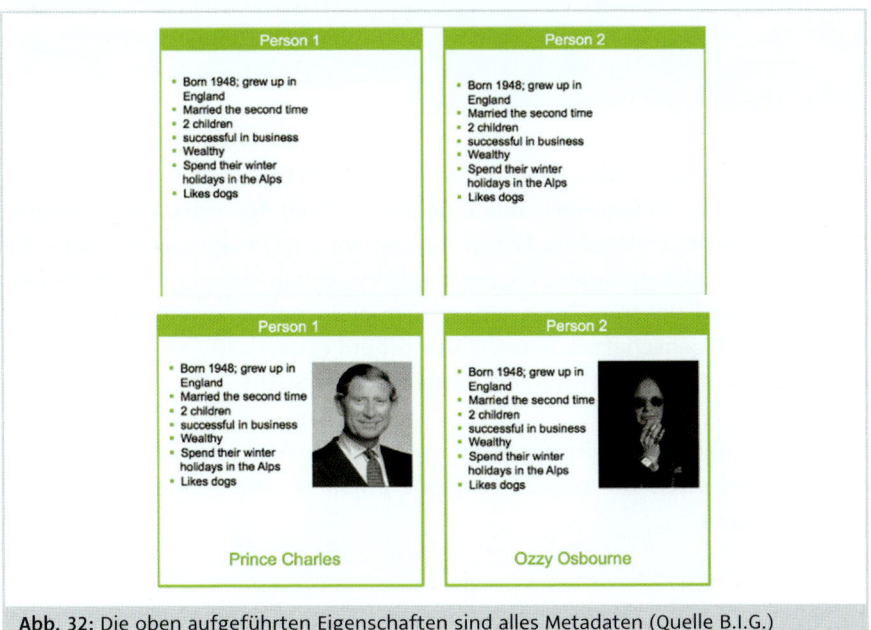

Abb. 32: Die oben aufgeführten Eigenschaften sind alles Metadaten (Quelle B.I.G.)

Sie können diese in Google als Suchbegriffe eingeben und erhalten dann alle Resultate, die damit etikettiert wurden. Und Sie werden überrascht sein über die Vielfalt der Ergebnisse. Es ist wie im richtigen Leben: Jede Person zeigt sich auf ganz unterschiedliche Weisen. Die Namen sind die ältesten Metadaten, die wir kennen. Sie identifizieren eine Person und machen sie in verschiedenen Registern wieder auffindbar. Und dahinter verbergen sich ganz viele Eigenheiten, ganz viele Metadaten.

Nehmen wir nochmal das Beispiel »Foto einer Person«. Dieses Foto muss im Netz erkannt werden als »Foto von Person xy«. Machen Sie den Test: Googeln Sie nach Ihrem Namen und lassen Sie sich die Fotos anzeigen. Sie werden überrascht sein, wer da alles auftaucht. Es sind alles Gesichter, die für die Suchmaschinen in irgendeinem Zusammenhang stehen, weil die Metadaten eine Korrelation nahelegen.

Ein eindrucksvolles Beispiel stellte der Philosoph Andreas Eckströms in einem TED-Talk[8] vor. Nach der Wahl Obamas zum Präsidenten hatten rechtskonservative Kreise in den USA ein verzerrtes Affenbild mit dem Tag »Michelle Obama« versehen, damit dies in der Trefferliste oben angezeigt wird, wenn sich viele ein Bild der künftigen First Lady verschaffen wollen. Den gleichen Mechanismus nutzte auch ein Aktivist aus Stockholm. Nachdem Anders Behring Breivik in der Nähe Oslos Jugendliche abgeschlachtet hatte, forderte dieser Aktivist viele Internetnutzer dazu auf, Hundekot zu fotografieren und mit dem Namen des Mörders zu taggen, d.h. mit diesen Metadaten zu versehen. In beiden Fällen wurde ein Foto mit Metadaten versehen, die die Nutzer auf eine falsche Fährte locken sollten. In dem einen Fall griff Google ein, in dem anderen nicht. Macht wird selten so sichtbar wie hier.

Das Beispiel verdeutlicht, dass Metadaten die Sichtbarkeit im Netz ermöglichen, denn sie beschreiben das Ergebnis in einer für Maschinen lesbaren Form. Und nichts anderes machen wir, wenn wir eine Persona entwickeln. Wir versehen sie mit Metadaten, die sie möglichst genau charakterisieren sollen. Die Persona zu unserem Buch »Buyer Persona« haben wir in Kapitel 3 mit bestimmten Eigenschaften versehen und »etikettiert«. Diese Eigenschaften sind es auch, die wir jetzt nutzen können bei der Suche.

Wenn wir also unsere Beispiele aus den ersten Kapiteln noch einmal betrachten, dann könnten wir zu jeder Persona entsprechende Bilder suchen und diese ergänzen.

---

8   https://www.ted.com/talks/andreas_ekstrom_the_moral_bias_behind_your_search_results?-language=en.

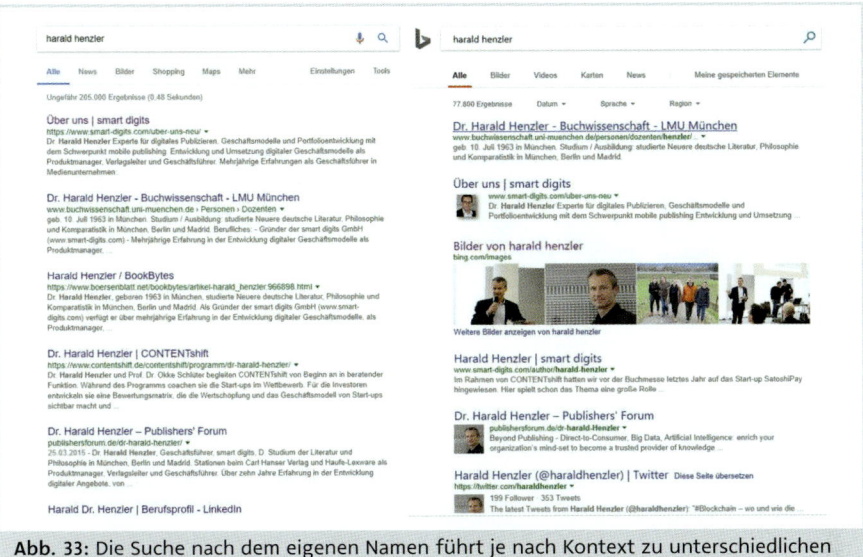

Abb. 33: Die Suche nach dem eigenen Namen führt je nach Kontext zu unterschiedlichen Ergebnissen.

Sucht man im Internet nach seinem Namen, so ergeben sich je nach Suchmaschine, Zeitpunkt und Zugangspunkt andere Ergebnisse. Denn die Trefferlisten hängen davon ab, welche Metadaten miteinander in Beziehung gesetzt wurden. In dem einen Fall werden die Verweise von anderen Webseiten stärker genutzt und die Relevanz bestimmter Seiten ist höher als die anderer. Bei Bildern wird besonders gut deutlich, dass das »taggen«, d.h., das bewusste Etikettieren eines Objekts mit Metadaten, dessen Auffindbarkeit erhöht und es sichtbar macht. Nichts anderes machen wir, wenn wir Personas entwickeln: Wir suchen die Metadaten heraus, die den typischen Käufer am besten beschreiben.

4.2.1   Metadaten nutzen

Es lohnt es sich, genau hinzusehen auf die Bewegungen unserer Kunden im Netz. Sie sind nämlich eine klare Spur mit digitalen Fingerabdrücken. Diese Fingerabdrücke lassen sich messen, sei es in Zeiten wie der Verweildauer oder Bewegungen »von-zu« oder auch Metadaten wie Suchbegriffen oder Merkmalen von Produkten.

Ein weiteres Beispiel zeigt, wie diese Merkmale unserer Kunden noch weiter differenziert werden können und dann auch eine Auswirkung haben auf die Gestaltung unserer Personas.

Abb. 34: Das Start-up lectory bietet Lehrern und Schülern die Möglichkeit, Texte gemeinsam zu lesen, zu kommentieren und diese Kommentare dann als Unterlage für die Klausurvorbereitung zu nutzen. In dem hier vorgestellten Test ging es darum, über Facebook und Google herauszufinden, auf was die Lehrer als Zielgruppe besonders reagieren. Die genaue Eingrenzung der Zielgruppe ließ sich gut über Facebook bewerkstelligen.

Bei der Plattform lectory wollte man, wie im oben gezeigten Beispiel von Write-Reader, die eigene Zielgruppe besser erkennen und schärfen. Die Leitfrage lautete: »Wer genau interessiert sich warum für unsere Plattform?« In dieser ersten Phase der Entwicklung gibt es bei Start-ups in der Regel noch viele unterschiedliche Zielgruppen, die man mit der Zeit klarer profilieren muss. Hierzu wurden mit Hilfe der Agentur Bilandia auf Facebook und Google Werbebanner an die vorher definierte Zielgruppe der Lehrer geschaltet. Klickt ein Nutzer auf ein Werbebanner, kommt er auf eine Landingpage und von dort auf das Angebot.

In diesem ersten Schritt ging es darum, zu erkennen, auf welches Schlagwort die Nutzer reagieren. Deshalb wurden unterschiedliche Werbebotschaften getestet. Diese Botschaften wurden geclustert nach Schlagworten.

Ad Group	Headline 1	Headline 2	Description
Lectory (BMM)	lectory	Unverbindl. & kostenlos testen	Online-Bibliothek, Lektüre-Plattform, Lesegruppe: Das ist lectory!
Lectory (BMM)	lectory	Jetzt ausprobieren	Die Lektüre-Plattform für die Schule – ideal für Deutsch, Geschichte & Ethik!
Lectory (EM)	lectory	Unverbindl. & kostenlos testen	Online-Bibliothek, Lektüre-Plattform, Lesegruppe: Das ist lectory!
Lectory (EM)	lectory	Gemeinsam mehr erlesen	Die Lektüre-Plattform für die Schule – ideal für Deutsch, Geschichte & Ethik!
Unterrichtsmaterial	Digitales Unterrichtsmaterial	lectory: Kostenlos testen	Von Faust bis zur Traumnovelle: Zugriff auf mehr als 400 Schullektüre-Titel!
Unterrichtsmaterial	Unterrichtsmaterial: Online	Schullektüre digital	Chatten statt Lektüre-Diskussion: Testen Sie lectory mit Schülern & Kollegen!
Unterricht	Medien im Unterricht	Mit Goethe chatten	Testen Sie jetzt die neue Lektüre-Plattform lectory – kostenlos & unverbindlich!
Unterricht	Unterricht: Online	Schullektüre digital	Medienkompetenz & Literatur: Unterrichten Sie zeitgemäß mit lectory, hier testen
Medienkompetenz	Medienkompetenz im Unterricht	Lektüre-Plattform lectory	Medienkompetenz & Literatur: Unterrichten Sie zeitgemäß mit lectory, hier testen
Medienkompetenz	Medienkompetenz in der Schule	Zeitgemäß unterrichten	Testen Sie jetzt die neue Lektüre-Plattform lectory – kostenlos & unverbindlich!
Flipping Classroom	Flipping Classroom	Schullektüre im Chat	Attraktives, smartes Bildungs-Tool für Unterricht & Hausaufgaben. Hier testen!
Flipping Classroom	Flipping Classroom	Schullektüre digital	Medienkompetenz & Literatur: Zeitgemäß unterrichten mit lectory – jetzt testen!
Virtuelles Klassenzimmer	Virtuelles Klassenzimmer	Schullektüre digital	Medienkompetenz & Literatur: Zeitgemäß unterrichten mit lectory – jetzt testen!
Virtuelles Klassenzimmer	Virtuelles Klassenzimmer	Testen Sie lectory	Die Lektüre-Plattform für die Schule – ideal für Deutsch, Geschichte & Ethik
Bildung	Bildung digital	Testen Sie lectory	Von Faust bis zur Traumnovelle: Zugriff auf mehr als 400 Schullektüre-Titel!
Bildung	Digitale Bildung	Schullektüre im Chat	Attraktives, smartes Bildungs-Tool für Unterricht & Hausaufgaben. Jetzt testen!

Abb. 35: Ein Beispiel für den Test einer neuen Plattform. Für ein verhältnismäßig günstiges Budget von 2.000 Euro wurden verschiedene Werbeeinblendungen bei der Zielgruppe Lehrer getestet. Dabei wurden verschiedene Werbegruppen rund um ein Schlagwort (erste Spalte) gebildet, in diesem Fall »Lectory«, »Unterrichtsmaterial«, »Unterricht« etc.

Die einzelnen Werbeeinblendungen wurden dann mit unterschiedlichen Überschriften versehen. Am Ende des Tests wurde ausgewertet, welche Überschriften und welche Schlagworte am häufigsten angeklickt wurden. Dadurch lässt sich hochrechnen, wie viel Geld man für eine Werbekampagne in die Hand nehmen muss, um Kunden auf sich aufmerksam zu machen. In den nächsten Schritten muss man dann prüfen, wie man die Adressen der möglichen Kunden erhält, um sie im übernächsten Schritt auch zu zahlenden Kunden zu machen.

Für Onlinemarketer ist das das tägliche Brot, in unserem Zusammenhang soll das Folgende deutlich werden: Vor der Kampagne wurde die Zielgruppe der Lehrer mit einer Persona beschrieben, die unter anderem 38 Jahre alt, verheiratet und männlich war, Deutsch und Geschichte unterrichtet und in einer mittelgroßen Stadt lebt. Ihr Interesse an der Plattform lectory wurde dabei abgeleitet von der Beschreibung »Interessiert sich für die Entwicklung der Medienkompetenz und digitalen Unterricht«. Deshalb wurden zahlreiche Schlagwörter wie »flipped classroom« (= besonderes didaktisches Konzept mit digitalen Medien) oder »virtuelles Klassenzimmer« ebenso aufgenommen wie »digitales Unterrichtsmaterial« oder »Medien im Unterricht«.

Der Test ermöglichte eine präzisere Bestimmung der eigenen Zielgruppe und damit eine Zuspitzung der Personas. Waren die beschreibenden Merkmale im ersten Entwurf für lectory noch allgemein gehalten, konnte nach dem Test festgestellt werden, dass »Unterrichtsmaterial online« das viel wichtigere Schlagwort war als »flipped classroom« oder »Medienkompetenz«.

Die Persona konnte daraufhin modifiziert werden zu: »*Interessiert sich für digitales Unterrichtsmaterial. Sie interessiert sich zwar für die Medienkompetenz, aber im Vordergrund stehen die sofort nutzbaren Materialien für den Unterricht. Auf aktuelle Schlagworte wie »flipped classroom« reagiert sie zurückhaltend, weshalb sie nicht als »early adopter« gesehen wird, die sofort über die neuesten Entwicklungen informiert werden will.*« Mit dieser Persona wurde in der Folge gearbeitet.

Für die Entwicklung der Plattform ergeben sich daraus klare Konsequenzen: All das tritt in den Vordergrund, was die Zielgruppe mit »Unterrichtsmaterialien« in Verbindung bringen wird, wie z. B. fertige Downloads zu Lernstoffen in der Abiturvorbereitung, der Austausch von Lernmaterialien mit anderen Lehrern oder Lehrpläne. Andere Features wie weitere Bibliotheken mit kostenlosen Büchern oder Anleitungen zur Nutzung eines »flipped classrooms« werden zurückgestellt.

Dieser Test ersetzt nicht alle anderen Werkzeuge der Marktforschung. Er ist lediglich ein Indikator aus der Onlinewerbung, um zu erkennen, worauf die Zielgruppe der Lehrer schneller reagiert. Aber dieser Test ist relativ schnell umzusetzen und liefert konkrete Ergebnisse, mit denen man weiterarbeiten kann.

4.2.2 Metadaten – sag mir, was du clickst, und ich sage dir, wer du bist!

Metadaten beschreiben und charakterisieren aber nicht nur Zielgruppen und können somit zur besseren Definition von Personas genutzt werden. Metadaten beschreiben auch alle Produkte im Netz.

Abb. 36: Präsentation des Buchs »Buyer Persona« auf Amazon vor Erscheinen

Nehmen wir wieder unser Beispiel der möglichen Käufer des Buchs »Buyer Persona«, das Sie in Händen halten. Noch ist das Buch nicht erschienen, wurde aber schon auf der Seite des größten Shops in Deutschland angekündigt. Während wir also noch dieses Buch schreiben und eine Persona vor Augen haben, für die wir schreiben, können wir diese Persona schon präziser fassen, weil wir messbare Daten von Interessenten haben. Sie haben dieses Buch im Shop angesehen und wir wissen jetzt schon aus den Auswertungen von Amazon, dass Sie sich auch für weitere Bücher von H.-G. Häusel interessieren, aber auch für den zurzeit einzigen Titel zum Thema »Buyer Persona« sowie für weitere Themen wie »Contentstrategien« oder »Leadmanagement«. Das heißt, dass wir mit unserer Vermutung gar nicht falsch lagen, dass Marketer am Thema interessiert sind, dass digitales Marketing im Buch vorkommen sollte (Stichwort »Leadmanagement«), wir mit Beispielen aus dem Medienbereich nicht schlecht liegen (Stichwort »Contentstrategien«) und die Werbeaussage des Verlags (»der neue Häusel«) beim Buchhandel treffend ist. All dies, weil dieser Shop die Daten in Relation bringt von »Kunden, die diesen Artikel gesehen haben, haben auch …«. Und aus den anderen Produkten, die in Relation gesetzt wurden zu unserem, können wir Rückschlüsse ziehen auf das Verhalten künftiger Käufer.

Betrachten wir die möglichen Metadaten für ein Produkt noch einmal genauer am Beispiel Buch: Die Metadaten zu einem Buch sind vielfältig. Sie beinhalten u. a. Autor und Titel, Umfang und Ausstattung des Werks, die ISBN-Nummer (das ist die Codierung von Büchern, die eine eindeutige Ablage in Bibliotheken und Buchhandlungen ermöglicht) und schließlich die Charakterisierung der Inhalte. Alle diese Merkmale können für den Leser bzw. die Leserin interessant sein. Selbst bei einem Fachbuch wie Buyer Personas, das Sie gerade in Händen halten oder als eBook am Bildschirm lesen, gibt es die unterschiedlichsten Zugänge.

Für die einen Kunden sind die Autoren wichtig. Andere interessiert, wie der Limbic-Ansatz bei der Persona-Entwicklung eingesetzt werden kann, und wieder andere möchten grundsätzlich mal wissen, was Personas sind und Anleitungen zur Umsetzung in die Praxis erhalten. Jedes Produkt spricht anders zu seinen Kunden, jeder Kunde »liest« das erworbene Produkt anders. Und der Gebrauch eines Produkts verrät wiederum viel über den Käufer. So können Krimileser ein Fan von einem Autor sein und alle seine Werke aufsaugen, so wie wir das beispielsweise bei Mankell kennen. Meistens ist neben dem Autor aber auch ein Protagonist relevant, so wie Kommissar Wallander. Dann könnte wiederum der Ort wichtig sein, an dem dieser Protagonist ermittelt, sprich Südschweden. Oder es ist das Schicksal des einsamen, geschiedenen Mannes, dem in der Liebe kein Glück mehr blüht.

Und schon haben wir vier verschiedene Zugänge zu ein und demselben Produkt und müssen jetzt entscheiden, wo man den Schwerpunkt legt. Sicherlich haben Mankell und sein Verlag noch ohne Personas gearbeitet. Aber immer mehr Produkte (dazu gehören auch Bücher, TV-Serien etc.) werden mit Hilfe von Personas entwickelt. Die Personas werden häufig als erste Orientierung noch grob im Vorfeld formuliert und dann später durch Analyse des konkreten Nutzerverhaltens optimiert. Oft werden sie aber auch erst dann aus der Taufe gehoben, wenn ein Angebot schon auf der Erfolgsspur ist und man diese Spur konsequent weiterverfolgen will. Diese Informationen schärfen nicht nur unsere Personas, sie geben zudem wichtige Hinweise für zukünftige Angebote.

Am Beispiel Mankell sind es vier verschiedene Merkmale, die das Grundgerüst des Erfolgs bieten. Und wie an den oben gezeigten Beispielen von WriteReader oder lectory könnte man jetzt testen, wer worauf reagiert. Man baut vier verschiedene Landingpages, schaltet eine Werbung für den Titel mit jeweils anderen Claims, die zu den Aussagen auf den Landingpages passen, und misst die Reaktionen. Das ist eine Marktforschung mit Hilfe eines Produkts.

Die vier verschiedenen Aussagen auf den Landingpages könnten auf die folgenden Merkmale hinweisen, die wiederum ganz andere Personas bezeichnen:

1. Ist der Autor Mankell wichtig, weil er sich auch neben seiner Autorentätigkeit in Afrika um die Unterstützung Benachteiligter kümmert, dann ist es die soziale Ader, die unserer Persona wichtig ist. Und wir würden ihr im Nachgang nicht nur alle Titel von Mankell verkaufen (und vor allem die, bei denen ein Teil des Erlöses in eine Stiftung fließt), sondern auch andere von Autoren anbieten, bei denen das gesellschaftliche Engagement ähnlich groß ist.
2. Ist der Kommissar Wallander wichtig, so würden wir im Nachgang Schuber mit allen Titeln mit diesem Helden vermarkten. Ob das wie bei Harry Potter dann auch das Potenzial für eine eigene, geschlossene virtuelle Welt hat, sei dahingestellt. T-Shirts, Tassen und Jacken ließen sich dann auch noch anbieten, denn unsere Persona will komplett in die Welt des Wallander eintauchen.
3. Ist es aber mehr die Sehnsucht nach dem melancholischen Norden, dann dürfte man auch andere Autoren aus Skandinavien bemühen: Der Schweden-Krimi erfreut sich großer Beliebtheit und statt brütender Hitze will unsere Persona grauverschleierte Morde, egal, ob von Mankell oder Larsson.
4. Ist unsere Persona aber an lonesome Cowboys in der Midlife-Crisis interessiert, könnte man durchaus auch den Kontinent wechseln und ähnliche Helden bei Don Winslows Krimis oder sogar in anspruchsvolleren Romanen wie Divisadero von Ondatje anbieten und damit Kunden glücklich machen.

Dies Beispiel soll zeigen: Ein Produkt verrät viel über den Käufer. Im Netz erhält man mit jedem Click Informationen über die möglichen Interessenten an Produkten. Das kann man nicht nur zur Verfeinerung der Onlinevermarktung nutzen und zur Steigerung der Verkäufe, sondern auch zum besseren Verständnis der eigenen Zielgruppe und damit dann zur Charakterisierung der Personas. Dabei ist es wichtig zu erkennen, was genau gesucht wird. Dann kann das Bild verfeinert werden.

Dass ein bestimmtes Produkt gekauft wurde, ist schon ein Großteil der Information. Die Verfeinerung beginnt jetzt, wenn man die Merkmale, die Metadaten, analysiert, die den Ausschlag geben für den Kauf.

Abb. 37: Metadaten zum Buch »Buyer Personas«

Die Metadaten zum Buch »Buyer Personas« sind vielfältig (in Abbildung 37 sieht man die Darstellung des Titels auf der Webseite des Verlags vor Erscheinen): Es sind sichtbare Informationen über das Produkt wie Autoren, Titel, Preis etc. Und es sind auf den ersten Blick nicht sichtbare Informationen zum Inhalt und der Qualität, die sich z.B. in Suchanfragen der Kunden zeigen: »Wird in dem Titel auch die Limbic Map genutzt?«, wäre z.B. eine derartige Frage, die sofort den Rückschluss zulässt, auch das Schlagwort »Limbic Map« mit in die Beschreibung aufzunehmen.

Es sind variable Informationen wie z.B. andere Titel, verwandte Kundenpräferenzen, Rezensionen oder Werbeaktionen. Je nach Kontext wird man jetzt ein anderes Merkmal des Produkts in den Vordergrund stellen und somit seine Zielgruppe genau dort erreichen, wo sie ihren Bedarf schon einmal kundgetan hat. Einem Vertriebsleiter mit Vorkenntnissen zur Limbic Map wird man das Buch anders präsentieren können als einem Studierenden der BWL mit Schwerpunkt Marketing.

4.3 Ich bin, was ich suche – mit Google auf der Spur unserer Personas

Wenn wir im Netz auf der Suche sind, ähneln wir Jägern. Und weil wir uns unbeobachtet fühlen, geben wir unser Innerstes durch unser Suchverhalten preis. Unsere Suchhistorie verrät viel über unsere Wünsche und Neigungen. Sie verrät mehr als Befragungen, denn der Click auf einen Link ist näher an unseren wahren Wünschen als jede dreimal vom Großhirn geprüfte und rationalisierte Antwort in einer Umfrage. Bei Umfragen ist die Vermeidung des Hawthorne-Effekts (das Verhalten von Versuchspersonen wird verändert, wenn sie wissen, dass sie an einer Untersuchung teilnehmen) eine der größten Herausforderungen. Denn der Befragte ist im Moment der Befragung schon nicht mehr in seiner »natürlichen« Umgebung, sondern reflektiert sie. Und er reagiert je nach Kontext auf den Fragenden, der auch ein Softwareprogramm sein kann. Da sich der Mensch als soziales Wesen meist so verhält, wie es sozial erwünscht ist, nimmt er oft die erwünschte Antwort vorweg und passt sich an.

Aber das vermeiden wir, wenn wir im Netz suchen. Wir handeln unmittelbarer, weil (und wenn!) wir uns unbeobachtet fühlen. Wir sind, was wir suchen! Wer sich damit näher beschäftigen will, dem empfehlen wir das Buch des US-Psychologen Seth Stephens-Davidowitz »Everybody lies«. Er zeigt an vielen eindrucksvollen Beispielen, dass sich Menschen anders verhalten, als sie in klassischen Umfragen angeben, dass aber ihr wahres Verhalten durch ihr Suchverhalten im Netz wesentlich besser vorausgesagt werden kann.

4.3.1 Sag mir, was du suchst, und ich weiß, wer du bist!

Auf diese Formel könnte man das hier vorgestellte Vorgehen bringen. Wir untersuchen unsere Kunden indirekt durch ein Beobachten ihres Verhaltens im Netz, d.h. die Suche und den Umgang mit den Produkten, die sie interessieren. Fassen wir aus den vorgestellten Beispielen nochmal zusammen, wie das Zusammenspiel von Onlinemarketing und der Entwicklung unserer Personas funktionieren kann.

Im ersten Schritt müssen die zentralen Merkmale eines Angebots festgelegt werden, damit dieses auch im Netz auffindbar ist. Im zweiten Schritt muss der Kunde im Netz angesprochen werden, der sich für genau diese Metadaten interessiert. Und hier wird es spannend. Denn Metadaten sind die Währung des digitalen Marketings.

Die Keywords auf Google spiegeln das Suchverhalten wider und zeigen, wer nach welchem Begriff sucht. Metadaten können hier gezielt eingesetzt werden, um das Suchvolumen, lokale Präferenzen und Zeiten zu erkennen. Allein über Google Trends lässt sich schnell feststellen, ob ein Begriff in den letzten Jahren in welcher Region häufiger oder weniger häufig gesucht wurde. Man erhält also eine Fülle an Daten, die ohne viel Aufwand gewonnen werden können.

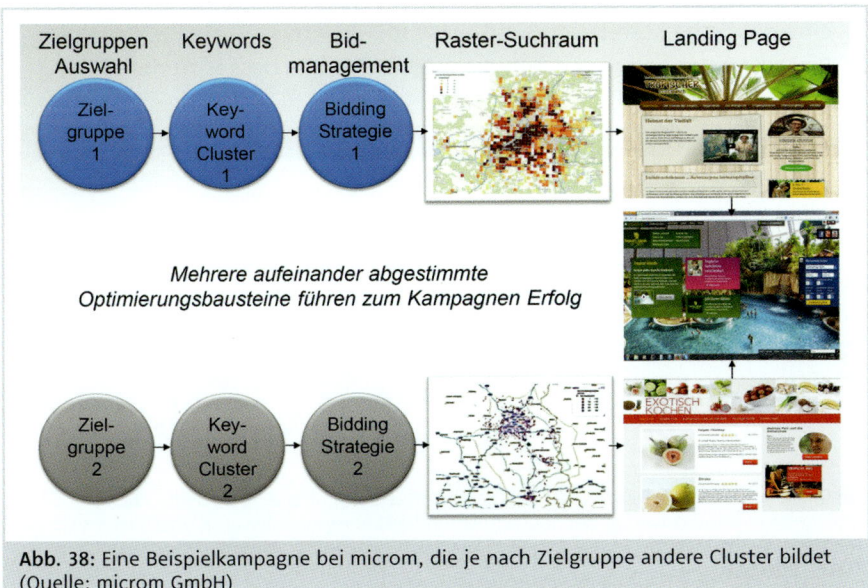

Abb. 38: Eine Beispielkampagne bei microm, die je nach Zielgruppe andere Cluster bildet (Quelle: microm GmbH)

Eine Kampagne bei microm differenziert zunächst die verschiedenen Zielgruppen. Jede Zielgruppe erhält ein eigenes Keyword-Cluster, das ihre Interessen bestmöglich definiert. Im Laufe der Kampagne werden diese Keywords getestet. Der beste Match von Keyword, Region und Angebot des eigenen Produkts mit den Clicks der Zielgruppen ist die Basis für die weitere Vermarktung und unter Umständen auch eine Anpassung des Angebots. Rolf Küppers von microm formuliert das so: »Wir bilden zu jedem Produkt und zu unseren Kunden Keyword-Cluster. Das sind im Grunde Metadaten, die einerseits die Merkmale des Angebots erfassen und andererseits die verschiedenen Interessen der Zielgruppe. Dabei gibt es zentrale Begriffe und Begriffe am Rand, die die Zielgruppe beschreiben. Bei der Vermarktung über Google Adwords macht man nichts anderes, als Wetten auf diese Begriffe abzuschließen und sie zu testen. D. h., wir nehmen zunächst die Begriffe im Zentrum, die, von denen wir ausgehen, dass sie besser ›matchen‹. Und dann testen wir weiter, bis wir zu einem guten Ergebnis kommen, bei dem sich Produkt und Kunde bestmöglich finden.«

Durch Metadaten kann man erkennen, wie viele Kunden sich wo und wann für was interessieren. Sie lassen sich in Zahlen übersetzen und werden damit zum wichtigen Instrument im Marketing.

Der Ablauf sieht hier idealerweise wie folgt aus:

1. Produkt analysieren und Metadaten festlegen.
2. Diese Metadaten einzeln im Netz abgleichen und die Größe der Zielgruppe sowie weitere demografische Angaben erfassen.
3. Die demografischen Angaben mit den Metadaten so verschränken, dass eine deutliche Korrelation sichtbar wird.
4. Diese Korrelation nutzen, um die eigene Persona besser zu definieren.

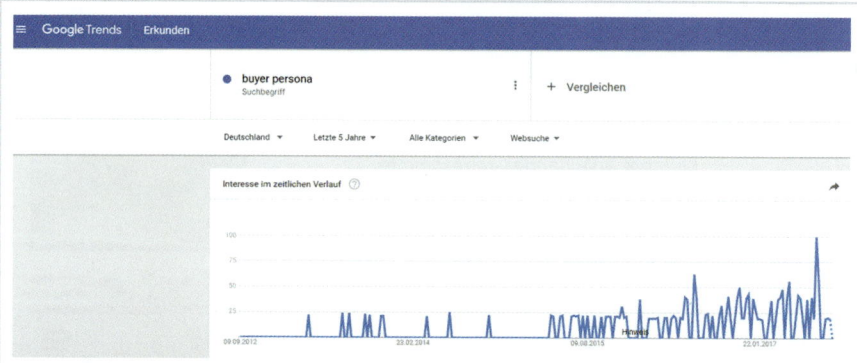

Abb. 39: Über Google Trends lässt sich schnell erkennen, ob z.B. das Thema »Buyer Persona« in Deutschland in den letzten Jahren häufiger gesucht wurde oder nicht. An dieser Auswertung vom September 2017 lässt sich zumindest ablesen, dass das Buch im Trend liegen dürfte.

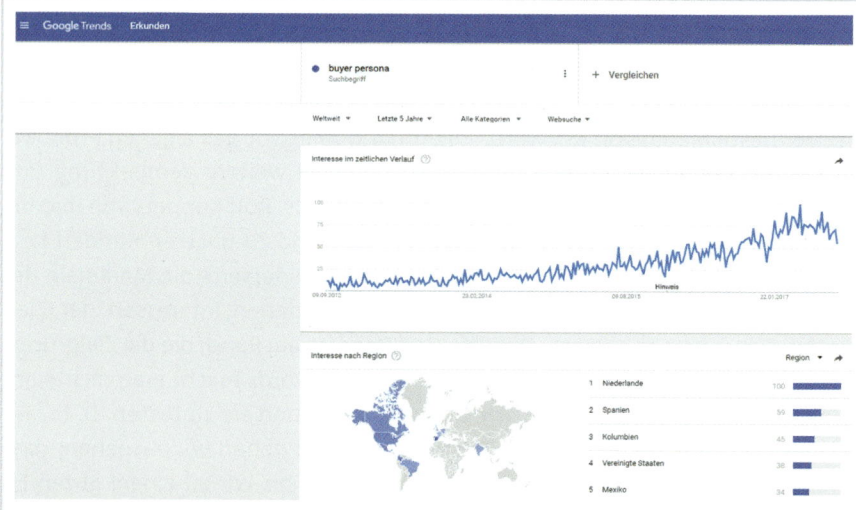

Abb. 40: Erweitert man die Abfrage auf die Suchenden weltweit, lässt sich sogar ein noch deutlicherer Trend erkennen. Dass in den Niederlanden und Spanien/Kolumbien/Mexiko ebenfalls ein hohes Interesse an dem Thema besteht, legt die Vermutung nahe, dass man Lizenzen des Titels für eine holländische und spanische Ausgabe verkaufen könnte. Der Titel des Buchs ist hier das Merkmal, mit dem man seine Zielgruppe identifiziert, als »alle, die nach Buyer Persona googeln«.

Abb. 41: Geht man jetzt noch einen Schritt weiter und prüft im Google-Keyword-Planer, wie häufig diese Suchanfragen erfolgen und wie viel Geld man für die Belegung des keywords ausgeben muss, so erhält man dadurch nochmal Hinweise auf die Häufigkeit und Bedeutung dieses Merkmals für meine Zielgruppe.

Der Google-Keyword-Planer kann hier beispielhaft stehen für die Möglichkeiten, das Netz auf relevante Eigenschaften von Produkten und Personas zu durchsuchen. Aufgrund der Marktdominanz von Googles Suchmaschine deckt man ca. 90% der im Netz suchenden Bevölkerung ab. Da von der Gesamtbevölkerung ca. 80% online sind (mit steigender Tendenz und mit Unterschieden in den Bevölkerungsgruppen), ist die Aussagekraft im Vergleich zu herkömmlichen Marktforschungsinstrumenten sehr hoch.

Die Häufigkeit von Suchanfragen ist ein ökonomisch relevanter Wert und spiegelt sich im Preis für Keywords wieder. Je nach Unternehmen und Branche und Thema und Zeitpunkt verändert sich der Preis, den man für ein Suchwort zahlt. Aber es ist *das* Mittel für die Gewinnung von Neukunden, für die Leadgenerierung. Wenn ich also das Buch Buyer Personas bewerben will, so kann ich über Google oder andere Anbieter die oben benannten Metadaten zu meinem Produkt testen und sehen, wie viele Interessenten am Suchbegriff »Buyer Persona« auf meine Anzeige klicken und dann auf meiner Landingpage wiederum auf das beworbene Produkt.

Leads sind Kunden, die schon einmal aktiv Interesse für ein Thema geäußert haben und dann ihre Kontaktdaten hinterlassen. Sie sind also potenzielle Käufer, von denen man im ersten Schritt im besten Fall schon eine Adresse hat. Ich kann über das Suchverhalten testen, ob Kunden sich wirklich für mein Buch »Buyer Personas« interessieren. Aber dabei bleibt es nicht, denn Google öffnet hier seinen Datenschatz, um ihn zu monetarisieren. Google schlägt mir verwandte Suchbegriffe vor, die statistisch gesehen auch zu einer hohen Trefferquote führen können. Zu meinen schon definierten Metadaten für mein Produkt erhalte ich weitere Vorschläge, die meine Zielgruppe besser beschreiben könnten.

Aufgrund der klaren Messbarkeit im Onlinemarketing können die Aufwände für Werbetreibende und Marktforscher im Vergleich zur traditionellen Werbung in Zeitschriften oder dem Fernsehen mit ihrem hohen Streuverlust und fixen Kosten gut kalkuliert werden. Und sie sind vor allem für Tests nutzbar, weil schon für relativ wenig Geld Erfahrungswerte vorliegen.

Arbeit mit Metadaten

Der Verlag hat bei der Entscheidung für dieses Buch mehrere entscheidende Keywords festgelegt. Diese reichen vom Autor »Häusel« über »Limbic« bis zu »Buyer Personas«. Mit einer Liste von 10–30 Keywords kann er jetzt starten und eine einfache Landingpage erstellen, die wiederum auf den eigenen Shop führt.

In der Testphase kann der verantwortliche Marketer verschiedene Keywords ausprobieren und erkennen, welche besser funktionieren. Setzt er die Methode des A/B-Testings richtig ein, können so die Keywords identifiziert werden, die besonders viel Erfolg haben. Nach diesem Test zeigt sich vielleicht eine Bestätigung für die angenommenen Keywords, aber meistens erkennt man jetzt, dass die Kunden anders ticken als angenommen. Es könnte sein, dass Schlagworte wie »CRM« oder »Vertrieb« mehr Kunden anlocken, dass Kombinationen wie »Limbic« und »Buyer Persona« weniger stark funktionieren wie »Kundenanalyse« und »Limbic«. Wer weiß.

Wie bei den oben gezeigten Beispielen von WriteReader oder lectory könnte der Verlag jetzt die einmal entwickelte Persona zum Thema »Buyer Persona« weiter optimieren, um sie dann für die weitere Programmentwicklung zu nutzen. Über Google Analytics erhält man durch diese zusätzlichen Tests noch weitere nützliche Angaben, die von Bewegungen auf den Seiten bis zur Größe der Zielgruppe oder den Interessen reichen können. Durch Marketingaktionen und A/B-Tests können wiederum die Annahmen über die eigenen Personas dem folgend überprüft werden.

Für einen Einzeltitel in einem Buchprogramm macht das sicher wenig Sinn. Hat man jedoch ein breites Portfolio, das sich an eine ähnliche Zielgruppe richtet, dann sollte man folgerichtig dafür auch seine Zielgruppe im Blick haben. Denn das Prinzip »Kunden, die sich dafür interessiert haben, haben auch …« funktioniert besonders gut bei den eigenen Kunden. Crossmarketing funktioniert dann, wenn an die Erstprodukte anschließend das richtige, folgende Produkt empfohlen werden kann.

Hier schließt sich der Kreis von den eigenen Produktmetadaten zum crossmedialen Marketing. Die Erfahrungen aus Marketingaktionen können genutzt werden, um die eigenen Personas zu verfeinern und die einmal getroffenen Annahmen zu überprüfen.

4.3.2 Crossmediales Marketing oder »Kunden, die sich dafür interessiert haben, haben auch ...«

Einen Kunden zu halten, ist in der Regel billiger, als einen neuen zu gewinnen. Ob man die klassische Regel anwendet, dass ein Neukunde so viel Umsatz bringt wie sieben Altkunden, sei dahingestellt. Fakt ist, dass Bestandskunden ein hohes Gut sind und die Wahrscheinlichkeit ist hoch, dass sie beim Unternehmen ein weiteres Produkt kaufen. Denn das Vertrauen ist da und der Beweis wurde erbracht, dass Interesse vorhanden ist.

Es macht deshalb Sinn, die jetzt schon erarbeiteten Metadaten zu den eigenen Produkten neu zu kombinieren. Am Beispiel des Buchs über »Buyer Personas« heißt das, dass man dieses Buch jetzt allen bisherigen Kunden anbieten kann, die schon einmal auf die Metadaten reagiert haben, die zu diesem Produkt gehören. Und das könnten, sehr naheliegend, z.B. die folgenden sein:

- weitere Bücher des Autors »Häusel« aus dem Programm;
- weitere Bücher zu den Themen »Limbic«, »Marketing«, »Verkauf« etc., d.h. den Oberkategorien;
- weitere Bücher der Reihe Sachbuch mit einem ähnlichen Preisgefüge.

In der Buchbranche wird so etwas InBook-Marketing genannt. Sie haben fasziniert und begeistert die letzten Seiten eines Mankell-Romans gelesen und wünschen sich gleich noch einmal ein so schönes Erlebnis? – Hier der nächste Titel! Und je besser diese Empfehlung gespeist ist aus den vorliegenden Erkenntnissen über die Suche nach dem Titel, die Metadaten, die der Kunde mit dem Titel verbindet, desto höher die Wahrscheinlichkeit für ein befriedigendes Kundenerlebnis.

Oben abgebildet findet sich ein Tool von BIC media für Buchverlage. Verlage können hier festlegen, welche Titel den eigenen Kunden von eBooks angeboten werden sollen. Je besser im Vorfeld analysiert wurde, wofür sich genau der Käufer interessiert hat, desto besser können jetzt auch weitere Empfehlungen ausgesprochen werden. Machen Sie den Test bei sich selbst: Was sollte Ihnen der Verlag empfehlen als nächste Lektüre? Ein weiteres Buch von H.-G. Häusel, etwas zu Onlinemarketing oder Touchpoint-Management oder gar zu Change Management, weil Sie Ihr Unternehmen ab jetzt gründlich umkrempeln wollen und kundenzentriert aufbauen müssen?

Nicht so naheliegend, aber ebenso denkbar wären ganz andere Kombinationen wie Titel zu den Spezialthemen CRM oder Onlinemarketing, digitale Veränderungen in Unternehmen oder Anwendungsweisen von Google Trends. Und diese kann man erst erkennen, wenn man entweder die Kundeninteressen getestet oder befragt oder durch Nutzungsdaten erfasst hat.

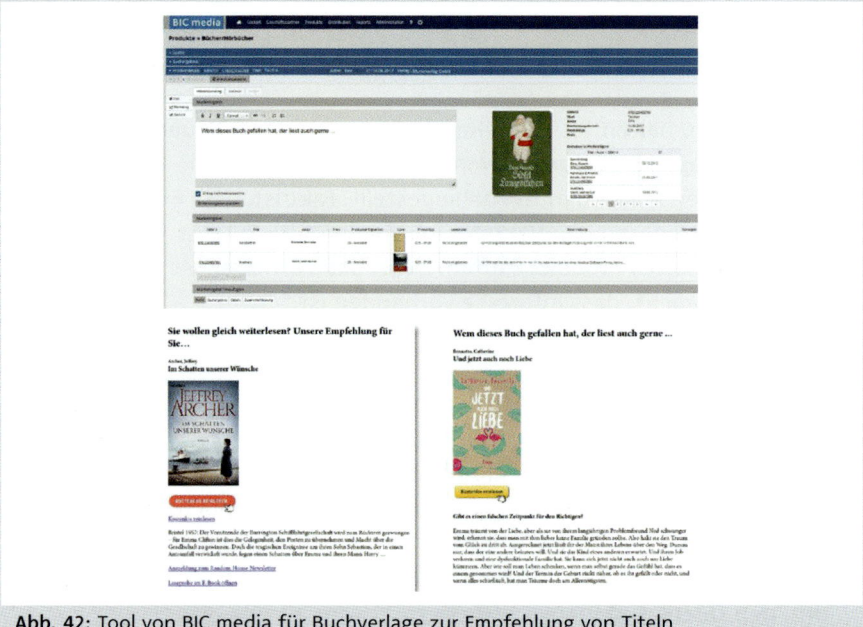

Abb. 42: Tool von BIC media für Buchverlage zur Empfehlung von Titeln

Da wir Personas in der Regel nicht einsetzen, um die Menschheit besser zu verstehen, sondern um im Rahmen unserer Aufgaben in Unternehmen dort für mehr Umsatz zu sorgen, ist es wichtig, diese Verknüpfung von Personas und Produktangebot auch früh zu nutzen. Denn mit diesem Instrumentarium kann man das eigene Portfolio besser vermarkten.

! **Wichtig**

Die Metadaten sind die Basis für die Zielgruppenansprache im Netz. Durch ein kontinuierliches Monitoring der Zielgruppen ist es jetzt auch möglich, die »Metadaten« über meine Kunden zu erarbeiten, die sie auch wirklich interessieren. In einem dritten Schritt können diese weiter verdichtet werden im eigenen CRM.

4.4   Metadaten und Persönlichkeitsmerkmale

4.4.1   Fake News und das Ocean-Modell

Die hier vorgestellten Überlegungen berühren ein Thema, das gesellschaftlich von hoher Relevanz ist und in den nächsten Jahren für viel Diskussion sorgen wird, deshalb sprechen wir es im Folgenden an.

Nach dem Wahlkampf in den USA machte die Firma Cambridge Analytica von sich reden. Es gab in der Folge heftige Diskussionen im Netz[9] über die Möglichkeit, den Wahlkampf zu beeinflussen, weil man die Profile von Facebook-Nutzern genau analysiert hat und Rückschlüsse ziehen konnte. Zwei Fragen sind in diesem Zusammenhang relevant:

- Können Zielgruppen durch eine Analyse ihres Verhaltens in den sozialen Netzwerken besser seziert werden als durch herkömmliche Methoden?
- Können diese Zielgruppen aufgrund dieser Analysen derart manipuliert werden, dass sie von außen gewünschte Entscheidungen treffen, wie z.B. bei Wahlen?

Kosinski wird in dem Artikel[10] im Magazin als Urheber des Wahlerfolgs von Trump beschrieben: Mit seiner Persönlichkeitsanalyse auf der Basis von Facebook-Profilen und Interviews sowie der darauffolgenden, gezielten Beeinflussung durch Onlinekampagnen wären die Wähler falsch informiert worden und hätten für Trump gestimmt. Der Artikel sorgte für Furore, weil er Ängste und Wünsche bedient und sich auf reale Ereignisse bezieht:

- Influencer Marketing, Microtargeting und Customer Insights gehören längst zum Standardvokabular erfolgreicher Marketingagenturen. Und natürlich wird dieses Instrumentarium auch im Wahlkampf verwendet. Und ja, natürlich funktioniert dasselbe Instrumentarium, das mich zum Kauf einer Modemarke, eines Schokoriegels oder eines Autos verleiten will, auch im Wahlkampf. Denn Politiker wirken im Wahlkampf wie inszenierte Marken.
  Aber: Hinter dem Schlagwort Big Data gibt es keinen Big Brother, der das schon alles verstünde und sein Wissen zur Vermehrung einer zentralen Macht nutzt. Sprich: Wir dilettieren alle mehr oder weniger herum und jeder versucht, so nah wie möglich an seine Kunden zu kommen. Und dabei haben natürlich die NSA, Google und Facebook die Nase vorn. Trotzdem haben auch diese noch nicht die »Weltformel«.
- Trump schert sich nicht um Wahrheit, einzig sein Erfolg zählt. Und Falschmeldungen und Provokationen gehören zu seinen beliebtesten Mitteln. Das gezielte Ausspielen von Informationen an Zielgruppen funktioniert in den sozialen Netzwerken besser als sonst wo.

---

9   Im Magazin hatten Mikael Kroge und Hannes Grassegger nach Trumps Erfolg einen Artikel über Michael Kosinski und Cambridge Analytica veröffentlicht, in dem sie auf deren wissenschaftliche Erkenntnisse (Kosinski) und zweifelhafte Praktiken im Wahlkampf (CA) hinwiesen. Dem folgten eine Reihe ausgewogener Kommentare wie dem von Patrick Beuth in der Zeit (http://www.zeit. de/digital/internet/2016-12/us-wahl-donald-trump-facebook-big-data-cambridge-analytica/komplettansicht) und nach dem shitstorm dann auch Beschwichtigungen von CA durch z.B. Interviews in wired (https://www.wired.de/collection/life/so-reagiert-cambridge-analytica-auf-die-kritik-datenwissenschaftler-haben-nicht-die).

10   https://www.dasmagazin.ch/2016/12/03/ich-habe-nur-gezeigt-dass-es-die-bombe-gibt/.

Aber: Dass er seine Wähler mit unlauteren Mitteln beeinflusst hat, darf nicht davon ablenken, dass es viele Gründe für seinen Erfolg gibt (wie die fehlende Ausstrahlung Clintons, die Sehnsucht nach einfachen Lösungen, die Abgehobenheit einer politischen Kaste etc.). Es gibt keinerlei Belege dafür, dass aufgrund der Falschmeldungen bestimmte Personengruppen nicht gewählt haben und andere Trump wählten. Was man lediglich festhalten muss, ist, dass Cambridge Analytica aufgrund eines vereinfachenden Modells Zielgruppen identifizieren und ansprechen konnte. Es ist eine Bestätigung der schon länger bekannten Tatsache, dass Microtargeting im Rahmen von Marketingkampagnen funktioniert. Und wie bei allen Marketingkampagnen gibt es selbst nach ausführlichen Analysen im Nachgang immer eine Reihe von unbekannten Variablen, die man in den folgenden Kampagnen zu identifizieren sucht und die sich dann mit neuen unbekannten Variablen schön vermischen.

Das Ocean-Modell[11] ist wie alle Persönlichkeitsmodelle nur begrenzt geeignet[12], um erstens den Menschen zu erfassen und zweitens ihn dann auch noch gezielt zu beeinflussen. Aber in dieser Kritik darf eines nicht vergessen werden: Semantische Analysen der Äußerungen der Zielgruppen in den sozialen Netzwerken sind eine bessere Grundlage für Vorhersagen. Wenn IBM und Facebook in KI investieren, dann helfen diese Instrumente wie immer nicht nur den Guten.

Interessant ist in diesem Zusammenhang die Analyse des Pew Research Centers[13] über die möglichen Gründe für das Versagen der klassischen Vorhersagen im Wahlkampf. Denn es sagt viel über die Möglichkeiten digitaler Kundenanalysen aus und spiegelt dieselben Herausforderungen, wie sie Unternehmen haben. Was die Forscher beim Pew Research Center hier sehr klar herausgearbeitet haben:

- Es gibt eine Bevölkerungsgruppe, die sich traditionell klassischen Umfragen entzieht, weil sie grundsätzlich der öffentlichen Meinung und öffentlichen Institutionen misstraut. Aber genau diese hat Trump angesprochen. Und genau diese Bevölkerung entlädt ihren Unmut häufig in den sozialen Netzwerken.
- Es galt als »politically incorrect«, sich als Trump-Wähler zu outen, weil es weniger gebildet, ungehobelt und nicht kohärent wirkt. Deshalb haben bei einer Befragung nicht alle die Wahrheit gesagt – das Phänomen der sozialen Erwünschtheit wirkt gerade bei Meinungsumfragen sehr deutlich.

---

11 https://de.wikipedia.org/wiki/Big_Five_(Psychologie).
12 https://en.wikipedia.org/wiki/Big_Five_personality_traits#Critique.
13 http://www.pewresearch.org/fact-tank/2016/11/09/why-2016-election-polls-missed-their-mark/.

Der oben erwähnte Hawthorne-Effekt hat zu vielen falschen Hochrechnungen geführt.

- Die vermuteten Wähler sind nicht zur Wahl gegangen und unvermutete Wähler wurden nicht erfasst.

Dies offenbart die Lücken der klassischen Befragungen und Potenziale in den digitalen Kampagnen, auch wenn zu Recht die Washington Post mit etwas Abstand und genaueren Analysen[14] darauf hinweist, dass die Abweichungen so groß nicht waren und die Interpretation eher das Problem darstellte. Und Nate Silver[15] hat glänzend herausgearbeitet, wie auch hier die Interpretation von Statistiken durch die Medien fehlerhaft waren: Es ist einfach nicht genug Kompetenz bezüglich der Marktforschung bei Journalisten vorhanden.

Trotzdem lohnt sich ein genauerer Blick auf das theoretische Modell zur Erfassung von Kundendaten.

4.4.2   Das Ocean-Modell

Das Ocean-Modell oder die Big Five[16] ist ein seit den 30er Jahren weiterentwickeltes Modell zur Beschreibung der menschlichen Persönlichkeit. Dabei wird die Persönlichkeit mit Hilfe von fünf verschiedenen Parametern analysiert: Offenheit für Erfahrungen, Gewissenhaftigkeit, Gesellligkeit, Rücksichtnahme, Kooperationsbereitschaft, Empathie sowie Verletzlichkeit. Ähnliche Modelle der Clusterung kennt man von den Sinus-Milieus[17] oder den Sigma-Milieus[18], die die Parameter »soziale Lage« (sprich Einkommen) und »Grundorientierung« (sprich beharrend oder verändernd) für eine Einteilung gewählt haben, oder dem Semiometrie-Modell von TNS[19]. An dieser Stelle braucht man nicht diskutieren, dass derartige Modelle wie alle Modelle nur Annäherungen darstellen und die menschliche Persönlichkeit nur begrenzt erfassen. Hierzu genügt ein Blick auf den englischsprachigen Wikipediaeintrag und den Link zur Kritik am Modell.

---

14 http://www.washingtonpost.com/news/the-fix/wp/2016/11/10/how-much-did-polls-miss-the-mark-on-trump-and-why/?utm_term=.b644ac90b7dc.
15 http://fivethirtyeight.com/features/the-real-story-of-2016/.
16 https://en.wikipedia.org/wiki/Big_Five_personality_traits.
17 http://www.sinus-institut.de/sinus-loesungen/sinus-milieus-deutschland/.
18 http://www.sigma-online.com/de/SIGMA_Milieus/.
19 http://www.tns-infratest.com/kernkompetenzen/brand-communication_Semiometrie.asp.

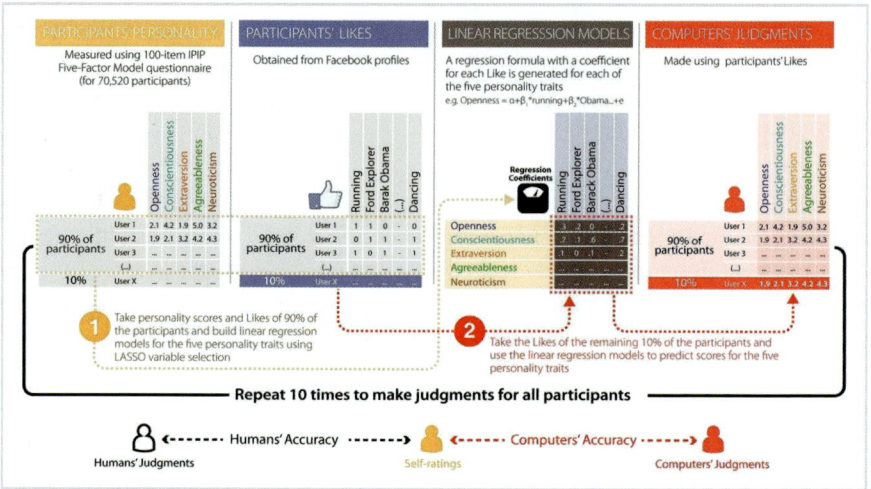

Abb. 43: Skizzenhafte Darstellung zum Vorgehen von Kosinski zur Analyse von Persönlichkeitsmerkmalen anhand von Facebook-Profilen (Quelle: PNAS unter http://www.pnas.org/content/112/4/1036.full)

Nach Kosinski werden die Zielgruppen durch einen Fragebogen auf Facebook sowie deren Verhalten (durch likes sichtbar) analysiert und danach anhand von Wahrscheinlichkeitsberechnungen auf Eigenschaften festgelegt. Damit steht schon viel mehr Material zur Verfügung wie bei klassischen Abfragen, aber natürlich wie immer noch zu wenig, um die gesamte Persönlichkeit zu erfassen. Die Behauptung, damit die Persönlichkeit besser zu erfassen, als es Freunde oder Bekannte können, ist in diesem Fall schwer nachzuvollziehen. Denn ob diese Hochrechnungen z. T. valider sind als die von Bekannten und Freunden, hängt a) von den Fähigkeiten der Freunde ab (und deren Selbstreflexion, die der eines Psychotherapeuten nahekommen muss, sollen sie möglichst unvoreingenommen den anderen beurteilen) und b) vom Umfang der Angaben und der Bedeutung derselben für den Probanden. (Unsere Testergebnisse waren so, dass unsere Freunde und Angehörige in ihrer Analyse unserer Persönlichkeit doch deutlich besser waren, trotz der vollmundigen Werbeaussagen.) Aber man kann davon ausgehen, dass die Aktivitäten von Facebook, IBM oder Google im Bereich Künstliche Intelligenz und semantische Analyse sehr bald deutlich bessere Ergebnisse zeigen werden[20].

Was dieses Modell aber zurzeit so interessant macht, ist seine lexikalische Basis. Denn über die Jahrzehnte wurden über 18.000 Begriffe gesammelt und den

---

20 Die Arbeiten von Michael Kosinski sind öffentlich zugänglich unter http://www.pnas.org/content/110/15/5802.full oder http://www.pnas.org/content/112/4/1036.full.

jeweiligen Persönlichkeitseigenschaften zugeordnet. Das spielte bisher nur bei den klassischen Fragebögen eine Rolle, wenn man prüfen wollte, ob ein Proband z.B. gewissenhaft ist, und man ihm entsprechende Begriffe zur Auswahl vorlegte. Mit dem mobilen Web bietet sich aber seit ein paar Jahren plötzlich ein nie versiegender Quell an Texten von und über die Zielgruppen. Es ist das Paradies für jeden Modellbauer, weil er jetzt seine Zielgruppen mit Big- oder Smart-Data-Analysen wunderbar in seinem Setzkasten verorten kann. Und zwar viel genauer als mit jeder Fokusgruppe oder den paar Telefoninterviews, die sein Budget ihm erlaubten. Denn die Zielgruppen sagen ja selbst und ohne Druck ganz viel über sich aus. Sie benutzen nämlich Worte und Begriffe und diese kann man nutzen.

Um diese Daten sinnvoll miteinander zu verknüpfen, braucht es so etwas wie eine lexikalische Zuordnung. Semantische Analysen sind deshalb nicht trivial, weil sie prinzipiell mit einem Problem zu kämpfen haben: Jeder spricht, wie ihm der Schnabel gewachsen ist, und was er genau damit meint, das weiß der Redner/Schreiber oft selbst nicht so genau. Oder, um es mit den Worten des Marketinggurus David Ogilvy auszudrücken: »*The trouble with market research is that people don't think how they feel, they don't say what they think and they don't do what they say.*«

Das heißt, dass die Äußerungen der Zielgruppen nie genau das zum Ausdruck bringen, was gemeint ist. Die Philosophie des 20. Jahrhunderts beschäftigt sich mit diesem »linguistic turn« und man könnte auf zahlreiche Autoren verweisen, die sich hierzu ausführlich geäußert haben. In unserem Zusammenhang brauchen wir jedoch eine strukturierte Bewertung, denn wir müssen handeln und die Produkte an die Zielgruppen vermarkten. Wir brauchen ein Raster und Gerüst.

Bekannt sind uns derartige lexikalische Zuordnungen aus Fachgebieten wie z.B. der Medizin. Es gibt einen Thesaurus, ein Gerüst an Begriffen, die eindeutig verortet sind. So lernt z.B. jeder Mediziner, dass und wie »Insulin«, »Blutzucker« und »Glukose« im Zusammenhang stehen. Dieses Fachwissen zeichnet den Arzt aus. Und medizinische Fachverlage haben früher diesen Thesaurus in einem Schlagwortverzeichnis zu ihren Büchern und Zeitschriften entwickelt und machen dies jetzt in ihren Datenbanken. Das ist ihr Wissen.

Das Ocean-Modell bietet eine ebensolche lexikalische Zuordnung und damit eine Einordnung der jeweiligen Äußerungen der Zielgruppe. Auf der Testseite der University of Cambridge kann man einen Text eingeben und nach dem OCEAN-Modell analysieren lassen (siehe nachfolgende Grafik). Durch die Freigabe des eigenen Facebook-Profils lassen sich auch verschiedene Persönlichkeitstests durchführen. Die Hochrechnungen haben alle noch mit den klassischen Problemen der künstlichen Intelligenz zu kämpfen.

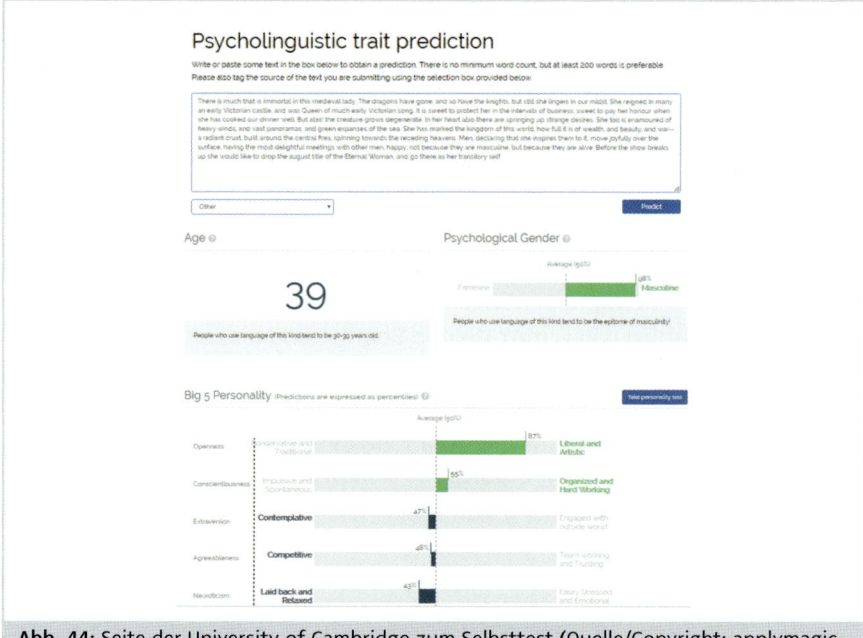

Abb. 44: Seite der University of Cambridge zum Selbsttest (Quelle/Copyright: applymagic-sauce.com)

Sprache ist immer nur im Kontext zu verstehen und deshalb mühen sich z.B. IBM, Facebook oder Google mit der Künstlichen Intelligenz auch noch so ab. Aber mit Modellen wie OCEAN erhalten sie ein Werkzeug, das viel genauer ist als die bisherigen. Denn sie können den vorliegenden Thesaurus nutzen wie ein Schlagwortregister, das ihnen schnell eine Zuordnung erlaubt, die sicher nicht zu 100% genau ist, aber nach dem Pareto-Prinzip für 80% der Fälle taugt. Den Rest können die jeweiligen Datenbanken schrittweise verbessern, denn mit jedem Eintrag lernen die Programme hinzu und können ihre Ergebnisse optimieren.

Big Data heißt heute, dass ich Zusammenhänge erkennen kann, die mir vorher nicht bewusst waren. Ein schönes Beispiel dafür sind Kochrezepte. Nehmen wir an, Sie möchten etwas mit Aioli kochen. Aioli ist eine Creme aus Olivenöl, Knoblauch und Salz. Nun geben Sie den Begriff in IBM's Watson ein. Das Programm zeigt dann nicht nur Ingredienzien auf, die oft im Zusammenhang mit Aioli verwendet werden, sondern auch Kombinationen und Rezepte (siehe Abbildung 45).

Der Computer kann nicht schmecken und ein Rezept daraufhin bewerten, ob ihm das Ergebnis schmecken wird. Er versteht nicht im menschlichen Sinne die Bedeutung, denn ihm fehlen die Sinne und die Nutzungssituation, um Rezepte wie wir Menschen »bewerten« zu können. Trotzdem gelingt es Watson, uns interessante und spannende Rezepte vorzuschlagen. Warum? Durch die reine Häufigkeit von Begriffen in einem gewissen Kontext wird klar, in welche Kategorien diese Begriffe gehören. Das Softwareprogramm weiß nichts von Gemüse und Fleisch, aber aus der Analyse des Gebrauchs des Begriffs Huhn weiß es, dass es häufiger im Cluster Fleisch vorkommt. Dann kombiniert Watson verschiedene Nutzungssituationen und die jeweiligen Ingredienzien und schlägt wahrscheinlich sinnvolle Rezepte vor. Und so gehen auch wir manchmal vor, wenn wir die gerade vorhandenen Zutaten neu mischen. Manchmal entstehen neue Ideen und der große Wurf, manchmal spülen wir das Resultat schnell herunter.

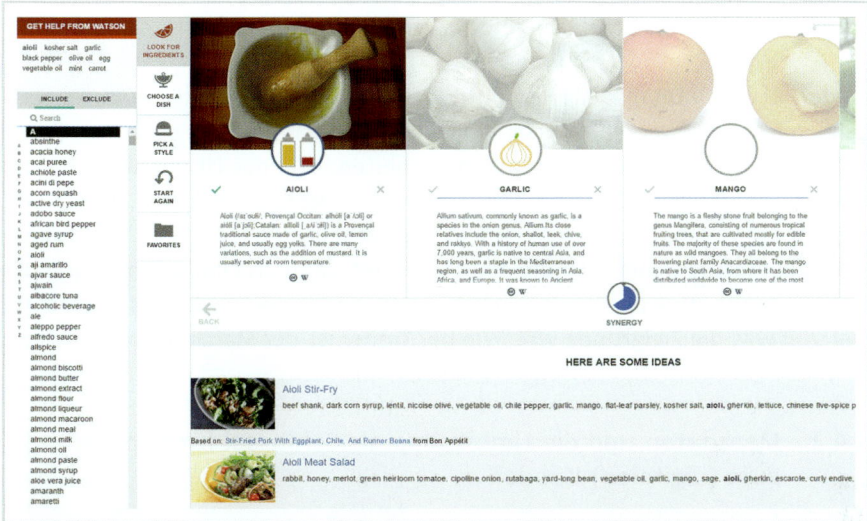

Abb. 45: IBM und Watson laden zum Kochen mit KI ein. Man wähle einfach einen Begriff in der Menüleiste und erhalte dann passende andere Zutaten und Gerichte.

Durch Big Data werden Kombinationen sichtbar, die vorher verborgen blieben. Big Data macht einen nicht schlauer über Aioli, aber Kombinationen, Verortungen, Bezüge werden sichtbar und ihre Häufigkeit. Darum geht es auch bei den semantischen Analysen in den oben genannten Modellen: Wer sich positiv zu Spaghetti Bolognese geäußert hat, könnte auch an Parmesan Interesse haben, denkt aber vielleicht nicht sofort an Erdbeeren. Wer für den Klimawandel ist, könnte bei Greenpeace sein. Aber wo erreiche ich ihn vielleicht noch? Hier beginnt Smart Data.

Auf diese Weise funktioniert auch digitale Kundenanalyse: Der digitale Raum bietet den Kontext für die automatisierte Analyse von Begriffen wie »Ausländer«, »Gutmenschen« oder »Silvesternacht«. Indem die Algorithmen die

Bezüge herstellen zu Ort, Zeit und allen anderen Äußerungen wie auch Aktionen (likes, shares, Antworten …) der Urheber dieser Äußerungen, wird sehr schnell deutlich, welche »Bedeutung« die jeweiligen Nutzer den Begriffen geben. Sie sind nicht mehr neutral, da sie in einem Kontext Bezüge herstellen und wir diese Bezüge interpretieren. Es geht dabei nicht darum, ob diese Bezüge einen »realen« Hintergrund haben, d.h., ob wir empirisch belegen können, dass jemandem dieses Gericht mit Pfeffer geschmeckt hat oder dass es in der besagten Silvesternacht wirklich besondere Vorkommnisse gab. Das kann das Softwareprogramm nicht erkennen. Und hier sind auch seine Grenzen. Aber durch die statistische Analyse, wie häufig Pfeffer mit Huhn in Rezepten vorkommt oder die besagte Silvesternacht mit den Begriffen »Ausländer« oder »Gutmenschen« in engem Zusammenhang vorkommt, kann das Programm eine wahrscheinliche Korrelation herstellen.

Da der Mensch nun mal ein Herdentier ist, sagt die Häufigkeit der Zuordnungen auch etwas über die Wahrscheinlichkeit aus. Das ist nicht die ganze Wahrheit, aber es lässt sich ganz gut damit arbeiten. Und das ist vor allem für die interessant, die genau wissen, was sie wollen. Deshalb hilft die Entwicklung von Personas dabei, eine klare Marketingstrategie zu entwickeln. Man fokussiert sich auf bestimmte Merkmale und bietet dadurch eine Orientierung. Im Marketing gilt, dass der Erfolg wächst, wenn man genau weiß, was man selbst will und was die Zielgruppe will. Wie bei Tinder ist der Match dann schneller.

4.4.3 Metadaten und die Limbic Map als Schlüssel für den Zugang zum (digitalen) Kunden

Im vorangegangenen Kapitel wurde die Analyse der Kunden auf Facebook anhand des Ocean-Modells vorgestellt und dass dieses Modell zur Beschreibung von Persönlichkeiten schon über einen Fundus an Schlagwörtern verfügt, die man zuordnen kann.

Für die Erstellung unseres Kundenbilds heißt das, dass man das eigene Softwareprogramm mit diesen Begriffen füttern kann und daraus eine Art Sentimentanalyse erstellt, wie sie auch IBMs Watson versucht. Man kann die Äußerungen seiner Zielgruppe sammeln und durch den Algorithmus bewerten lassen. Die Begriffe werden bestimmten Eigenschaften zugeordnet, statistisch mit vielen anderen Äußerungen verglichen und daraus werden dann Schlüsse gezogen.

Es ist ein großer Vorteil, wenn man ein klares Bild von seiner Zielgruppe hat, so wie etwa Populisten bei der Wahl. Denn diese wissen genau, wogegen ihr Klientel ist, und können rund um dessen Wortfelder agieren. Wer gegen die

»EU«, gegen »Ausländer«, gegen »Merkel« wettert, der kann schnell in die Schlammschlacht ziehen. Denn er hat schon »Keywords« und eine eindeutige Meinung, sodass die (negativen) Adjektive rund um diese »Keywords« von vornherein definiert sind. Wer sich hier um ausgewogene Meinungen bemüht, hat es verständlicherweise schwerer.

Je vermeintlich klarer das Bild von der Welt ist, desto schneller können Fake News und Hetzkampagnen inszeniert werden. Das Ocean-Modell bietet hierfür eine Basis, weil auch hier nach einer eindeutigen Zuordnung von Fähigkeiten und Werten gesucht wird. Die zugrundeliegenden Annahmen lauten: Eine Persönlichkeit kann sich zwar entwickeln, aber sie ist stark festgelegt. Es gibt eindeutige Merkmale, die sich auf alle Personen übertragen lassen. Diese Merkmale lassen sich eindeutig Begriffen zuordnen.

Die Limbic Map hat einen großen Vorteil gegenüber dem Ocean-Modell. Sie bietet ebenso »Keywords« an, das sind die Werte auf der Limbic Map – und sie ordnet diese zu. Im Unterschied zum Ocean-Modell wird die Persönlichkeit jedoch nicht festgeschrieben auf bestimmte Merkmale, sondern die Äußerungen der Persönlichkeit sind »nur« Ausdruck der sie speisenden emotionalen Antriebe. Anders gesagt: Mit der Limbic Map versucht man die Ursachen zu erfassen und nicht allein die Symptome. Die Symptome können nämlich je nach Ursache zu völlig unterschiedlichen Annahmen führen. Das Problem kennt jeder Arzt. Die Symptome sind Ausdruck von etwas. Und dieser Ausdruck kann je nach handelnden Personen und dem Kontext etwas Anderes bedeuten.

Nehmen wir als Beispiel die Symptome »Weihnachtsgeschenk« und die Ursache »Liebe und Anerkennung eines Menschen«. Wenn sich die Gattin zu Weihnachten eine Perlenkette wünscht, dann geht es meistens nicht um die Perlen selbst, sondern um einen Beleg dafür, dass sie von ihrem Ehemann geliebt wird. Die Perlen sind ersetzbar, die Liebe nicht. In der Limbic Map geht es um die emotionale Struktur, um die prägenden Kraftfelder und Strömungen, die eine Person speisen und ausmachen, nicht um die Symptome. Das Ocean-Modell versucht dagegen lediglich, die Symptome zu klassifizieren.

In der Folge hat die Limbic Map den entscheidenden Vorteil, dass sie jedes Jahr zu Weihnachten genutzt werden kann, unabhängig von den Moden. Man überprüft die Ursachen und sieht im Geschenk ein Zeichen dafür, nicht umgekehrt. Denn die Zeichen können sich jedes Jahr ändern, die Bedürfnisstruktur ist weniger flexibel. Denn was genau eine Perlenkette bedeutet, das hängt vom Kontext ab. Denn die Frage ist, ob sich die Zeichen der Liebe eher um Perlenketten oder Uhren als Zeichen von Status (»so viel Geld bin ich wert und meine Freundinnen werden ganz neidisch schauen«), um Perlenketten oder

Kunst als Zeichen von Extravaganz (»das sind ja ganz seltene Perlen und besonders passend zu meinem gerade neu erwachten Interesse für die Südsee«) oder um Perlen oder einen Familienurlaub (»genauso eine Kette besaß meine Mutter, aber sie ging verloren und er hat sich daran erinnert und ihm ist die Tradition wichtig«) handelt. Denn zur Perlenkette gehört die Begleitmusik, der Kontext, um zu verstehen, was für eine Botschaft sie transportiert.

Die Limbic Map bietet mit ihren dort aufgeführten Werten einen Weg zum Herzen des Kunden, weil sie dessen schwankenden Wünschen folgen kann. In einem festgelegten System wäre eine Perlenkette immer eindeutig eine Perlenkette. Auf der Limbic Map erfasst man zuerst die »Werte« wie z. B. »Status«, »Kunst« oder »Familie« und ordnet diesen dann die »Symptome« wie »Perlenkette als Ausdruck von ...« zu.

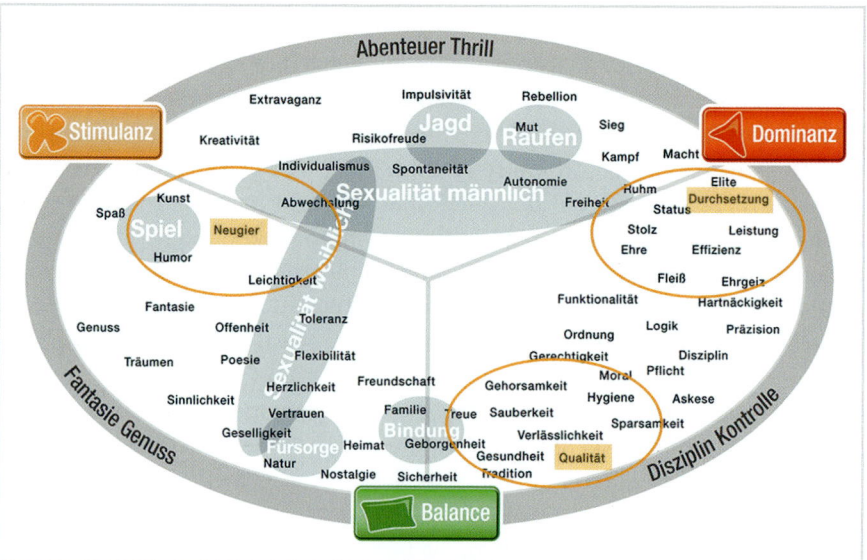

Abb. 46: Eine Persona für das Buch »Buyer Persona« könnte durchaus ganz unterschiedlich charakterisiert werden. Je nachdem, wo man den Schwerpunkt setzt, ergeben sich ganz andere Assoziationsräume und Wortfelder, die zu den Werten der jeweiligen Persona gehören. Diese muss man genau herausfinden, will man mit seiner Ansprache nicht falsch liegen.

Nehmen wir wieder das Beispiel der Persona, die wohl das Buch »Buyer Personas« kaufen wird. Eine Portion Neugier mag schon dazugehören, wenn man sich diese Zeilen antut. Vielleicht ist es bei einer anderen Persona aber auch das Bedürfnis nach Sicherheit, nach geprüfter Qualität, das sie zum Lesen antreibt. Und wieder jemand anderes will hier das Argument finden, um sich bei der nächsten Sitzung mal endlich durchzusetzen, weil hier die absolut unumstößlichen Fakten zu finden sind.

Wir haben es also mit drei sehr unterschiedlichen Personas zu tun, wenn wir das so betrachten, die einmal bei Neugier, ein anderes Mal bei Qualität und dann wiederum bei Durchsetzung angesiedelt sind. Rund um diese jeweiligen Werte auf der Limbic Map erhält man jedoch auch weitere Werte, die eng damit in Verbindung stehen.

Sollten Sie eine eigene Datenbank zu den Kunden, Zielgruppen und Personas auf- oder sogar ausbauen, empfehlen wir deshalb die Implementierung einer semantischen Zuordnung, die offen und zugleich verbindlich ist. Die Limbic Map ist hierfür ein geeignetes Modell.

4.5 Touchpoint-Management: den Kunden an möglichst vielen Punkten erfassen

Aus dem oben Gesagten wird deutlich, dass wir heute viele Kontaktstellen zum Kunden haben mit daraus resultierenden vielen Informationen. Das muss organisiert, aggregiert und analysiert werden. Ich habe dabei nicht nur verschiedene Touchpoints zum Kunden, sondern auch zahlreiche Formate, die im jeweiligen Kontext ganz unterschiedlich wirken. Die Kenntnis der Wirkungsweise der Formate im jeweiligen Kontext hilft entscheidend, den Kunden zu verstehen. Hier kann das berühmte Bild vom Elefanten genutzt werden, der von mehreren Blinden betastet wird. Jeder glaubt, gerade das Tier vor sich zu haben, das er erfühlen kann. Aber da niemand die gesamte Wirklichkeit erfassen kann, tappt jeder mehr oder weniger im Dunkeln, denn er erfasst nur das, was er selber unmittelbar spürt. Und so sieht der eine eine Schlange, der andere einen Teppich und der Dritte einen Speer usw. – Platons Höhlengleichnis lässt grüßen.

Abb. 47: Die Blinden und der Elefant

Unser Kunde ist meist ein Elefant, den wir als Blinde aus unserer jeweiligen Perspektive nur begrenzt erfassen. Es ist ja nicht falsch, die stämmigen Beine als Baum oder den Schwanz als Strick zu erfassen. Manchmal reicht auch genau dieses Bild des Kunden aus. Vielleicht will ich als Verlag künftig nur Bücher verkaufen und dann will ich nur wissen, ob und wann und was mein Kunde liest. Aber meistens will ich ebenfalls wissen, ob er sich die Informationen auch über andere Kanäle holt – und dann ist es wichtig, ein komplexeres Bild meines Kunden zu erhalten. Dafür müssen die verschiedenen Eindrücke zum Kunden aggregiert und kommentiert werden. Durch Touchpoint-Management werden die Blinden nicht zu Sehenden, aber sie begreifen mehr.

Komplexität ergibt sich dadurch, dass wir mit vielen Formaten über viele Kanäle zu vielen unterschiedlichen Kunden sprechen. Da wir über mindestens zehn Formate (allein ein Text kann gedruckt, digital, formatiert oder kommentiert in verschiedenen Stilarten vermittelt werden und wir sprechen noch nicht von Bildern, Grafiken, Audio oder Video) und noch mehr Kanäle (von gedruckten Büchern über Flyer zu sozialen Medien etc.) zu noch mehr Kunden sprechen, potenziert sich das Ergebnis bei einem Exponenten von 3 schnell. Das heißt, dass man zunächst als Analyst wieder reduzieren muss, ohne die Dinge zu verfälschen.

Bei diesem Vorgehen empfiehlt es sich, in einem einfachen Brainstorming alle vorhandenen Touchpoints zum Kunden aufzulisten, um dann die Lücken zu erkennen: Wo ist der Kunde noch präsent, aber man selbst nicht? Mit Hilfe einer Balanced Scorecard kann man ganz einfach einen Soll-Ist-Abgleich erstellen und sich die Ziele setzen für den jeweiligen Kanal. Die folgenden Leitfragen helfen bei der Strukturierung:

- Wo habe ich schon Verkaufsstellen, eigene oder durch Partner, die mir Rückmeldungen zum Kundenverhalten geben? Welche Daten erhalte ich hier (Abverkäufe, Umsätze, Besucher, Verhalten beim Kauf …)?
- Wo erreiche ich meine Kunden durch Marketingaktionen? Welche Daten zeigen sich bei der Analyse (traffic, click-rate, conversion, Weiterleitung, Präferenzen bei A/B-Tests, bevorzugte Claims, bevorzugte Kanäle …)?
- Wo pflege ich den Austausch mit den Kunden (soziale Netzwerke, Fokusgruppen, Tagungen, Call-Center …)? Welche qualitativ wertvollen Einsichten lassen sich daraus jeweils ableiten?

Um im Bild zu bleiben: Man kreist den Elefanten ein und vermisst ihn besser, weil man möglichst viele seiner Bewegungen erfasst und die Ausmaße seiner Aktivitäten umreißt.

Buch „Buyer Personas" – Touchpoint-Analyse

	Wo	Ist (KPI 1)	Ist (KPI 2)	Benchmark KPI 1	Benchmark KPI 2	Ziel KPI 1	Ziel KPI 2	Status	Content was / wie / wo
owned	Eigener shop	Produkt-verkauf	Wahr-nehmung	Vergleichstitel im Haus	Verkäufe in anderen Verlagsshops	50 Verkäufe	5000 Kontakte	grün	Produktbeschreibung, mit Bild und Testimonial, liegt in der Datenbank xyz
	Eigene Portale und Zeitschriften (acquisa, wirtschaft&weiterbildung)	Clickrate	Conversion auf eigenen Shop	s.o.	s.o.	X clicks	Y conversion	rot	Text und Bild von Produkt und Autoren; Claim des Artikels und Grafik aus dem Buch bilden ZG-gerechte Ansprache; call-to-action richtig dosiert
	Produktnutzung Auszüge, eBook und Datenbanken	s.o.	s.o.	s.o.	s.o.	s.o.	s.o.	gelb	Ausführliche Textblöcke mit Einführung und Hinweisen auf Autoren und Buch
	Akademie	Eigenes Seminar	Bewertung	Intern Vergleichsseminar	Extern anderer Anbieter	X Teilnehmer	Mindestbewertung 2.0		Präsentation der Inhalte, Qualität der Referenten, Vermarktung mit richtigem Claim
	...								
paid	Ads	Clickrate	Conversion auf eigenen Shop	s.o.	s.o.	X clicks	Y conversion		Text und Bild von Produkt und Autoren; Claim des Artikels und Grafik aus dem Buch bilden ZG-gerechte Ansprache; call-to-action richtig dosiert
	Flyer	Reichweite	Bestellungen	s.o.	s.o.	X Reichweite	Y Bestellungen		Text und Bild von Produkt und Autoren; Claim des Artikels und Grafik aus dem Buch bilden ZG-gerechte Ansprache; call-to-action richtig dosiert
	Kongresse	Reichweite	Bestellungen	s.o.	s.o.	X Reichweite	Y Bestellungen		Präsentation der Inhalte, Qualität der Referenten, Vermarktung mit richtigem Claim
	...								
Social	Facebook	Clickrate	Likes	Vergleichstitel intern	Vergleichstitel extern	X clicks	Qualitatives Feedback		Beschreibende Texte und Bilder
	Twitter	Clickrate	Weiterleitung	s.o.	s.o.	X clicks	Y teilen		Kurztext und Link
	Xing / LinkedIn	Clickrate	Kommentare	s.o.	s.o.	X clicks	Qualitatives Feedback		Artikel, Bilder und Link
	...								
Earned	Rezensionen FAZ, SZ, Handelsblatt	Verkäufe	Qualitatives Feedback	s.o.	s.o.	X Reichweite	Qualitatives Feedback		PR-Text (mit Bild, Grafiken)
	Empfehlungen durch Blogger/Vlogger	Clickrate	Conversion auf eigenen Shop	s.o.	s.o.	X clicks	Y conversion		s.o.
	...								

Abb. 48: Eine mögliche Vorlage für eine Touchpoint-Analyse, hier am Beispiel unseres Buchs.

Man kann die vielen, vor allem neuen Touchpoints zum Kunden in unterschiedlichen Formen darstellen und klassifizieren. Wie bei allen Dashboards zählt auch hier, dass man zunächst definieren muss, was man eigentlich wissen will. Man kann als Klassifizierungsmerkmal wie hier auf das Schema »Owned, Paid, Earned, Social« zurückgreifen, um all die Touchpoints zum Kunden zu erfassen, oder die klassische Customer Journey entlang der Begriffe »vor dem Kauf, beim Kauf, nach dem Kauf« auflisten und dann zum »Entdecken«, »Meinung bilden«, »Suchen« etc. all die Texte, Bilder, Videos und weiteren Formate auflisten, mit denen man den eigenen Kunden anspricht.

Was das vorgegangene Bild zeigt: Es ist eine Frage der klugen und guten Organisation, all diese Kontaktstellen im Blick zu haben und die richtigen Folgerungen daraus zu ziehen, wo welche Aktion erfolgreich war oder auch nicht.

4.5.1 Die Customer Journey meiner Zielgruppe

Zum Thema Customer Journey und Touchpoint-Management liegen zahlreiche gute Publikationen[21] vor. In unserem Zusammenhang ist es wichtig, insbesondere die Kontaktstellen zum Kunden im Blick zu haben und die Daten hierzu immer wieder mit den einmal entwickelten Personas abzugleichen. So wie in den oben genannten Beispielen zu Beginn der Entwicklung einer Plattform im Netz das Interesse an WriteReader oder lectory abgefragt wurde, so könnten

21 Z.B. die guten Bücher von Anne M. Schüller oder das Werk »Touchpoint Management« von Keller/Ott, Freiburg 2017.

auch an allen weiteren Touchpoints Daten erhoben werden, die uns näher Auskunft geben über die Zielgruppe.

Zur Customer Journey empfiehlt es sich, die verschiedenen Pfade der eigenen, schon vorhandenen Kunden bis zum Kauf und der Kundenpflege aufzulisten. Es gibt immer mehr als eine Customer Journey, denn allein die Verkaufsstellen reichen meist vom eigenen Shop über Amazon, stationäre Händler bis hin zu Messen. Da die Customer Journey aber auch das Entdecken der ersten Informationen im Netz, das Abwägen und Beraten bis hin zum Bestellen umfasst, gibt es zahlreiche »Touchpoints«, an denen die Kunden davon abgehalten werden könnten, das Produkt zu kaufen.

Klassisch unterteilt man bei der Customer Journey die verschiedenen Phasen beim Kunden in die folgenden vier Bereiche:
1. Wo und wann wird der Kunde zum ersten Mal auf mich aufmerksam, weil er mit dem Thema in Berührung kommt?
2. Wo und wie wägt er ab, ob er das Produkt kaufen soll und wie lauten seine Entscheidungskriterien?
3. Wo und wie kauft er über welchen Kanal?
4. Wo und wie spricht er über das Produkt im Nachgang und wie wird der Kunde nach dem Kauf wieder angesprochen.

An jedem dieser »Touchpoints« gibt es die Möglichkeit, weitere Erfahrungen über die eigene Zielgruppe (Schritt 1 und 2) und sogar die eigenen Käufer (Schritt 3 und 4) zu sammeln. Fließen diese Daten wieder zurück in die Gestaltung der eigenen Personas, dann werden die einmal getroffenen Annahmen dadurch validiert. So verrät bspw. das Clickverhalten beim Einkauf auch viel über den Käufer. Sind z.B. Gütesiegel und das Hervorheben von Rückgaberechten besonders wichtig oder ist es eher die Aussicht auf exklusive Angebote oder gar Schnäppchen? Machen Sie den Test bei sich und überlegen Sie, wie die Stiftung Warentest oder booking.com jeweils andere Merkmale in den Vordergrund stellen.

Monitoring

»Was ich nicht messen kann, ist nichts wert«, heißt es in der digitalen Ökonomie. Dahinter steckt auch die Erfahrung, dass man mit Hilfe der Daten sehr gut A/B-Tests durchführen und den Auftritt deutlich verbessern kann. Oft liegt es nur an der »Usability« einer Anwendung, an der schnellen Ladezeit oder dem Fehlen einer weiterführenden Information. Diese Tests lassen sich schnell durchführen und bieten meistens einen schnellen Erfolg.

Der A/B-Test – oder die Prinzipien der digitalen Ökonomie   **!**

- Ich weiß nicht genau, was meine Kunden wollen.
- Deshalb teste ich laufend immer zwei Varianten und entscheide mich für die, die meine Kunden präferieren.
- Die Daten geben mir ein besseres Bild meiner Kunden als mein Bauchgefühl.
- Nach dem Test ist vor dem Test. Ich überprüfe die Annahmen laufend.
- Denn mein Kunde ist sprunghaft und weiß oft selber nicht, was er will.
- Oft überrascht er mich mit Verhaltensweisen, die ich nie vermutet hätte.
- Dank der Daten erhalte ich jedoch laufend Informationen, die mir eine größere Kundennähe ermöglichen als je zuvor.
- Und durch die Analyse verschiedenster Datensätze erhalte ich Informationen über meine Kunden, die diese wohl selbst nicht so vermutet hätten.

Die Analyse der Tests muss klare Folgerungen für das nächste Angebot enthalten. Das macht sie auch für die Personas interessant. Nun muss man nicht jeden A/B-Test reporten, aber eine Zusammenfassung der Ergebnisse in bestimmten Abständen erhöht die Qualität der eigenen Personas.

Nehmen wir unser oben erwähntes Beispiel zur Persona, die dieses Buch kaufen könnte. Ein A/B-Test könnte ergeben, dass über die Landingpage mehr Käufer gewonnen werden, wenn man ein Qualitätssiegel und die Empfehlung einer von allen anerkannten, unumstößlichen Autorität integriert. Die Folgerung für die vorliegende Persona ist offensichtlich: Sicherheit und Qualität sind für sie relevante Werte und sollten in der Folge verstärkt in den Vordergrund gestellt werden. Bis neue und andere Erkenntnisse auftauchen, arbeitet man deshalb erst einmal verstärkt mit der Persona, bei der weniger die Neugier oder die Durchsetzung prägende Werte sind, sondern die Werte rund um Qualität.

User Stories – wie die Customer Journey wirklich abläuft

Wir haben an obigen Beispielen gesehen, dass wir aus digitalen Daten unendlich viel über den Kunden und unsere Personas erfahren. Ein Nachteil bleibt aber: Aus den Daten lässt sich meist kein »Warum« erkennen. Beim obigen Beispiel haben wir gesehen, dass Qualitätssiegel und Autoritäten verkaufsfördernd sind und daraus abgeleitet, dass solche Kunden Sicherheit suchen. Aber was bedeutet dieser Wunsch nach Sicherheit genau?

Hier sind wir wieder bei der Befragung mit Zauberfragen, wie wir sie in Kapitel 3 kennengelernt haben. Denn durch sie erfahren wir die hinter dem Verhalten liegenden Sinngestalten. Wichtig dabei sind hier die Geschichten, die die Kunden über sich und ihr Produkt erzählen und wie sie auf mein Angebot aufmerksam geworden sind. Es gilt, den Weg des Kunden genau zu erfassen.

Zuhören und Empathie zeigen ist die erste Pflicht. Die User Stories zeigen oft die verschlungenen Pfade, über die die Kunden wirklich auf das Produkt aufmerksam geworden sind und warum sie gekauft haben. In der Folge können die Botschaften zum eigenen Produkt an den jeweiligen Touchpoints so formuliert werden, dass diese den Kunden überzeugen.

> **! Wichtig**
>
> Es gilt, mein Angebot an den einzelnen Touchpoints so zu präsentieren, dass der Markenkern, das Bedürfnis meines Kunden und die richtige Dramaturgie zusammenkommen.

4.5.2 Personas und mein CRM

Für fast alle Unternehmen steht außer Frage, dass die eigenen Kundendaten mit die wichtigsten Werte darstellen in der (digitalen) Ökonomie. Hat man früher das CRM (Customer Relationship Management) oft als Organisationstool für den Vertrieb gesehen, so hat sich diese Einschätzung grundlegend geändert. Unter CRM versteht man vielmehr ein umfassendes Management aller Kundenbeziehungen, das im besten Fall alle relevanten Daten sammelt, die man für die Weiterentwicklung des eigenen Angebots braucht. Das ist viel verlangt. Und doch sieht man am Siegeszug von Unternehmen wie salesforce, die als relativer Neuankömmling in der Branche CRM weiter fassen als die Dokumentation von Kundengesprächen im Vertrieb.

Im Idealfall aggregiert ein CRM alle Kundendaten, von den getätigten Käufen und Transaktionen bis zu rein qualitativen Daten wie Rückmeldungen aus Kundengesprächen. Jeder im Unternehmen kann auf die für ihn relevanten Daten zurückgreifen und das System aggregiert teilautomatisiert aus allen Bereichen die entsprechenden Informationen. Das CRM ist die Basis für zukünftige Entscheidungen, es ist eine Fundgrube für die Gestaltung der Personas und es gibt sofort Antworten auf alle Zweifelsfälle, wer die eigenen Kunden sind, wo sie wohnen und was sie machen. Das wäre der Idealfall.

Bei den meisten Unternehmen findet man noch einige Hürden – von der Ablage in verschiedenen Datensilos über die lückenhafte Einspeisung bis hin zur nicht vorhandenen Analyse. Vom Thema Datenschutz ganz zu schweigen. Da dies kein Buch über CRM ist, sei hier nur der Hinweis gegeben, dass im Idealfall die einmal entwickelten Buyer Personas nicht losgelöst vom CRM sein sollten.

Konkret heißt das, dass ...

- ... möglichst viele Daten aus dem CRM für die Entstehung und Überprüfung der Personas zu nutzen sind.

  Das beginnt damit, dass man bei den soziodemografischen Merkmalen immer darauf achtet, was man denn selber für Kunden und somit einen Abgleich zwischen Markt und eigenen Kunden hat. Und es führt zu einer Fokussierung auf Kundengruppen, die man selber über seine Aktionen besonders gut erreicht.

- ... man bei der Ausgestaltung der Personas immer wieder auf Punkte kommt, die man noch nicht weiß. An der Stelle, wo diese relevant sind für die Weiterentwicklung, sollte immer geprüft werden, ob man diese Informationen nicht künftig im CRM sammeln sollte. D. h., bei der Arbeit mit den Personas soll sich auch das Lastenheft für die Weiterentwicklung des CRM füllen.

  So ist es z.B. für einen Anbieter von Dienstleistungen für Sekretärinnen relevant zu wissen, ob der Einkauf zentral oder durch die Sekretärin stattfindet. Wurde diese Information bisher selten abgefragt, könnte sie künftig aufgenommen werden, um hier besser agieren zu können.

- ... einmal im Jahr die Merkmale der eigenen Personas mit dem abgeglichen werden sollte, was man im CRM sammelt. Auf diese Weise stellt man sicher, dass die Produktentwicklung und das Kerngeschäft nicht auseinanderlaufen. Man kann die Weichenstellungen beeinflussen, weil das Sammeln von Kundendaten meist erst nach einer gewissen Zeit Früchte trägt. Wer richtig sät, sprich, früh weiß, welche Kundendaten er dann auch braucht und nutzt, der ist klar im Vorteil.

Personas lassen sich nicht mit dem CRM entwickeln, aber sie werden besser, wenn man das eigene CRM zur »Unterfütterung« gut nutzen kann.

Daten machen keine Persona. Aber ohne Daten werden die Personas nicht so präzise und lassen sich vor allem nicht so schnell und gut auf die Bedürfnisse des eigenen Unternehmens abstimmen.

5 Mit Personas arbeiten

5.1 Von der Persona zum Produkt – so verbessern Sie Ihr Angebot

In den vorangegangenen Kapiteln haben wir die Personas entwickelt und sie mit Hilfe verschiedenster Daten geprüft und geschärft. Im nächsten Schritt soll deutlich werden, wie die Persona bei der Entwicklung des eigenen Angebots genutzt wird. Dabei ist es unerheblich, ob die sich dabei ergebenden Änderungen großen Ausmaßes sind oder nicht, ob technologisch getrieben oder ob es sich eher um kleinteilige Verbesserungen am Service handelt. Entscheidend ist, dass Sie Ihr Angebot an den Kundenbedürfnissen ausrichten und weiterentwickeln. Kundenorientierung geht alle an.

Dabei ist eine aus der Start-up-Szene bekannte Vorgehensweise hilfreich. Es ist der klassische Dreisprung, der jedem Unternehmensgründer bekannt ist: problem – solution – opportunity. Oder anders gesagt: Man muss den Kunden genau erfassen und herausfinden, wo er ein Problem hat. Dann kann man die vorgestellte Lösung auch entsprechend entwickeln.

Warum die Digitalisierung Personas nötig macht
Die Vielfalt technologischer Neuerungen ist hoch wie selten zuvor. Dabei liegt der Grund nicht mehr so stark im Glauben an die Technik oder die Wissenschaften, wie sie das 19. Jahrhundert noch prägte. Es ist vielmehr die Möglichkeit, mit wenigen Mitteln Innovationen zu entwickeln. Die Eintrittshürden sind deutlich niedriger geworden Die berühmten Garagenfirmen sind deshalb möglich, weil Kapital viel leichter und schneller zu beschaffen ist und der Wert der Firmen weniger in der Produktion von Gütern, dem Schürfen nach Öl oder dem Verwalten von Geld liegt, sondern in der Beherrschung der Informations- und Kommunikationstechnologie.

Der digitale Markt ist vor allem dadurch geprägt, dass eine Applikation dem Kunden eine Lösung bietet, die er sich vorher selber erarbeiten musste. Google Maps führt mich bei Anfrage zum gewünschten Ort, ohne dass ich einen Stadtplan entfalten und interpretieren muss. Shazam hört für mich eine Melodie und nennt mir den Song, die App der Deutschen Bahn nennt mir Verspätungen auf Wunsch. Bei der Entwicklung derartiger Lösungen ist es wichtig, dass man sich die Schritte genau ansieht, die der Kunde bisher gemacht hat, um diese Aufgabe zu bewältigen. Dieser kleinteilige Blick auf die Tätigkeiten des Kunden ermöglicht es, gezielt Lösungen zu entwickeln. Dabei kann man häufig auch mit ganz kleinen Änderungen viel bewirken. So bietet Ihnen dieses Buch hoffentlich Denkanstöße und Anregungen für Ihre Arbeit. Sie könnten es aber auch als Briefbeschwerer, Türklemme oder Dekorationsobjekt nutzen. Wir gehen aufgrund unserer Persona allerdings davon aus, dass dieser Fall selten eintritt.

Das Buch wird aber nie für Sie handeln. Wollten wir hierzu auch eine App anbieten, müssten wir genauer auf die verschiedenen Tätigkeiten eingehen, die Sie, lieber Leser, ausführen, um eine gezielte Lösung anbieten zu können. Denn eine App würde nur ganz wenige, kleinteilige Aspekte dieses Buchs auch als Softwarelösung anbieten können, wie z.B. ein Dashboard zur Kundenanalyse oder das Aufzeichnen von Persona-Interviews oder die Analyse von Texten auf der Basis der Limbic Map. Um diese Lösungen richtig konzipieren zu können, müssten wir sehr detailliert die Tätigkeiten der Personas erfassen. Deshalb sind Personas bei der Entwicklung digitaler Lösungen von großem Vorteil. Im App-Markt gilt die Regel, dass wenige, aber entscheidende Merkmale den Erfolg ausmachen, nicht die großen Gesamtpakete. Und dafür seziert man die Handlungsschritte des Kunden.

Die meisten Start-ups sind von diesen technologischen Neuerungen getrieben. Dass ca. acht von zehn scheitern, hat verschiedene Ursachen: von der Teamzusammenstellung bis zu kaufmännischen Fehlern – die Palette ist sehr breit. Die Geschichte der Innovationen zeigt aber eines ganz deutlich: Wenn der Bedarf in der Gesellschaft, bei potenziellen Kunden, nicht gegeben ist, dann hilft auch eine noch so gute Invention nichts. Vom Buchdruck über das Schießpulver, vom Telefon bis zum Faxgerät – die Liste der Erfindungen ist lang, die im ersten Schritt keinen Erfolg hatten. Meistens waren nur die sogenannten »early adopters« interessiert, die wenigen, die jede Neuerung begeistert aufnehmen, eben weil es eine Neuerung ist. Aber um ein Produkt auch wirtschaftlich sinnvoll im Markt zu positionieren, benötigt man meistens ein Angebot, das den Kunden auch begeistert und ihm eine Lösung anbietet, die besser ist, weil sie sich in den Alltag einfügt.

Uber bietet z.B. seinen Kunden günstigere Preise an als die Konkurrenz und den Fahrern einen Zusatzverdienst. Und in den Ländern, in denen man sich auf die Ehrlichkeit der Taxizunft nicht verlassen kann, sorgen die Onlineüberwachung der Fahrer und die einfache Bezahlmöglichkeit für einen zusätzlichen Nutzen. Das Smartphone hat die vorigen Platzhirsche Nokia oder RIM vom Markt verdrängt, weil der Kunde jetzt auch gleich seine Medien verwalten und neue entwickeln kann und seinen Kontakt zur Welt organisiert. Telefonieren ist nur noch eine von vielen Zusatzfunktionen.

Die Liste lässt sich beliebig erweitern. Im folgenden Abschnitt wird gezeigt, wie man mit Hilfe der eigenen Personas zu einer besseren Entwicklung des Portfolios kommt.

Kriterienkatalog zur Bewertung von Start-ups

Problem	Wie gut ist der Kunde erfasst	Liegt ein Persona-Modell vor? Wenn nicht, gibt es eine vergleichbar gute Darstellung der Zielgruppe? Wurde die Zielgruppe ausreichend gut eingegrenzt?
	Wie gut wurde das Problem erkannt?	Ist das Problem des Kunden verständlich? Ist es mit der Persona verknüpft? Gibt es Belege für das Problem des Kunden? Stammen die Annahmen über das Problem aus einer vertrauenswürdigen Quelle?
	Ist es ein dauerhaftes, sogar wachsendes Problem?	Liegen Marktdaten/Quellen vor, die für ein dauerhaftes Problem sprechen? Liegen Marktdaten/Quellen vor, die aufzeigen, wie lange das Problem bestehen wird? Liegen Marktdaten/Quelle vor, die für einen Anstieg der Kunden mit diesem Problem sprechen? Liegen Marktdaten/Quellen vor, die für eine Verschärfung des Problems sprechen?
	Wie hoch und wie kritisch ist der Leidensdruck der Zielgruppe?	Gibt es konkrete Angaben darüber, wie schnell die ZG eine Lösung braucht? Gibt es konkrete Angaben darüber, wie lange die ZG das Problem schon hat? Gibt es konkrete Angaben darüber, wie relevant eine Lösung des Problems für die ZG ist?

Solution	Ist die Lösung klar umrissen?	Versteht man das Angebot schnell? Löst das Angebot das oben skizzierte Problem? Wird ein minimal viable product skizziert, mit dem man an den Start geht? Gibt es einen Plan für die nächsten Meilensteine?
	Ist die Lösung stimmig?	Passen Lösung, Zielgruppe und Maßnahmen zusammen? Gibt es einen use case, der die Kundensituation richtig beschreibt?
	Was an der Lösung ist einzigartig?	Ist die USP klar benannt und verständlich? Ist eine Fokussierung für den ersten Schritt erkennbar, so dass man mit einem Prototyp starten kann?
	Wie gut wird das Markt-umfeld erfasst?	Liegt eine ausführliche Dar-stellung des Markts vor? Wird der Markt klar definiert und sind die disruptiven Faktoren deutlich erkannt worden? Wird deutlich, wer von den GAFAs dieses Start-up ver-drängen könnte?
	Welche Wertschöpfungs-partner werden benötigt?	Sind die nötigen Partner benannt? Sind alle zur Realisierung nötigen Ressourcen berück-sichtig?

Die hier abgebildete Tabelle ist ein Kriterienkatalog zur Bewertung von Start-ups und wurde im Rahmen des Programms Contentshift des Börsenvereins des Deutschen Buchhandels entwickelt. Hier wird deutlich, wie bedeutend die richtige Kundenanalyse bei Start-ups ist. Die entwickelte Lösung muss ein Problem der Zielgruppe lösen – sonst ist die Gefahr viel zu groß, dass das Start-up scheitert. Es ist die zentrale Frage für jedes neue Angebot. Personas sind dabei das ideale Modell, um dieses »Problem« des Kunden zu erfassen.

5.1.1   Wo ist das Problem? Hier ist meine Lösung!

Ein einfaches Mittel, um der Persona auf der Spur zu bleiben und mögliche »Probleme« in ihrer Lebenswelt zu erkennen, ist die Beobachtung. Eine nüchterne Beschreibung der Tätigkeiten der Persona hilft, ihren Alltag und alle Handlungen in den Blick zu bekommen, die für das eigene Angebot relevant sind. Und das sind in der Regel mehr, als man glaubt.

Wenn wir uns **im ersten Schritt** schon grundlegende Gedanken zum psychologischen Profil unserer Persona gemacht haben, so können wir unser Bild jetzt verfeinern, indem wir alle Tätigkeiten in den Blick nehmen, die mit unserem Angebot zu tun haben. Dass unsere Persona schläft, sich die Zähne putzt und kocht, sollten wir dabei nur dann genauer betrachten, wenn wir auch Angebote dafür haben. Listen Sie die Tätigkeiten Ihrer Persona auf, die im Zusammenhang mit Ihrem geplanten Angebot stehen.

Planen Sie z. B. eine Reiseapp, so sollten alle Tätigkeiten aufgeführt werden, die die Persona im Zusammenhang mit dem Thema Reise durchführt. Dazu gehört z. B.: »sucht nach Flug, mobil über Google«, »fragt bei Bekannten telefonisch nach«, »chattet über Facebook und WhatsApp zu den Urlaubserfahrungen ihrer Freunde«. Gehen Sie beschreibend vor. Werten Sie nicht und blicken Sie der Persona ganz einfach über die Schulter. Wichtig ist es hier, dass Sie einen neutralen Blick bewahren.

Wichtig	!
Schützen Sie sich sowohl vor Experten und als auch vor denen, die nachher die Arbeit machen müssen.	

Meistens sind die sogenannten »Experten« in den Unternehmen für die Zielgruppen zwar die, die viel wissen, aber auch dadurch schon voreingenommen mit Scheuklappen beobachten. Um die Zielgruppe in ihren Handlungen jedoch richtig zu erfassen und eine treffende Persona auszuwählen und zu entwickeln, braucht man einen unvoreingenommenen Blick.

Und diesen haben verständlicherweise auch die nicht, die jetzt schon all die Arbeit sehen, die auf sie zukommen wird. Produktmanager müssen natürlich Aufwand und Nutzen in Relation bringen und werden deshalb immer schon zwei Schritte weiterdenken und vor allem die Umsetzung im Blick haben. Aber das darf hier noch nicht in Betracht gezogen werden. Im Gegenteil: Wir befinden uns im Brainstorming und müssen jetzt klug beobachten, um den Kunden in seinem Verhalten zu erfassen. Später erst muss man dann all das streichen, was man ökonomisch nicht sinnvoll umsetzen kann. Aber um auf die richtigen Ideen zu kommen, ist es unerlässlich, hier den Trichter ganz weit zu öffnen und genau hinzusehen.

Deshalb empfehlen wir zwei Maßnahmen: Wählen Sie »gemischte« Teams bei der Entwicklung von Personas und der Beobachtung ihrer Tätigkeiten, um sicherzugehen, dass viele dabei sind, die unvoreingenommen auf die Zielgruppe blicken. Und nehmen Sie einen neutralen Moderator hinzu, der mit dem Team kreativ und empathisch alles aufzeigt, was die Zielgruppe so umtreibt.

Abb. 49: In einem ersten Schritt genügt das einfache Sammeln der Tätigkeiten der Zielgruppe, wie hier am Beispiel eines Krankenhausmanagers. Das Team listet kreativ alle Tätigkeiten, die ihm in den Sinn kommen, und strukturiert diese. Meist fällt hier schon auf, dass die Gruppe auf mehr Tätigkeiten kommt als ein einzelner im Blick hatte. (Quelle: Mediengruppe Oberfranken)

Im zweiten Schritt sollten diese gesammelten Tätigkeiten durch empirische Daten überprüft werden. Stimmen Ihre Annahmen zu den wichtigsten Tätigkeiten Ihrer Zielgruppe wirklich? Wer kann das bestätigen? Wie repräsentativ ist das? Das kann in Form eines Fragebogens erfolgen und/oder in Fokusgruppen, durch persönliche Interviews oder dem Durchforsten von Stellenbeschreibungen. Wichtig ist, dass Sie sich sicher fühlen, die wirklich relevanten Tätigkeiten in den Blick zu bekommen.

Manchmal haben wir auch in den Workshops eine Priorisierung vorgenommen, indem wir die Tätigkeiten nach Zeitaufwand und Häufigkeit klassifizieren. Das kann Sinn machen, wenn man im B2B-Bereich sehr detailliert Lösungen für die Zielgruppe erarbeitet, wie dies z. B. Softwareanbieter machen. Oder wenn man aufwändige Angebote plant, die ein hohes Risiko darstellen und man bei der Produkteinführung sichergehen möchte.

Tätigkeiten, die besonders viel Zeit beanspruchen, bieten Potenzial für effiziente Lösungen. Vor allem, wenn es ungeliebte Tätigkeiten sind, kann man bei den Kunden punkten, selbst wenn eine objektive Analyse etwas anderes aussagt. Laubbläser, Mixer oder die neuen Staubsaugerroboter versprechen z.B. mehr Zeit, der Schraubenhändler Würth hat mit seiner sofortigen Direktversorgung von Schrauben und anderen kleinteiligen Werkzeugen ein Imperium aufgebaut. Aber auch die Relevanz einer Tätigkeit für eine Zielgruppe sagt oft viel aus über das Potenzial von neuen Angeboten: Je bedeutender eine Tätigkeit bei der Zielgruppe ist, desto mehr Geld wird flüssiggemacht. Luxusprodukte funktionieren auf diese Weise, ebenso teure Maschinen am Bau oder Sicherheitssoftware.

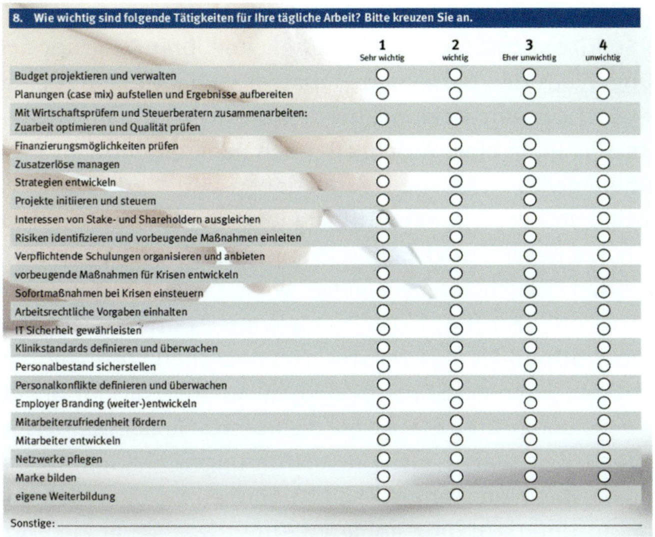

8. Wie wichtig sind folgende Tätigkeiten für Ihre tägliche Arbeit? Bitte kreuzen Sie an.

	1 Sehr wichtig	2 wichtig	3 Eher unwichtig	4 unwichtig
Budget projektieren und verwalten	○	○	○	○
Planungen (case mix) aufstellen und Ergebnisse aufbereiten	○	○	○	○
Mit Wirtschaftsprüfern und Steuerberatern zusammenarbeiten: Zuarbeit optimieren und Qualität prüfen	○	○	○	○
Finanzierungsmöglichkeiten prüfen	○	○	○	○
Zusatzerlöse managen	○	○	○	○
Strategien entwickeln	○	○	○	○
Projekte initiieren und steuern	○	○	○	○
Interessen von Stake- und Shareholdern ausgleichen	○	○	○	○
Risiken identifizieren und vorbeugende Maßnahmen einleiten	○	○	○	○
Verpflichtende Schulungen organisieren und anbieten	○	○	○	○
vorbeugende Maßnahmen für Krisen entwickeln	○	○	○	○
Sofortmaßnahmen bei Krisen einsteuern	○	○	○	○
Arbeitsrechtliche Vorgaben einhalten	○	○	○	○
IT Sicherheit gewährleisten	○	○	○	○
Klinikstandards definieren und überwachen	○	○	○	○
Personalbestand sicherstellen	○	○	○	○
Personalkonflikte definieren und überwachen	○	○	○	○
Employer Branding (weiter-)entwickeln	○	○	○	○
Mitarbeiterzufriedenheit fördern	○	○	○	○
Mitarbeiter entwickeln	○	○	○	○
Netzwerke pflegen	○	○	○	○
Marke bilden	○	○	○	○
eigene Weiterbildung	○	○	○	○

Sonstige: ______

Abb. 50: Beispiel für einen Fragebogen zur Analyse der Tätigkeiten (Quelle: Mediengruppe Oberfranken)

Ist man sich nicht sicher bezüglich der Relevanz einiger Tätigkeiten, kann man das einfach abfragen. Der hier abgedruckte Ausschnitt eines Fragebogens lässt sich vom Befragten relativ schnell ausfüllen und gibt einen guten Anhaltspunkt dafür, worauf man seine Aktivitäten fokussieren sollte. Denn die IT-Sicherheit zu gewährleisten, erfordert ganz andere Angebote, als Netzwerke auszubauen oder Mitarbeiter zu entwickeln. Da man nicht alles gleichzeitig anbieten kann, ist dieser Schritt zentral, um die richtigen Prioritäten zu setzen.

Das hier gezeigte Beispiel lässt sich auch auf B2C-Anwendungen übertragen. Man denke nur an die Einführung des Smartphones. Ein Blick auf die Sortierung und Sammlung von Musik auf dem iPod lässt schnell die Vermutung aufkommen, dass man dieser Zielgruppe auch noch mehr zum Verwalten geben könnte, damit sie gleich alles in einem Gerät hat. Oder man denke an die schöne Schilderung von Malcolm Gladwell zur Einführung des Telefons, bei der deutlich wird, dass die ersten Verkäufer des Telefons nur die B2B-Anwendung aus der Erfahrung der Morsezeit im Blick hatten. Sie hatten Männer als Zielgruppe vor Augen, die in einem Kaufhaus Ware bestellen wollten (was dann über 100 Jahre später Amazon zum Geschäftsmodell entwickelt hat) oder Firmen, die mit anderen Firmen kommunizieren. Erst mit dem Blick auf Privathaushalte und eine weibliche Kundschaft wurde deutlich, dass es eine Kundschaft gibt, die gerne und lange über Apfelkuchen und Gesundheit redet und den Kontakt zu Freunden und Verwandten auch über das Telefon sucht. Eine einfache Beobachtung von Zielgruppen ohne Bewertung und Beurteilung öffnet die Tür zu vielen Möglichkeiten.

Im dritten Schritt priorisieren Sie die Tätigkeiten Ihrer Zielgruppe nach deren Rückmeldungen aus den Befragungen. Das ist vergleichbar mit einem Lastenheft bei der Softwareentwicklung, bei dem Sie die zentralen Dinge ganz oben auf die Liste setzen. In einer anschließenden näheren Betrachtung dieser Tätigkeiten überlegen Sie, welche Informationen und Werkzeuge Ihre Persona dabei benötigt und wie sie ihre Aufgabe jetzt löst. In diesem Prozess ist es wichtig, sich das ganze Spektrum an Möglichkeiten vor Augen zu halten. Als Leitfrage können Sie sich durchaus immer wieder vorstellen, wie wohl Google, Amazon, Apple oder Facebook das Problem Ihres potenziellen Käufers lösen würden. Damit öffnen Sie das Fenster der möglichen Lösungen und werden nicht überrascht, wenn ein Start-up in Kürze auftritt, das Ihr Angebot toppt. Denken Sie weit und prüfen Sie, ob Sie die Potenziale der Digitalisierung auch im Blick haben (siehe hierzu auch die Ausführungen in Kapitel 5.3 »Customer Development«). In einem weiteren Schritt können Sie dann ableiten, was Sie dabei schon an Unterstützung anbieten – und was Sie in Zukunft anbieten wollen. Jetzt haben Sie verdichtet in Ihrer Persona die Tätigkeiten vorliegen, auf die Sie sich mit Ihren Angeboten konzentrieren sollten.

An dem folgenden Beispiel für einen Krankenhausmanager wird deutlich, wie ein erstes Brainstorming zu den relevanten Tätigkeiten der Zielgruppe zu möglichen Lösungen für diese führen kann[22]. Die Abfolge ist einfach und keine »rocket science«:
1. Was macht mein Kunde?
2. Was braucht er dazu?
3. Wie löst er das Problem jetzt?
4. Was biete ich jetzt schon an?
5. Was könnte ich noch anbieten?

---

22 Quelle: Mediengruppe Oberfranken.

Tätigkeiten mit hoher Relevanz (weil wichtig, häufig, mit Potenzial für mich)	Welche Informationen und/oder Werkzeuge sind dafür nötig?	Wie wird das jetzt gelöst?	Was biete ich bisher an Unterstützung bei dieser Tätigkeit?	Was könnte ich noch anbieten? (weil wichtig, weil häufig, weil ich das gut kann)
Krisen bewältigen				
Sofortmaßnahmen einsteuern	Notfallplan umsetzen, Zuständigkeiten klären	Vorabinformationen über Kongresse, Literatur	Fachartikel, Fachbücher, Vorträge	Vorabcheck als Tool anbieten (Quiz zur Abfrage)
Kommunikation steuern	Maßnahmenplan umsetzen, Zuständigkeiten klären	Vorabinformationen über Kongresse, Literatur	Fachartikel, Fachbücher, Vorträge	Muster Maßnahmenplan, Checkliste
Prozesse überwachen				
Arbeitsrechtliche Vorgaben einhalten	Übersicht der gesetzlichen Vorgaben und Änderungen; Tipps und Kniffe (= best practice); automatisiertes Monitoring	Rechtsabteilung, Justiziar	Fachartikel, Fachbücher	push-Nachrichten für Fristen (KU Alert)
IT Sicherheit gewährleisten	Checkliste für Risikofaktoren bei Auswahl der MA und Dienstleister; Bewertung von Dienstleistern; Nachweis über Einhaltung von Datenschutz Abgleich	Artikel, Software, Workshops, Berater	Fachartikel	Online-Dossier

5.1.1.1 Usability ist ein Schlüssel für Innovationen

Das Rad wurde wahrscheinlich vor ca. 5.000 Jahren erfunden, der Koffer in seiner heutigen Form vor ca. 200 Jahren, der Rollkoffer wurde in den 70er Jahren
des letzten Jahrhunderts patentiert. Und das, obwohl schon um 1850 in einem
Reiseführer der Gebrauch von Rädern zum Befördern von Koffern empfohlen
wurde. Und auch heute wundert man sich immer wieder, warum Zahnpasta-
tuben nicht schon immer auf dem Kopf stehen konnten und Tee nicht schon
immer in Beuteln serviert wurde. Gunter Duecks Unterscheidung von Invention (die reine Erfindung) und Innovation (die Durchsetzung in der Gesellschaft) erinnert daran, dass es viele geistreiche Neuerungen gibt, die sich nie
durchsetzen konnten. Für Unternehmen ist es tröstlich und hilfreich zugleich
zu wissen, dass sie ihre Mitarbeiter eigentlich nicht dauernd in Seminare zu
Kreativitätstechniken und Innovationsmanagement schicken müssten, sondern diesen nur beibringen sollten, genau hinzusehen. Oder, um es mit Goethe
zu sagen: »Warum in die Ferne schweifen? Sieh, das Gute liegt so nah!!«

Die Spielebranche zeigt anschaulich, welche Bedeutung die genaue Messung
der Kundenbewegungen hat. Im App-Markt verdienen meistens nur die Spiele-
anbieter – und das gängige Geschäftsmodell heißt »freemium«. Das bedeutet,
dass die Kunden zunächst einmal angefixt werden sollen, um dann auch in diesem neuen Spielekosmos bleiben zu wollen. Ihr Belohnungssystem muss schnell
angesprochen werden, damit die Prämien einen Wert darstellen. Für Außen-
stehende ist es zwar nicht nachvollziehbar, dass man für virtuelle Schwerter,
Häuser oder Schweine auch noch Geld verlangen kann – aber für Spieler und
Süchtige ist das eine in sich schlüssige Welt. Um die Kunden an diesen Punkt
zu bekommen, hat die Spieleindustrie ihre Werkzeuge geschärft, um ganz genau zu erkennen, wann welcher Kunde wo ein- oder aussteigt. Das heißt, jeder Klick, jede Bewegung des Kunden wird sorgfältig seziert, um einerseits die
Hürde nicht zu hoch zu legen und andererseits eine Belohnung vorzuspielen.

In einem schönen Vortrag[23] hat der Unternehmer und Appentwickler Torsten
Reil einmal dargelegt, wie sie als Spieleentwickler – stolz auf ihre technologischen Möglichkeiten – selbstverliebt sich ganz auf die bestmögliche Darstellung von Bewegungsabläufen in einem Footballspiel konzentriert hatten.
Dabei verloren sie die Nutzungssituation der Spieler aus den Augen, die mit-
lerweile nicht mehr nächtelang an Konsolen saßen, sondern über das Smartphone auch gerne mal zwischendurch spielten. Das hieß aber auch, dass diese
Spieler viel schneller als vorher eine Belohnung brauchten. An den vielen

---

23 http://www.smart-digits.com/2012/01/wie-vermarktet-man-apps-so-machen-es-die-besten/.

raschen Aussteigern aus dem Spiel konnten die Entwickler schnell erkennen, dass sich der Kunde anders verhält und wohl andere Bedürfnisse hat als bisher. In der Konsequenz wurden einige Szenen gestrichen, die Bewegungsabläufe geändert, die Spieler erhielten schneller ihre Belohnungen und die Kunden konnten wieder zurückgewonnen werden.

Diese kontinuierliche Anpassung an die Kundenbedürfnisse erfolgte aufgrund vieler Daten und einer exakten Beobachtung. Usability heißt hier, dass aufgrund der Messung der einzelnen Kundenbewegungen schnell Veränderungen im Verhalten erkannt wurden, die wiederum zu einer anderen Benutzerführung und einer Änderung des Angebots geführt haben. Beispielhaft lässt sich das auch auf andere Branchen übertragen.

5.1.1.2 Innovation ist selten ein Geniestreich, sondern harte Arbeit am Detail

Innovationen werden in unserer eurozentrischen Kultur oft recht hochtrabend als Geniestreiche und Ausdruck einer sich entwickelnden Persönlichkeit betrachtet. So sinnvoll die Entwicklung und Entfaltung der Persönlichkeit ist – beim Thema Innovation steht uns dieser Anspruch oft im Weg.

Meist sind es nämlich kleine Veränderungen im Detail, die in einem längeren Prozess im Team erfolgen. Dabei wechseln sich dauernd kreative Ideen mit stumpfer Sammlung ab, Selbstdarstellung und Imponiergehabe mit zurückhaltender, nachhaltiger Fleißarbeit. Und am Ende bringt man nur die Neuerungen auf die Straße, die mit Hartnäckigkeit und gutem Projektmanagement auch durchgebracht wurden. Im Nachgang betrachtet sind Kupfernieten auf Jeans oder Stollen an Fußballschuhen so einleuchtend, dass man nicht begreift, warum die Menschheit so lange dafür gebraucht hat. Hier war das Produkt schon längst erfunden, aber kleine Änderungen haben es für die Benutzer deutlich verbessert. Meistens sind diese Innovationen aus einem längeren Beobachten und Testen entstanden. Und nicht umsonst ist »Usability« Trumpf bei digitalen Angeboten.

Es sei hier zudem auf Jared Diamonds Buch »Arm und Reich« verwiesen, in dem die Innovationen als ein Phänomen betrachtet werden, bei dem neben der reinen Invention immer auch die Lobbyarbeit einflussreicher Schichten eine Rolle spielt. Für die Durchsetzung von Neuerungen sind nämlich deren Bewertungen durch die verschiedenen gesellschaftlichen Kreise zentral.

Zur Abrundung dieses Themas hier noch ein, zugegebenermaßen, männliches Beispiel. Die weiblichen Leserinnen mögen uns das nachsehen.

Es soll zeigen, dass man die Aufgaben der jeweiligen Persona in viele Einzel-schritte zerlegen kann, um auf bessere Lösungen zu kommen. Dabei empfiehlt sich eine Übersicht wie z.B. die folgende, in der die jeweilige Aufgabe tabella-risch in Einzelschritte zerlegt wird, um dann immer auch zu zeigen, wo der Kunde mögliche Probleme mit der jetzt vorherrschenden Lösung hat. Auch hier ist das Produkt schon lange bekannt. Das Urinal wurde Mitte des 19. Jahrhunderts in den Städten Europas eingeführt, durch Marcel Duchamp sogar künstlerisch ge-nutzt und ist beileibe kein Novum. Auch das Bedürfnis der Kunden ist offen-sichtlich und scheinbar allen bekannt. Trotzdem zeigt sich an dem folgenden Beispiel, dass es oft genau diese vermeintliche Klarheit ist, die Verbesserungen verhindert. Jeder glaubt doch schon genau zu wissen, worum es geht und man macht sich nicht die Mühe, einen Unterschied zur Konkurrenz zu entwickeln. Das folgt dem Motto: »So war es schon immer und hat niemanden gestört.«

Aufgabe 1-n	Schritt 1	Schritt 2	Schritt 3	Schritt n (letzter Schritt)
Aufgabe 1 Persona ist in der Kneipe und muss sich erleichtern, weil die Freunde mehr vertragen als er selbst	Persona geht schwankend auf Toilette	Schafft es grade noch zum Pissoir	Steht erschöpft und müde vor der Schüssel und will eigentlich nur noch schlafen	Verlässt er-leichtert, aber immer noch erschöpft die Toilette
Probleme, die dabei auf-tauchen	Findet die Toi-lette nicht; geht zu schwankend und verrät den Kumpels, dass er doch nicht so viel verträgt	Ist zu spät auf-gebrochen und hat seine Kon-trollfähigkeiten überschätzt	Kippt nach vorne gegen die harte Wand und holt sich eine Beule, die von den Kumpels später lachend kommentiert wird	Findet den Weg zu den Kumpels nicht mehr
Aufgabe 2 Persona muss auf der Messe mit all den Besprechungs-unterlagen, eingesammelten Prospekten und Werbege-schenken auf die Toilette	Persona geht auf die Toilette mit all den Taschen, weil sie sie sonst nirgends ab-stellen kann	Sie stellt die Taschen in einer Ecke ab	Sie erledigt so schnell wie möglich ihr Geschäft	Sie verlässt die Toilette mit ihren Taschen

Aufgabe 1-n	Schritt 1	Schritt 2	Schritt 3	Schritt n (letzter Schritt)
Probleme, die dabei auftauchen	Persona muss lange in der Schlange stehen und kann nicht mehr an sich halten	Kann die Taschen nirgends abstellen	Sie bespritzt ihre wertvollen Werbegeschenke und geheimen Unterlagen für die nächste Sitzung	Verlässt die Toilette und vergisst die Werbegeschenke

Für einen Anbieter von Pissoirs bietet sich eine männliche Persona an. Im Laufe der Zeit hat man erkannt, dass Kinder eine andere Größe haben als Erwachsene, und hat daher wahrscheinlich zwei Personas entwickelt, sowie sich bei der Höhe und Größe der Urinale zwei unterschiedliche Lösungen überlegt, nachdem in den 70er Jahren immer mehr Familien mit Kindern in Gaststätten gesichtet wurden. Die unten abgebildeten Lösungen aus den letzten Jahren zeigen, dass die jeweiligen Anbieter (in dem einen Fall handelt es sich um eine Kneipe in München, im anderen um die Messe in Frankfurt) durchaus die unterschiedlichen Nutzungssituationen ihrer Personas im Blick hatten.

Abb. 51: Verschiedene Lösungen eines Problems

Bild 1 zeigt die herkömmliche Lösung, Bild 2 die oben in Fallbeispiel 2 dargelegte Lösung des Besuchers auf einer Messe und Bild 3 die oben in Fallbeispiel 1 dargelegte Lösung für einen männlichen Kneipenbesucher. Die Beispiele ließen sich erweitern. Eine Tankstellenkette bietet Motorradfahrern auf dem Pissoir eine Abstellfläche für ihre Helme an, während eine andere den Motorradfahrern verbietet, im Sitzen zu tanken (was dazu führt, dass Maschinen mit bestimmten Ständern nicht ganz vollgetankt werden können). Raten Sie einmal, wer in diesen Kreisen beliebter ist.

Die oben gezeigten Muster sollten natürlich auf die eigenen Bedürfnisse angepasst werden und können in verschiedenen Varianten zum Einsatz kommen. Auf einen wichtigen Punkt möchten wir noch hinweisen: Hüten Sie sich bei der Darstellung vor Substantivierungen und nutzen Sie möglichst viele Verben. Verben beschreiben Tätigkeiten, Substantivierungen verstecken sie. Und Sie müssen konkret werden, meistens die Tätigkeiten in kleinste Schritte sezieren und dann Folgerungen daraus ziehen. Denn der Ausgangspunkt für (digitale) Lösungen ist immer die Veränderung eines bisherigen Prozesses.

5.1.2 Der Gegencheck: mit der Limbic Map zur richtigen Positionierung

In Kapitel 1–3 sind wir ausführlich auf die Limbic Map eingegangen und haben unsere Personas verortet. Die dort geleistete Arbeit können wir jetzt nochmal nutzen, wenn wir die konkreten Lösungen ansehen, die wir für unsere Kunden planen. Denn unser Angebot sollte sich möglichst mit dem decken, was unsere Persona auch umtreibt. Im folgenden Beispiel wird deutlich, wie dies in einem Buchverlag genutzt wurde.

Welche Medien, Formate, Stilmittel und Aufbereitungsformen sprechen diese Werte an und sollten deshalb verstärkt genutzt werden?

Wert	Medien/Formate/Stilmittel	Was genau erhöht den Erfolg bei meiner Persona?	Was genau verhindert den Erfolg bei meiner Persona?
Status	Medium: Buch	Teuer, exklusiv	Ramschware, kann sich damit nicht sehen lassen
	Format: Bildband	Besonderes Cover	08/15-Umschlag; kompromittierend und zu extravagant
	Stilmittel: exklusive Fotos	Fotos von Stars, nur hier veröffentlicht, besonderes Papier	Fehlender Beleg, dass der Inhalt viel wert ist

Der dort erarbeiteten Persona wurde auf der Limbic Map unter anderem der Wert »Status« zugeordnet. In der Folge wurde aufgelistet, welche Medien, Formate und Stilmittel diesen »Wert« bestätigen. Ein gedrucktes Buch ist heute z. B. nach dem Spruch »Buch ist das neue Bio« ein angesehenes Produkt, vor allem, wenn es in einem Sonderformat mit exklusiver Ausstattung produziert wird. Dabei kann es durchaus teuer sein und Inhalte oder Fotos oder Signaturen enthalten, die limitiert oder nur auf diesem Wege erhältlich

Customer Journey unseres Kunden, der das Buch »Buyer Personas« kaufen soll

Customer Journey	Wo	Wie bin ich dort sichtbar?	Wie lauten die Entscheidungs-kriterien der Persona?	Wie belohne ich den Kunden?	Wie bringe ich ihn zum nächsten Schritt?
Wird auf das Thema aufmerksam	Neuromarketingkongress	Stand	Neues Thema	Noch nie veröffentlichte Inhalte	Beispiele
Sucht gezielt	Google, Amazon	Landingpage, Amazon	Vergleich mit vorhandenen Titeln	Unter den ersten drei Treffern bei Google bzw. Amazon	Kaufbutton
Trifft Entscheidungen	Online beim Einkauf	Beschreibung auf Amazon	Kein vergleichbarer Titel	Bewertungen von anderen Kunden	Einfacher Kaufprozess
Kauft	Über Shop von Amazon	Alle Metadaten stimmen und Titel ist lieferbar im gewünschten Format	Einfacher Kaufprozess	Sofortige Lieferung	Empfehlung verwandter Titel
Follow-up	Im Buch	Auf der letzten Seite	Sofortige Bestellmöglichkeit	Empfehlung passt zum Bedürfnis bei der Lektüre des vorhandenen Titels	Einfacher Kauf

Beispielhaft kann man auf Checklisten wie der obigen zur Customer Journey dieses Buches erkennen, wo man seine Kunden wie ansprechen muss. Dass diese Checklisten natürlich auch attraktiv und gefällig aufbereitet werden können, zeigen die folgenden Folien der drei Studierenden Madeline Kraus, Marcel Reber und Laura Schneider der FHWS Würzburg, die in ihrem Kurs vom Sommersemester 2017 ihre Aufgabe, das Geschäftsmodell für eine App zu entwickeln, sehr anschaulich gelöst haben. Als Inspiration für Ihre Arbeit seien hier ein paar der Vorlagen abgedruckt. Sie zeigen die Darstellung der Personas, die Customer Journey im Produkt, die möglichen Probleme der Zielgruppe und die jeweiligen Lösungen und die Folgerungen für das Geschäftsmodell sowie die ersten Features, die erstellt werden sollen.

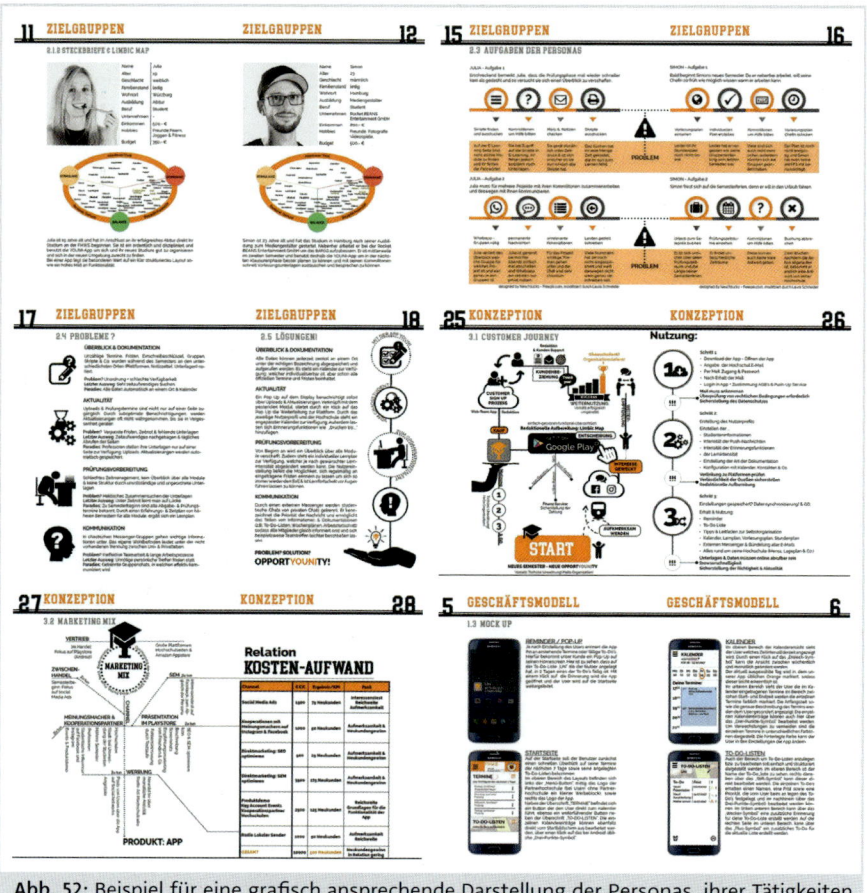

Abb. 52: Beispiel für eine grafisch ansprechende Darstellung der Personas, ihrer Tätigkeiten und der daraus abgeleiteten Produktmerkmale (Quelle: Studierende der FHWS Würzburg)

Denken Sie daran, dass andere mit Ihren Modellen arbeiten und dass sie auch deshalb gefällig und schön sein sollten. In der Kommunikation bewähren sich oft schön und eindrucksvoll gestaltete Grafiken. »Form follows function« sollte dabei natürlich nie vergessen werden. Die vorangegangenen Beispiele von Studierenden den FHWS Würzburg zeigen, dass man aus funktionalen und sicherlich praktischen wie hilfreichen Word-Tabellen auch ansprechende Vorlagen gestalten kann.

5.2   Strategie oder schnelle Lösung? Personas im Unternehmen richtig einsetzen

Wie in Kapitel 1 und 3 schon ausgeführt, können Personas zu verschiedenen Zwecken entwickelt werden. Wir unterscheiden zwischen »taktischen Personas«, wie sie am Beispiel der High-End-Computer sichtbar wurden, und »strategischen Personas« wie am Beispiel des Home-Shopping-Angebots. Es ist wichtig, sich über die eigenen Ziele bewusst zu werden, die man mit den Personas verfolgt. Dann können sie auch richtig eingesetzt werden und man vermeidet übliche Fallen.

Im ersten Fall entwickeln wir Personas für ein konkretes Angebot, das wir auf den Markt bringen wollen. Es geht bei Start-ups dann um den ersten Wurf und die Entwicklung von ganz klar definierbaren Merkmalen des Produkts. Im zweiten Fall entwickeln wir ein breites Angebot zu einer Marke, unter der dann verschiedene Produkte erhältlich sind. Dabei kann es sich um eine ganze Firma oder auch Produktreihen handeln.

Wie oben ausgeführt, helfen strategische Personas, den Korridor zu definieren, in dem man sich bewegt. Das kann dazu führen, dass man schneller entscheidet und manche Themen nicht immer wieder diskutiert (»wir haben vor 2 Monaten mit Hilfe unserer Personas festgelegt, dass wir diesen keine Schulungsangebote anbieten brauchen, und werden deshalb nicht jeden Monat neu eintreffende Anfragen lange diskutieren«). Sie bieten für die Markenführung und -entwicklung klar sichtbare Leitplanken. Und sie helfen dabei, langfristig das Angebot für die eigene Zielgruppe immer besser auf deren Bedürfnisse anzupassen.

Taktische Personas helfen hingegen bei der schnellen Umsetzung neuer Ideen. Gerade technologiegetriebene Entwicklungen bieten neue Lösungen, ohne dass es erstmal eine Zielgruppe dafür gibt, weil sie erst noch gesucht werden muss. Deshalb ist es hier wichtig, zur möglichen Lösung baldmöglichst die Zielgruppe zu finden, für die das Produkt eine wirklich gute Antwort auf eines ihrer Probleme ist. Diese Personas helfen dabei, rasch sehr konkrete Situationen zu erfassen.

Dass diese Grenze fließend ist, versteht sich von selbst. Konjunktur haben diese »strategischen Personas« in den letzten Jahren durch die Entwicklung von Plattformen erhalten. Plattformen definieren sich als neue Vermittler zwischen Produzenten und Käufern, die in der Regel viel mehr Interaktionen zwischen den Teilnehmern zulassen als bisher und deren Wert in der Vereinfachung der Zusammenarbeit besteht. Uber hat keine Taxis, Facebook keine eigenen Inhalte, Airbnb keine eigenen Immobilien oder eBay kein Warenlager – und trotzdem organisieren diese Firmen weltweit als globale Marken das Zusammenspiel in diesen Märkten neu. Alle diese Firmen sind nicht besonders alt und haben klein angefangen – mit einem klar profilierten Produkt.

5.2.1 Personas können Flügel verleihen, aber sie erobern nicht den Himmel

Ein Grund für gescheiterte strategische Personas können zu hoch gesteckte Ziele sein. Tamara Adlin[24] beschreibt sehr schön, wie ihr Versuch kläglich scheiterte, bei Amazon Personas für das gesamte Unternehmen zu entwickeln. Die berühmten »Lessons learned« lauteten: Personas müssen konkret sein und das sind sie nur, wenn sie auch Lösungen für konkrete, klar umrissene Projekte bieten. Für einen Gemischtwarenladen kann man immer nur ganz allgemein Interessenten an einem Gemischtwarenladen als Personas entwickeln, aber nie im Detail erfassen, worin sich die Käufer der einzelnen Warenangebote wie frische Lebensmitteln, Bücher oder Softwareprogramme wirklich unterscheiden, denn sonst verliert man sich. Und das macht es schwer, Personas für alle Angebote von Amazon zu entwickeln.

Bei Amazon muss man jedoch bei dieser Bewertung trotzdem im Blick haben, dass Jeff Bezos die Kundenorientierung rigide in allen Teilen des Unternehmens bis auf die Ebene der Meetings einfordert. Es gibt wenige Unternehmen, bei denen so offensiv und publikumswirksam der Kunde in den Mittelpunkt gestellt wird. Von der unkomplizierten Rückgabe von Produkten über die einfache Bedienung bis zur Ausweitung zahlreicher Belohnungen für treue Kunden wird den Käufern auch immer wieder sichtbar gemacht, dass sie im Mittelpunkt stehen. »Kundenorientierung« gehört hier zum Markenkern und wurde mit Milliardeninvestitionen aufgebaut, auch weil die neue Ökonomie von Plattformen dies ermöglicht.

Die wenigsten Unternehmen aber haben so viel Kapital im Hintergrund wie Amazon und können über Jahre eine Marke für Kunden aufbauen, ohne auf die Rendite zu achten. Das heißt, dass strategische Personas für ein ganzes Unternehmen vor allem dann sinnvoll sind, wenn die Produktpalette überschaubar, die Zielgruppe(n) gut definierbar sind und eine konsequente Markenpolitik zur DNA des Unternehmens gehört. Und sie machen dann Sinn,

---

24 https://medium.com/@tamaraadlin/personas-need-a-purpose-why-you-shouldnt-try-to-make-personas-that-cover-the-whole-company-8d696d0548.

wenn man einen Change-Management-Prozess vor der Brust hat. Denn dann helfen die strategischen Personas, das eigene Unternehmen an der Größe auszurichten, die am wichtigsten ist – die eigenen Kunden.

Verlage wie GU haben das z. B. über viele Jahre konsequent entwickelt – und gehören damit zu den Ausnahmen in diesem Markt. Die disziplinierte Einhaltung eines CI, das sich immer an einer wohldefinierten, weiblichen Zielgruppe orientiert, gehört dabei ebenso zur Pflichtübung wie die Ausrichtung des Programms, des Schreibstils, der Autoren, der Grafiken, der Bildsprache oder der Features in den Apps auf die definierten Personas. Das kann erfolgreich sein, muss es aber nicht. Die Voraussetzung für den Erfolg sind nicht die Personas, sondern das Gesamtpaket. Wenn das nicht möglich oder sinnvoll ist, dann braucht man auch keine Personas für das gesamte Unternehmen zu entwickeln, sondern »nur« für Teilbereiche, neu zu entwickelnde Angebote oder Relaunches. Der Aufstieg von GU vor vielen Jahren hat mit dieser konsequenten Markenbildung zu tun; das hohe gesellschaftliche Interesse an den Themen Ernährung und Fitness hat trotz der digitalen Konkurrenz zu wirtschaftlichem Erfolg geführt. Den Einbruch in letzter Zeit durch eine Sättigung des Markts und konjunkturelle Dellen konnten aber auch Personas verhindern.

Je weiter die Personas gefasst werden, desto länger dauert der Konsolidierungsprozess. Aber meistens ist Schnelligkeit Trumpf – und dann helfen keine Projekte auf der Metaebene. Dann sind auch die vielen Daten wenig hilfreich, die zur Verfügung stehen, denn diese führen zu immer weiteren Veränderungen der Personas. Ein Unternehmen wie Amazon ist viel zu schnell im Testen und Entwickeln innovativer Angebote, um aufwändig eine Klammer für das Gesamtunternehmen zu finden. Deshalb sind dort die taktischen Personas hilfreich, wenn sie innerhalb von kleinen, neuen Projekten diese qualitativ besser machen und zum Ziel führen. Aber in der Fülle der Ideen erfindet sich Amazon auch immer neu und hat kein Interesse, Zeit darauf zu verschwenden, sich selbst zu betrachten. In Zeiten der Konsolidierung könnte man die Personas nochmal nutzen, um Entscheidungen besser zu treffen, aber bei rasantem Wachstum nutzt man die Zeit besser für andere Dinge.

Eine klare Markenbotschaft für ein Unternehmen und für Produktreihen ist aber immer sinnvoll! Es heißt nämlich nichts anderes, als zu wissen, was man will. Und um das zu entwickeln, braucht man Zeit. Wir sehen das in unseren Projekten zur Kundenanalyse mit Unternehmen oder der Entwicklung von Start-ups und eigenen Plattformen. Der Aufwand für die Definition des Ziels und der eigenen Kunden muss betrieben werden, will man in der Folge die Daten für die Weiterentwicklung nutzen.

5.2.2 Die Falle – der allzu vertraute Ehepartner

In einem schon älteren Witz rufen sich Häftlinge Nummern zu und lachen darauf. Als ein Wärter nach dem Grund fragt, erhält er als Antwort, dass man sich früher Witze erzählt habe. Aber da man mittlerweile schon alle kenne, habe dann niemand mehr gelacht. Darauf sei man dazu übergegangen, jedem Witz eine Nummer zu geben, und jetzt sei auch das Lachen zurückgekehrt. Es ist uns auch schon passiert, dass uns Kunden gesagt haben, dass sie das mit den Personas schon mal gemacht hätten. Und ja, die Carla und den Karl, die kennen jetzt alle und ehrlich gesagt, gehen die den Mitarbeitern allmählich schon auch auf die Nerven. Immer werde alles auf diese beiden zurückgeführt, ob es nun passe oder nicht.

Hier ist man auf halber Strecke steckengeblieben und aus dem Schlamm nicht mehr herausgekommen. Mit guter Absicht hat man den Prozess begonnen und dann haben die Personas ein Eigenleben entwickelt, das sie von ihrem ursprünglichen Ziel weggeführt hat. Denn eigentlich sollen die Personas ein Mittel zum Zweck sein, um immer so nah wie möglich an den Wünschen und Bedürfnissen der Zielgruppen der Unternehmen zu sein. Aber dann wurde es eine eingefahrene, lustlose Ehe, in der man glaubt, eh schon alles zu wissen.

Hier gibt es nur zwei Lösungen, die konsequent und schnell gesucht werden müssen: Man lässt sich scheiden und sucht sich neue Personas oder man belebt die Ehe mit Neugier, Energie und der Leidenschaft, die einen zusammengeführt hat. Eine lauwarme Beziehung zu den eigenen Personas hilft niemandem weiter.

Hier kommt die Unterscheidung zwischen »taktischen Personas« und »strategischen Personas« ins Spiel. Es kann nämlich sein, dass nicht scharf unterschieden wurde und taktische Personas genutzt werden, um Produkte zu entwickeln. Das ist im ersten Schritt sinnvoll, aber jedes neue Angebot muss sich auch immer freimachen können von strikten Vorgaben. Sonst leidet die Innovationskraft. Taktische Personas müssen so konkret wie möglich eine Antwort geben auf das neue Angebot. Strategische Personas können das oft nicht.

Handelt es sich hingegen um »strategische Personas«, die zu eingefahren wirken, dann empfiehlt es sich, die erschaffenen Personas immer wieder mit Leben zu füllen. Und das heißt, sie auch dorthin zu begleiten, wo man sie nicht vermutet. Wer hätte gedacht, dass Carla ab und an auch Blues hört und Karl einen deutschen Schlager?!

Hier hilft uns die simple Tatsache, dass wir laufend Daten über unsere Zielgruppen erhalten und diese auch auswerten können. Und Sie können sich sicher sein, dass Sie Ihre Personas immer wieder leicht anpassen müssen. Wenn es gelingt, diesen kontinuierlichen Fluss ständig neutral zu sichten, dann ist die Möglichkeit groß, dass man flexibel im Markt agiert. Denn an irgendeiner Stelle wird es durch die digitale Disruption immer ein Start-up geben, einen Goldgräber, der hier am Lack der eingesessenen Anbieter kratzt. Die schnellen Veränderungen im Markt fordern uns dazu auf, ständig auf der Lauer zu sein. Innovationen von gestern sind heute Standards und schon morgen denkt niemand mehr darüber nach. Die Gefahr ist daher akut, dass die einmal geschaffenen Personas zwar dem Anschein nach passen, weil sie in sich konsistent und durch zahlreiche Studien und Erfahrungen belegt sind – dass sie aber nur noch einen Bruchteil der anvisierten Zielgruppen erreichen.

Deshalb ist es sinnvoll, dass man spätestens alle zwei Jahre das Eigenleben der Personas überprüft und sich die Frage stellt, ob man jetzt mehr Zombies im Keller hat und Schaufensterpuppen als rätselhafte Vorbilder, die man noch genauer ergründen will. Personas, die einen nicht mehr überraschen können, langweilen mit der Zeit. Hier ist es die Aufgabe des Zielgruppenmanagers, die letzten krummen Pfade und Vorlieben aufzuzeigen sowie das sich ständig ändernde Umfeld.

Die Gründe für das hier angesprochene Problem können mehrere sein.
- Man investiert keine Zeit mehr in die Entwicklung der Personas und begnügt sich mit den vorhandenen Resultaten. Meistens sind andere Themen in den Vordergrund geraten. Ist man so im Wachstum begriffen, dass andere Dinge dringlicher waren, dann ist das verzeihlich. Trotzdem sollte man die vorhandenen Ansichten nochmal kritisch prüfen.
- Wenn die Verantwortlichen glauben, die Welt schon zu kennen, dann ist es an der Zeit, sie daran zu erinnern, dass sie eigentlich noch nichts wissen – oder sie auszutauschen. Wer die Neugier verliert und an Empathie bei der Befragung einbüßt, der sollte sich eine andere Aufgabe suchen.
- Die Ergebnisse entsprachen nicht den Erwartungen. Dann muss man sich den Prozess bei der Umsetzung nochmal ansehen. Denn es gibt viele Fehlerquellen, von der richtigen Interpretation der Ergebnisse bis hin zur passenden Realisierung des neuen Angebots. Meistens liegt die Schuld nicht bei den »Personas«, sondern immer bei den handelnden Personen.

5.3 Customer Development – dem Kunden auf der Spur bleiben

Aus dem Vorhergehenden wird deutlich, dass sich die Arbeit mit Personas in den nächsten Jahren weiter verändern wird. Das betrifft weniger die hier grundlegend gefassten Konzepte, sondern vielmehr die Werkzeuge, mit denen man an seinen Zielgruppen dranbleiben wird. Und neue Werkzeuge bedeutet zunächst einmal auch mehr Aufwand und Veränderung. Angesichts der Fülle der Aufgaben kommt in der Regel schnell die Frage auf, wer das denn alles machen soll: »Wir arbeiten doch eh schon am Anschlag – und jetzt noch das.«

Die Antwort ist eine doppelte. Mit der Gegenfrage: »Und was ist die Alternative?«, wird deutlich, dass eine Vogel-Strauß-Haltung auch nicht weiterhilft. Man kann den Kopf in den Sand stecken, läuft dann aber Gefahr, die Existenz des eigenen Unternehmens zu gefährden.

Der zweite Teil der Antwort erinnert an Beppo Straßenkehrer aus »Momo«, der Angst bekommt, wenn er die lange Straße betrachtet und sich vorstellt, er müsse diese kehren – und der wieder Mut fasst, wenn er einfach auf die nächsten paar Meter achtet und Schritt für Schritt vorgeht. Es geht darum, einfach an der Stelle anzufangen, wo der Bedarf am größten ist, wo sich bereitwillige Teams finden und gerne anfangen.

Nachfolgend legen wir nochmals dar, warum die Kundenanalyse und die Entwicklung von Personas aus unserer Sicht die nächsten Jahre nötig sein wird.

5.3.1 Die vierte Revolution oder warum und wie sich die Analyse von Kunden noch stark verändern wird

In seinem klugen Buch »Die vierte Revolution«[25] versucht sich Luciano Floridi an einer Philosophie des Internetzeitalters. Seine Thesen werden hier kurz vorgestellt, weil sie zeigen, wie und warum sich die Kundenanalyse in den nächsten Jahren noch deutlich ändern wird. Denn der Mensch befindet sich in einer Zeit der Umwälzung, die vor allem zwei Gewohnheiten fundamental ändern wird: den Gebrauch der Medien und das Selbstbild als intelligentes Wesen im Vergleich zur »künstlichen« Intelligenz. Unsere Kunden werden sich

---

25   Luciano Floridi, Die 4. Revolution – Wie die Infosphäre unser Leben verändert, Berlin 2015, http://www.suhrkamp.de/buecher/die_revolution-luciano_floridi_58679.html.

in diesem Umfeld bewegen und wenn wir sie verstehen wollen, müssen wir die Bedingungen kennen, unter denen sie leben.

Die vierte Revolution, die Informationsrevolution

Kopernikus hat uns ins unendliche Weltall geworfen, in dem nur noch ein kleiner Mond um uns kreist. Darwin hat uns in eine Kette von zufälligen Veränderungen und tödlicher Auslese gestellt, in der wir keinen göttlichen Schöpfer mehr vor uns haben. Freud lässt unser Ich als kleines Boot im unbewussten Ozean treiben, immer bemüht, im Gleichgewicht von Wellen und Wind nicht die Kontrolle zu verlieren.

Und jetzt kommt KI (»Künstliche Intelligenz«), die »vierte Revolution«, die den Menschen noch weiter in seine Schranken weist: Wir werden im Schach und im Go besiegt, als Autofahrer abgelöst und in der Suche nach Informationen schon schnell in unsere Schranken gewiesen. Wir waren so lange »schlauer« als die Affen und werden immer »dümmer« im Vergleich zu unseren Computern. Auch wenn dieser Text hier noch von einem Menschen geschrieben wurde, viele andere sind es nicht mehr und werden doch gerne gelesen[26]. Und vielleicht wird auch dieser Arbeitsplatz bald an IBM und Watson ausgelagert, wie in manch einer japanischen Versicherung[27].

Aber noch mehr: Algorithmen etikettieren uns, versehen uns mit Preisen und betrachten uns als Waren – denn als »Inforgs« organisieren wir unser Leben rund um die Informationen, die uns ausmachen. Und: Wir passen uns dieser im Grunde doch noch recht einfachen Intelligenz an, weil sie uns das Leben einfacher macht. Wir verlegen das Stromkabel, damit der selbststeuernde Rasenmäher auch wirklich nur den Rasen mäht. WhatsApp überträgt jetzt schon unser gesprochenes Wort in Schrift und korrigiert Rechtschreibfehler, Google schlägt uns im autocomplete den passenden Kontext vor.

Der direkte Kundenkontakt wird in vielen Situationen nicht mehr gebraucht. Algorithmen werden uns Zusammenfassungen liefern und die wesentlichen Inhalte so aufbereiten, wie wir sie gerade brauchen. Wir müssen nicht mehr Informationen sammeln, sondern sie richtig suchen und dann bewerten[28]. Metakognition ist so wichtig wie die eigene Beobachtung: Ich muss beur-

---

26 http://www.faz.net/aktuell/feuilleton/medien/roboterjournalismus-prosa-als-programm-14873449. html?printPagedArticle=true#pageIndex_0.

27 https://www.wired.de/collection/tech/eine-japanische-versicherung-ersetzt-mitarbeiter-durch-eine-kuenstliche-intelligenz?utm_campaign=Daily%20Bits%20-%2005.01.2017&utm_source=Newsletter&utm_medium=email.

28 http://www.smart-digits.com/2017/07/digitale-kompetenz-was-heisst-das-eigentlich/#more-12092.

teilen können, aus welcher Perspektive ein Mensch oder ein Algorithmus mir Informationen liefert. »Selber beobachten und interpretieren können« bleibt dabei natürlich eine Grundvoraussetzung. Aber ich muss nicht mehr alles selber erfasst haben, um es zu erfassen. Dazu gehört auch die Fähigkeit, die Beweggründe zu verstehen, die hinter einer Information stehen. Dann lassen sich die Geschäftsmodelle der digitalen Ökonomie und die treibenden Kräfte der Lesenden erfassen.

Mit der Digitalisierung hat sich das Machtgefüge der Medienlandschaft verändert, weil jeder Autor geworden ist und über die sozialen Netzwerke zum Distributor. Und die digitale Welt ist ebenso Ausdruck unserer Persönlichkeit wie jede andere Form der Kommunikation mit unserer Umwelt. Wir stehen inmitten einer »vierten Revolution«: Wir können unsere digitale Identität nicht willkürlich beschneiden, denn sie ist Teil unseres Selbst. Zugleich müssen wir uns Regeln im Umgang mit den neuen, digitalen Werkzeugen geben, die sozial verträglich sind und positiv wirken. Dabei stehen die Werkzeuge der Kommunikation und Identitätsstiftung nur zum Teil allen offen und hier sind vielfach die Rechte im Besitz von Wirtschaftsunternehmen. Wir sind dabei, uns neu zu erfinden.

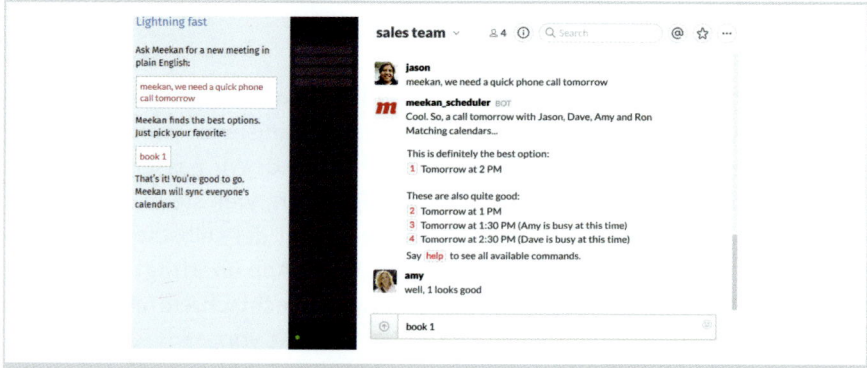

Abb. 53: Apps wie diese von Meekan erledigen für uns lästige Aufgaben – und speichern dabei unsere Daten.

Wir organisieren unser Leben zunehmend durch digitale Werkzeuge. Und die Abhängigkeit wächst, nicht nur bei den anbietenden Firmen, auch bei den Nutzern. Suchen Sie noch selbst nach den passenden Terminen mit Ihrem Team oder lassen Sie das Ihren Roboter tun? Meekan hat dafür die passende App und – Hand aufs Herz – vermissen wir wirklich etwas, wenn wir nicht mehr angestrengt nach einem gemeinsamen Nenner suchen müssen?

Hypergeschichte
Die menschliche Gesellschaft ist in zunehmendem Maße von Informations- und Kommunikationstechnologien (IKT) abhängig. In »vorgeschichtlichen«

Zeiten sind diese nicht vorhanden, in geschichtlichen Zeiten ist das Wohl vieler damit verbunden und in hypergeschichtlichen Zeiten sind Menschen davon abhängig. Nicht nur die Medien- und IT-Branche leben von Informationen und ihrer Bearbeitung und Verwertung. »Internet der Dinge« und »Industrie 4.0« sind ein Ausdruck der Tatsache, dass ohne einen klug gesteuerten Informationsfluss ganze Industriezweige abgehängt werden können. Die Automobilindustrie unternimmt enorme Anstrengungen, um nicht von Google oder Tesla überholt zu werden, denn die jahrzehntelange Expertise in der Produktion von Autos gerät als Kernkompetenz ins Hintertreffen, wenn sie nicht mit der Kompetenz des Datenaustauschs gekoppelt ist. Waren vor zehn Jahren die in puncto Marktkapitalisierung führenden Unternehmen noch Förderer von Öl oder Banken, so sind dies heute Unternehmen, die mit Daten handeln, d. h. Alphabet (Google), Facebook, Apple und Co.

Wir sind in zunehmendem Maße an IKT gebunden. Diese Vernetzung führt zu einer exponentiellen Steigerung der Informationen und damit des Nutzens für immer mehr. Dieses Wachstum kollidiert mit unseren Beschränkungen von Raum (Speicherkapazität der Rechner und Verortung des Menschen in seinem Körper an einem Ort) und Zeit (wir können nur begrenzt Informationen aufnehmen und Kommunikationssituationen managen). Wir sind Getriebene unserer eigenen Schöpfung.

Wir müssen unseren Kunden »lesen« können, um die vielen Informationen von und über ihn richtig und vor allem schnell bewältigen zu können. Die Medienindustrie ist immer schon abhängig gewesen von diesen Technologien und kann deshalb als Spezialist für das Thema herhalten. In dem Moment, in dem alle davon abhängen, kommt ihr eine besondere Bedeutung zu.

Ein twitternder Präsident, der Wahlen mit Fake News gewinnt und dessen Tweets einen Atomkrieg beschwören können, mag nur als ein Beispiel für viele stehen. Da aber nicht nur Präsidenten twittern dürfen und die Einstiegshürden so niedrig sind wie nie zuvor, liegen die Produktionsmittel nicht mehr in der Hand weniger Verleger und durch den Gebrauch der Werkzeuge entsteht Medienkompetenz.

Wer in seiner Kundenanalyse nicht über diese Medienkompetenz verfügt, gerät ins Hintertreffen oder bewegt sich bei seiner Spurensuche öfter auf Holzpfaden, als ihm lieb ist.

Die Infosphäre

Floridi führt den Begriff der Infosphäre ein, um uns zu verdeutlichen, dass wir uns als Menschen durch Informationen über die Welt organisieren. Und dass diese Form der Organisation zunehmend geprägt sein wird von künstlich erstellten Informationen. Das hat auch Auswirkungen darauf, wie wir künftig unsere Zielgruppen analysieren werden.

In einem Interview mit einem Käufer unserer Produkte sitzen wir einer realen Person gegenüber und interpretieren deren Aussagen und Verhalten. Diese »rechnen« wir im Geiste dann hoch und sie dienen uns als Richtwert für unser künftiges Handeln. Soweit die bisherige Praxis, die wir auch tunlichst beibehalten sollten, denn wir werden auch in Zukunft vorwiegend reale Personen als Kunden haben. Hierzu kommt wie oben ausgeführt auch noch die Interpretation des Verhaltens im digitalen Raum, Wir interpretieren mit Hilfe vieler Daten die Handlungen unserer Kunden. Dabei nehmen wir zunehmend auch digitale Werkzeuge in Anspruch, die uns die Fülle der Informationen strukturieren und ordnen. Jeder unserer Kunden hat seine durch die Hardware und Software geprägten Filter auf das Netz und zusätzlich seine persönlichen Einstellungen wie z. B. Werbeblocker oder das Zulassen von Cookies und anderen Einstellungen im Browser oder Gerät. Das heißt, dass wir bei der Analyse unserer Kunden diese Rahmenbedingungen ebenso im Blick haben müssen, um ihn richtig zu verstehen. Die sich gerade anbahnende Revolution geht noch einen Schritt weiter, denn künftig werden wir unterscheiden müssen, welche Informationen von unseren Kunden kommen und welche von durch diesen in Gang gesetzten Maschinen. Um das zu analysieren, werden auch wir in der Kundenanalyse zunehmend auf automatisierte Prozesse zurückgreifen, so wie das im Programmatic Advertising (die Werbeflächen werden automatisiert und in Echtzeit dort ausgespielt, wo die wirtschaftlich betrachteten Chancen auf Erfolg am größten sind) schon längst erfolgt.

Die Situation ist wie am Aktienmarkt, auf dem Broker mit Hilfe von Software ihre Angebote steuern. Diese Arbeit ist ohne IKT heute nicht mehr vorstellbar. Onlinehändler setzen ebenfalls Software ein, um die Verkaufsprognosen für die nächsten Tage zu erstellen und dementsprechend zu disponieren. Wenn wir diese Daten richtig interpretieren wollen, müssen wir deshalb neben dem Verhalten realer Käufer auch die Beschränkungen und Filter durch deren Software und Haltung im Blick haben, aber auch das Verhalten der Softwareprogramme, die darauf reagieren. Wir haben es in der Zukunft zunehmend mit mehrschichtigen Aktionen und Reaktionen zu tun durch sehr unterschiedliche Marktteilnehmer. Und die Gefahr der Fehlinterpretation unserer Kunden wächst, wenn wir glauben, sie durch so eindeutig erscheinende Daten erfassen zu können.

Um es plastisch zu machen: Wenn Sie im Stadtverkehr nur auf Autos achten müssen, so müssen Sie sich »nur« auf die Merkmale dieses Fortbewegungsmittels konzentrieren, deren Geschwindigkeit, Umfang und Fahrverhalten.

Nehmen Sie noch Fußgänger und Radfahrer hinzu, so wird es schon komplexer, weil sich beide je anders bewegen und einen anderen Blickwinkel haben. Wenn Sie jetzt noch Handkarren, Kühe und Elefanten hinzuziehen, sind Sie im indischen Verkehrschaos angekommen. Und die Verkehrsplanung für Kalkutta zu gestalten, ist ungefähr so, wie die künftigen Aufgaben, die Bewegungen der eigenen Kunden richtig zu interpretieren.

Floridi macht das an einem eingängigen Beispiel deutlich. Der Mensch nutzt Technologien, um sich besser in der Umwelt zu bewegen. Eine Technologie können Hut und Sandalen sein, mit denen man sich am Strand vor Sonne und heißem Sand schützt. In einer zweiten Stufe kann man Technologien einsetzen, um andere Technologien zu steuern, so wie ein Schraubenzieher eine Schraube bewegt, ein Gaspedal einen Motor in Gang setzt oder ein Schalter einen anderen Spülgang in der Waschmaschine einleitet. Dabei treten leicht Probleme auf, denn nicht jeder Mensch bedient jede Maschine fehlerfrei. Die Störanfälligkeit kann reduziert werden, wenn Technologien sich wechselseitig steuern, ohne das Problem »Mensch«, z.B. wenn im »Internet der Dinge« die Vernetzung durch klar definierte Schnittstellen schneller und umfassender erfolgt. Standards ermöglichen hier einen reibungslosen Ablauf. Unbestritten werden Roboter künftig eine immer größere Rolle spielen – die Beispiele reichen vom Rasenmähen über das Autofahren bis zum Kochen.

Und diese Standards prägen auch zunehmend unser Leben, wenn wir nur noch besonders gefilterte Porträts von uns freigeben oder Gemüse und Obst vernichtet wird, weil es nicht von Kunden gewünschten, farblichen (!) Standards entspricht.

Unseren Kunden verstehen, wird in Zukunft vor allem auch heißen, den Metatext zu verstehen, in dem er sich bewegt. Denn bots empfehlen mir die nächsten Lektüre und Suchalgorithmen schmiegen sich uns immer mehr an. Metadaten sind die Währung der Rechner, sie bedienen die Schnittstellen, beschreiben verkürzt die Inhalte und stellen neue Zusammenhänge her. Wir müssen dem folgend die Metadaten kennen, die die Softwareprogramme füttern. Und zugleich müssen wir lernen, den Kontext zu verstehen, in dem unsere Zielgruppen agieren. Denn sonst geraten wir in Gefahr, nur noch bots und künstlich generierten Vorstellungen vom Kunden nachzulaufen. If content is king, context is the queen.

Onlife

Der Mensch ist ein soziales Wesen und seine Identität wird geformt aus dem Blick der anderen. Ebenso ist der Mensch ein reflektierendes Wesen und seine Identität wird ebenfalls geformt aus der Entwicklung seiner Tätigkeiten.

Dieser Prozess läuft zunehmend »onlife«. Die digitale Welt konstituiert die menschliche Identität immer stärker und ist so präsent wie der Tritt im Fußballspiel oder das Gekicher über ein modisches Fettnäpfchen der Klassenkameradin. Dabei kommen immer weitere »Sprachen« hinzu, die man lernen muss, um sich in dieser Welt zurechtzufinden und diese richtig zu interpretieren. Wir sind informationelle Organismen, »Inforgs«.

Alle wollen mehr »Digitalkompetenz« und zugleich nichts aufgeben. Aber die Zeit ist begrenzt und nur eines ist sicher: Lesen wird wichtig bleiben, um die vielen Texte auf WhatsApp und Twitter zu verstehen. Das richtige Schreiben wird uns zunehmend abgenommen durch Programme. Und die Sprachen werden andere sein, wobei die geschriebene Sprache zunehmend ihre Leitfunktion verliert. Jetzt schon lernen Schüler über YouTube und versenden den Text zum Bild auf Snapchat, nicht umgekehrt. Text wird mit Bild und Video und Interaktion vermischt. Das gilt es, richtig zu decodieren, zu verstehen, will man künftig auch möglichst viele soziale Kontakte pflegen. Und neue Orte, dritte Orte wie z.B. Bibliotheken[29], werden entstehen, die die analoge und digitale Welt anders verknüpfen als bisher.

Durch die schnelle Interaktion mit vielen Gleichgesinnten entsteht eine hohe Dichte an Wissen, vergleichbar mit Epochen konzentrierter Diskussion (wie sie in der Philosophie bspw. in der griechischen Antike oder dem deutschen Idealismus sichtbar wurden). Hier einen umfassenden Überblick zu bewahren, ist nicht mehr möglich angesichts der Fülle an Informationen.

Latein und Griechisch oder besser Englisch? Diese Frage beschäftigt heute immer noch die Lehrer und Eltern beim Eintritt der Kinder ins Gymnasium. Und dabei entwickeln die Jugendlichen mit ihren digitalen Gehilfen schon längst eigene, neue Sprachen, die sie die Welt verstehen und erobern lassen. The medium is the message und formt die Sprache, so wie es hier in »A Dream of an Algorithm« Agnieszka Zimolag formuliert: »The extended mind is a hypothesis proposed by Andy Clark where the mind does not have to be contained within the brain or physical body, but can extend to the elements of the environment – so that the tools I use are actually part of my mind. They all correlate with my cognitive processes and self-perception.«[30]

---

29 http://www.smart-digits.com/2017/04/dritte-orte-bibliotheken-bieten-begegnung/.
30 »A Dream of an Algorithm«, Agnieszka Zimolag.

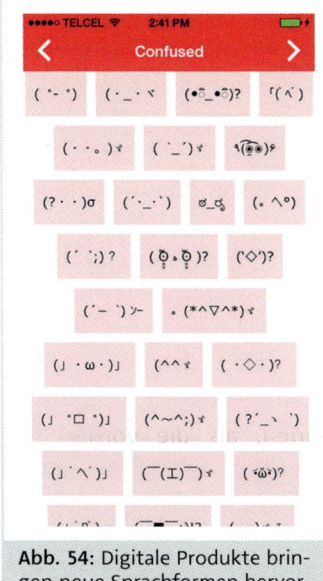

Abb. 54: Digitale Produkte bringen neue Sprachformen hervor

Was nur ich bin und nur ich weiß

Die Privatsphäre definiert sich neu. Informationen fließen von einem Ort zum anderen und werden in unterschiedlichen Kontexten wahrgenommen. Informationen von uns, über uns konstituieren uns als Individuen. Allein unsere Suchhistorie verrät mehr über uns als die Lügen, die wir über uns verbreiten. Der klassische Begriff des Eigentums stößt hier an seine Grenzen und wir müssen bestimmen, wie wir einen größtmöglichen Fluss an Informationen mit einem größtmöglichen Schutz der Identität jeder Person verknüpfen wollen. Unsere Kunden werden in Zukunft noch genauer wissen wollen, was wir mit ihren Daten machen und wie wir mit ihnen kommunizieren. Dass wir ihre Daten speichern können, heißt nicht, dass sie das auch wollen. Die aktuellen Kampagnen von Facebook zur Versicherung des geistigen Eigentums an den hochgeladenen Bildern und der Wandel vom »I like« zum »We like« verdeutlichen das. Vor ein paar Jahren noch undenkbar muss der Konzern jetzt auf ein sich änderndes Kundenverhalten Rücksicht nehmen.

Abb. 55: Big brother is watching you (Bildquelle: Thenextweb)

In George Orwells Roman »1984« arbeitet der Protagonist Winston im »Ministerium für Wahrheit« und schreibt dort die Geschichte um. Zeitungsartikel und andere Schriftstücke werden korrigiert und die Sprache wird so weit wie möglich reduziert. »Big brother is watching you« in dieser Welt der Fake News, in der die Gedankenpolizei das Sagen hat. Im Unterschied zum Roman sind die Machtverhältnisse in der digitalen Gesellschaft jedoch nicht so klar. Staaten teilen sich den Zugriff auf den Bürger mit Apple, Facebook, Google und Co. – und letztere ermöglichen den eigenständigen Autor und reglementieren ihn zugleich.

Noch stehen die bots am Anfang und Siri kann nicht verstehen, in welchem Kontext die Frage nach einem »Italiener« oder »Araber« gestellt wird, ob Personen, Pferde oder Restaurants gemeint sind. Es kommt durch die Hoch-

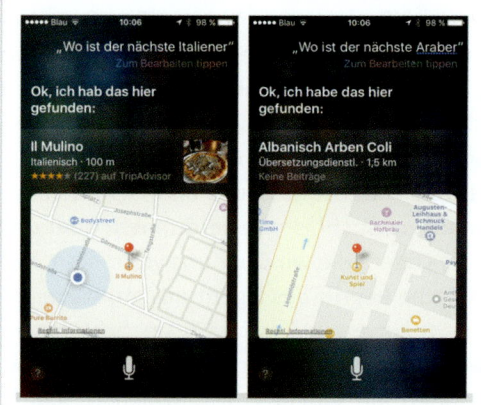

Abb. 56: Bots antworten uns und werden uns in Zukunft noch häufiger begleiten, auch wenn die Ergebnisse heute oft noch von fraglicher Qualität sind.

rechnung bisheriger Nutzergewohnheiten jedoch meist näher dran als wir mit unserem eingeschränkten Blick.

IKT als Retter oder Grabträger

Informations- und Kommunikationstechnologien (IKT) benötigen Ressourcen. Die Frage ist, ob wir mit Hilfe neuer Technologien die bisherigen Begrenzungen schneller ausgleichen können, als die vorhandenen Ressourcen schmelzen. Beide Szenarien sind denkbar. Ein Szenario, das auf eine Optimierung der Ressourcen und die Schaffung von neuen setzt, nutzt zumindest die Anziehungskraft und Energie derer, die hier teilhaben. Fakt ist, dass die Medienindustrie wie nie zuvor von den technologischen Neuerungen getrieben wird.

Als Fazit bleibt: Die Kundenanalyse wird in den nächsten Jahren erhebliche Änderungen erfahren. Denn die Medien ändern sich, ebenso der Umgang mit Informationen und das Selbstverständnis der Menschen im Verhältnis zu digitalen Helfern. Das führt zu viel mehr Informationen über unsere Kunden, aber auch zu erhöhten Anforderungen an die Analysefähigkeit. Wer hier jetzt schon die Weichen richtig stellt, wird eindeutig im Vorteil sein.

Die Weichenstellungen heißen: Wer kümmert sich um KI und die Organisation von Informationen im Unternehmen? Und wer verfügt über die Kompetenz, das richtig und gut zu analysieren und anderen zur Verfügung zu stellen? Big Data ist das Schlagwort, Smart Data die sinnvolle Interpretation dieses Anspruchs: Sammeln Sie die richtigen Daten, analysieren Sie diese und lernen Sie mit der Zeit, die richtigen Schlüsse zu ziehen. Die Fähigkeit, diesen Prozess zu managen, ist bedeutend.

5.3.2 Medienkompetenz – was heißt das für die Analyse meiner Persona?

Der digitale Wandel wird uns die nächsten Jahrzehnte begleiten. In Kapitel 4 über die empirische Überprüfung sind wir ausführlich auf digitale Tools eingegangen. Hier möchten wir nochmal deutlich machen, an welchen Stellen sich in Zukunft Möglichkeiten ergeben bzw. verstärkt zeigen, wo man der eigenen Zielgruppe auf der Spur bleiben sollte – und welche Kompetenzen man dafür braucht. Wenn Sie diese frühzeitig in Ihrem Unternehmen aus- und aufbauen, sind Sie im Vorteil.

- Ein Merkmal der digitalen Ökonomie sind die Kundendaten.
- Diese werden durch vielfältige Interaktionen mit dem Kunden generiert.
- Die vielfältigen Interaktionen erfolgen durch einen Zuwachs an Medien und Formaten.
- Wenn man weiß, wie, wo, wann und warum der eigene Kunde diese Medien und Formate nutzt, dann kann man die Daten bewerten.
- Das weiß man nur, wenn man weiß, wie man selber diese Medien und Formate nutzt und steuert und sich und sein Unternehmen im Netz darstellt.
- Medienkompetenz ist deshalb ein zwingender Bestandteil der Kundenanalyse.

Dieser Auf- und Ausbau von Medienkompetenz ist natürlich nicht allein für die Kundenanalyse relevant, sondern wichtig für ein Verständnis unserer Gesellschaft. Nicht von ungefähr lautet seit ein paar Jahren die Forderung unisono, die Schulen sollten Medienkompetenz lehren und fördern und müssen die digitale Wende verstehen. Hier zeigt sich eine wichtige Verschiebung von klassischem Grundwissen, das gelernt und gelehrt werden muss, hin zu einem Kompetenzerwerb und Methodenwissen bis hin zur Fähigkeit, den eigenen Standpunkt und den des anderen in und durch Medien zu erfassen. Metakognition ist das gängige Schlagwort hierfür.

Vom klassischen Grundwissen zur Metakognition
Konnte man zu Zeiten Gutenbergs die Bibel noch als Anker in der Gesellschaft sehen, auf die sich die vielen Meinungen und Stimmen bezogen, so waren es seit dem 17. Jahrhundert vor allem die wissenschaftlichen Erkenntnisse, die als Referenz dienten. Beide fehlen heute als verbindliche Säulen, die einen Kanon vorgeben, an den man sich zu halten hat. Nicht von ungefähr haben Populisten leichtes Spiel, weil man in der Fülle der Meinungen eh nicht mehr so richtig weiß, was Sache ist. Das klassische Grundwissen hat nur noch eine begrenzte Wirkung. Natürlich wird es die Grundrechenarten brauchen, Vokale und Grammatik für eine Sprache – und je mehr man davon versteht, desto besser wird man die Welt verstehen. Aber auch das wird zunehmend von Softwaretools gelöst, sodass ein Überleben in der Gesellschaft nicht mehr allein davon abhängt.

Wichtiger geworden ist schon in den letzten Jahrzehnten das Methodenwissen, das es einem erlaubt, die einmal erlernte Technik in anderen Situationen anzuwenden. Das wird weiter zunehmen. Wenn ich weiß, wie und wo ich suchen muss, kann ich mich auch schneller in ein Thema hineinarbeiten. Und in den letzten Jahren wurde diese Fähigkeit ergänzt um das Wissen, von welchem Standpunkt aus diese Information erstellt und verbreitet wurde. Fake News entstehen ja genau dann, wenn die klassische Quellenkunde versagt und nicht mehr überprüft wird, wer sich warum worauf bezieht. Als Metakognition bezeichnet man diese Fähigkeit, den jeweiligen Standpunkt zu erkennen und die damit einhergehende Prägung der Information. MacLuhan hat das mit dem eindrucksvollen Spruch »The medium ist the message« auf den Punkt gebracht. Jedes Medium prägt die Information.

Die Konsequenz ist, dass wir nie genau erfassen können, wo unser Kunde wirklich ist, denn jedes Medium und jedes Format bieten eine Sichtweise, aber nie das ganze Panorama. Um aber Fake News nicht auf den Leim zu gehen, muss man die Äußerungen der eigenen Kunden richtig bewerten.

In Zukunft wird diese Aufgabe zunehmen, was die hier folgende Übersicht verdeutlicht.

Merkmale digitaler Angebote	Was heißt das genau?	Die Konsequenzen für die Kundenanalyse
Multimedial	Der Kunde wird mit Text, Bild, Audio, Film etc. angesprochen und diese Medien ergeben in unterschiedlichsten, neuen Kombinationen auch neue Formate.	Wir müssen verschiedene Zeichenebenen dekodieren, um unseren Kunden auch richtig zu verstehen. Medienkompetenz ist nötig, um den Kunden jeweils richtig anzusprechen.
(automatisierte) Lösungen	Der Kunde muss nicht selber tätig werden, sondern erhält eine auf ihn abgestimmte Lösung. Automatisierte Prozesse und die Entwicklung der KI werden zunehmend etablierte Angebote ablösen.	Wir müssen verstehen, an welchen Stellen unser Kunde ein Problem hat und wie es künftig durch eine Software anders gelöst werden kann.
Interaktiv	Der Kunde kann auch zum Autor werden, schneller selber aktiv reagieren und personalisierte Antworten und Lösungen verlangen.	Wir müssen die Interaktion mit dem Kunden aktiv steuern und die Erkenntnisse daraus nutzen.

Merkmale digitaler Angebote	Was heißt das genau?	Die Konsequenzen für die Kundenanalyse
Vernetzt	Der Kunde erhält über viel mehr »Touchpoints« einen Zugang zu den Angeboten und man muss dort sichtbar sein. Der Kunde kann zum Multiplikator werden und erreicht mit seiner Einschätzung schneller ein großes Publikum.	Wie müssen Präsenz an viel mehr Stellen zeigen, die Äußerungen der Kunden in den sozialen Netzwerken verfolgen und möglichst für uns nutzen.
Nie fertig	Jedes Update hat schon eine Reihe von Anforderungen nicht erfüllen können – das nächste Update wird nicht nur die offenen Fragen klären, sondern auch die Entwicklung im Markt berücksichtigen müssen.	Wir müssen die Kundenanalyse als fortlaufenden Prozess begreifen.

Digitale Angebote unterscheiden sich in vielen Punkten von »traditionellen« Angeboten. Deshalb spricht man ja auch vom »disruptive change«, der plötzlichen Verschiebung von ganzen Märkten, weil andere, neue Lösungen viel schneller auf den Markt kommen als bisher. Wollen wir also unsere Kunden besser verstehen, müssen wir auch dort sein, wo sie diese digitalen Angebote nutzen und durch sie geprägt werden. Zum Teil haben wir keine fundamentalen Unterschiede im Vergleich zu bisherigen Beobachtungen unserer Kunden, zum Teil stehen wir jedoch vor entscheidenden Veränderungen, die wir im Blick haben müssen. So haben wir z.B. unsere Kunden die letzten Jahrzehnte immer schon mit Text, Bild, Film, Ton etc. angesprochen und unsere Folgerungen daraus gezogen. Das gesamte Marketing lebt von der Suche nach dem passenden Zusammenspiel von Bild und Aussage, von Werbespots mit der richten Dramaturgie und den treffenden Claims. Hier ist lediglich ein gradueller Unterschied zu beobachten, dass wir all diese Medien jetzt noch häufiger in noch mehr Situationen an unsere Kunden kommunizieren und beobachten, wie sie damit umgehen.

Wenn ich bisher eine Kampagne im Blick haben musste, die im Radio, Fernsehen und bestimmten Printmedien ausgespielt wurde, so muss ich jetzt noch einige Kanäle mehr im Blick haben, von den sozialen Netzwerken bis hin zu Suchmustern im Netz. Das heißt, dass mein Cockpit über meinen Kunden komplexer geworden ist. Und diese Komplexität muss ich meistern (siehe hierzu das Kapitel 4.5 Touchpoint-Management).

Die multimediale Ansprache

Umberto Ecos bietet mit seinem Grundlagenwerk zur Semiotik[31] ein sehr gutes Modell, um die heutige Vielfalt an Kommunikationssituationen zu erfassen. Nicht nur der Text wird als Zeichensprache verstanden, sondern alle möglichen Äußerungen sind Teil einer umfassenden Kommunikationssituation, in der wir ständig decodieren, um zu verstehen. Ecos detektivischer Held im »Namen der Rose« ist deshalb auch eine Art mittelalterlicher Sherlock Holmes, der Texte, Bilder, Bewegungen und Äußerungen lesen kann. Und dass ein vergiftetes Buch den Tod bringt, ist bezeichnend. Scheier und Held haben in ihrem Werk »Was Marken erfolgreich macht«[32] das Thema Dekodierung von Botschaften im Rahmen der Markenführung analysiert. Dabei zählt der Kontext, der »Frame«, in dem eine Botschaft wahrgenommen wird. Ein und dieselbe Nachricht wirkt je nach Absender völlig unterschiedlich.

Unsere Kunden erhalten ständig Botschaften in allen möglichen Formaten, die je nach Medium auch noch anders kombiniert werden. War es bei Snapchat zunächst die Begrenzung der Zeit, haben nach dem Erfolg schnell auch andere Dienste wie WhatsApp oder Instagram die einfache Bearbeitung von Fotos integriert oder Twitter hat Livevideos ermöglicht. Die Frage in diesem Zusammenhang ist dann immer: Worauf reagiert unser Kunde wie und warum?

Für Marketer ist es wichtig zu wissen, ob Snapchat wirklich das Medium der Ansprache für die eigene Klientel ist oder nicht, wie man die Kunden auf Facebook sinnvoll anspricht oder ob man zu jedem Produkt auch ein Video auf YouTube hochladen sollte.

Und jedes Puzzleteil in diesem Kommunikationsrauschen kann uns helfen, den Kunden besser zu verstehen und an uns zu binden. Das geht aber nur, wenn wir auch regelmäßig die Kommunikationssituationen beobachten und die entsprechenden Schlussfolgerungen daraus ziehen. Denn einerseits ändern sich die Verhaltensweisen ständig und zum anderen kann man nur über Langzeitbetrachtungen die richtigen Schlüsse ziehen. Wer kann schon sagen, ob animierte Erklärvideos für die eigene Zielgruppe wirklich der Hit sind oder ob man auf witzige Spots setzen soll? Eine Schwalbe macht noch keinen Sommer und der Erfolg der Kundenbeziehung liegt im Verständnis für den Kontext. Wenn ich weiß, in welchem Umfeld mein Kunde auf was reagiert, kann ich valide Schlüsse ziehen. Dazu muss ich aber den Kontext immer neu schaffen und dazu brauche ich eine langfristige Analyse.

---

31 Umberto Eco: Einführung in die Semiotik, Stuttgart 2002.
32 Christian Scheier, Dirk Held u.a.: Codes: Die geheime Sprache der Produkte. Freiburg 2013; siehe z.B. Seite 40.

Fundamental anders als bisher, und hier haben wir einen Quantensprung, ist deshalb die Kombinationsmöglichkeit von verschiedenen Formaten innerhalb eines Mediums. Auf WhatsApp kann ich die Kunden innerhalb eines Dialogs mit Text, Audio, Bild und Video so ansprechen, dass die gesamte Dramaturgie Sinn ergibt und der Kunde die jeweils passende Botschaft im passenden Format erhält. Es kann aber auch schieflaufen, denn diese Abfolge erfordert eine eigene Fähigkeit und einen Sinn für Zeit und Ort. Vorgefertigte Rezepte könnten zu kurz greifen.

Abb. 57: AR im Einsatz bei IKEA (Quelle: Ikea Deutschland auf YouTube).

AR (augmented reality) hat Ikea schon vor vielen Jahren ausgetestet, jetzt dürfte die Technologie die nötige Marktreife und Akzeptanz beim Kunden haben. Es ist ein zusätzlicher, neuer Kommunikationsweg, den man im Blick haben muss, um seine Kunden richtig und besser erfassen zu können. Er wird nicht in allen Bereichen sinnvoll zum Einsatz kommen, zeigt aber, dass neue Technologien auch in Zukunft die Informationen über unsere Kunden erweitern werden. Und damit auch die Art der Ansprache.

Fundamental anders sind auch die vielen neuen Formate und Trägermedien. AR (augmented reality) und VR (virtual reality) werden unsere Gewohnheiten verändern. Wenn der Ikea-Kunde sich mit Hilfe von AR seine Schrankwand in seiner Wohnung vorstellen kann, dann hat das Auswirkungen auf die Darstellung von Farben und Formen der Produkte im Katalog. Und es hat Auswirkungen auf den gedruckten Katalog. Dieser wird nicht von heute auf morgen verschwinden. Aber er wird jetzt im Zusammenspiel mit der AR-Funktion gesehen werden müssen. D. h., wir haben weitere Kennzahlen zu unseren Kunden, die uns jetzt verraten, wer welche Produkte über die AR-Funktion besonders geschätzt und gekauft hat. Das wird die Erweiterung des Angebots prägen. Zugleich haben wir sicher noch einige treue Altkunden, die mit Genuss den Katalog durchblättern, weil sie sich auf den Ausflug zu Ikea freuen, bei dem es natürlich auch etwas zu essen gibt (Ikea hat sich zur Restaurantkette gemausert und in den USA kommt knapp ein Drittel wegen der Köttbullar[33]).

Multimediale Ansprache unserer Kunden heißt auch, dass wir klare Kriterien brauchen, wie wir unsere Kunden in den verschiedenen Formaten ansprechen wollen. Vom Sprachstil über die Tonalität bis hin zu den grafischen Details

---

33 https://www.fastcompany.com/40400784/ikeas-big-bet-on-meatballs.

in der Bildsprache werden in der Regel in einem CI-Handbuch alle Elemente beschrieben, um den eigenen Kunden die eigene Marke zu transportieren. Das macht Sinn. Um eine Marke jedoch auch mit Leben zu füllen, wird ein derartiges Handbuch nicht jede Situation vorgeben und festschreiben können, sondern für viele Kommunikationssituationen einen Spielraum ermöglichen. Und die Kommunikationssituationen müssen so angelegt sein, dass man sie entsprechend auswerten kann. Sehr gut ist das bei Start-ups zu beobachten, die in der Regel die ersten Jahre mehrfach ihr Geschäftsmodell ändern und sich ihren Kunden und deren Wünschen viel besser anpassen als etablierte Unternehmen. Ob die Positionierung einer Social-Reading-Plattform für Leser von Sachbüchern richtig ist, zeigt sich erst am Test. Und die darauffolgende Anpassung für Lehrer zeigt auch erst in der Kommunikation mit den Kunden, dass Unterrichtsmaterialien gewünscht werden und keine digitale Bibliothek.

Durch die Veränderungen im digitalen Markt erhalten dieselben Aussagen in unterschiedlichen Formaten einen anderen Kontext und damit auch andere Botschaften. Durch neue Formate wie AR oder VR und durch neue Kombinationen von Text, Bild und Ton in jeweils anderen Trägermedien entstehen immer weitere, andere Kommunikationssituationen, die immer andere Interpretationen über unsere Kunden zulassen.

Abb. 58: If content is king, context is the queen. Man muss den Kontext kennen, um Inhalte (Aussagen, Gesten, Bilder ...) richtig zu interpretieren.

Erst der Kontext macht den Sinn aus – die Nachricht alleine wird vom Kunden immer in einem bestimmten Kontext wahrgenommen und dieser muss mit entschlüsselt werden, will man seinen Kunden richtig verstehen. Dabei ist zum einen der Rahmen (frame) zu beachten: Macht die junge Dame die Pose einer ägyptischen Tänzerin? Oder steht sie in einer Reihe junger Menschen, die Fotos von sich machen? Oder hält sie den schiefen Turm von Pisa?

Oft ist auch ein Perspektivwechsel nötig. Aus einem Blickwinkel betrachtet erscheint das Deuten auf einen Bus wenig sinnvoll, egal in welcher Kleidung. Erst das Verhalten der ganzen Gruppe und ein anderer Hintergrund erklärt das Verhalten. Häufig begegnen uns diese Missverständnisse, wenn Ironie im Spiel ist oder einzelne Äußerungen in den Medien ohne Zusammenhang zitiert werden.

Um unseren Kunden richtig zu verstehen, müssen wir den Kontext verstehen, in dem er agiert und bestimmte Vorlieben äußert. Auf LinkedIn kann eine ganz andere Sprache die Kunden überzeugen als auf Instagram, denn der Kunde ist dann in einem jeweiligen anderen Umfeld und erwartet im Vergleich dazu auch andere Botschaften.

Dazu braucht es ein gutes Touchpoint-Management, bei dem es nicht nur um clickrates und conversion rates gehen sollte, will man die Erfahrungen daraus auch für die Kundenanalyse nutzen. Vielmehr muss in einem Dashboard zu den einzelnen Kontaktstellen im Netz immer eine qualifizierte Analyse erfolgen.

Wir müssen verschiedene Zeichenebenen dekodieren, um unseren Kunden auch richtig zu verstehen. Dazu brauchen wir ein Verständnis für den jeweiligen Kontext und die Wirkungsweise der unterschiedlichen Medienformate. Medienkompetenz ist nötig, um den Kunden jeweils richtig anzusprechen.

Automatisierte Lösungen

Digitale Produkte zeichnen sich dadurch aus, dass sie uns Arbeit abnehmen. Vom Taschenrechner bis zur Software für die Einkommensteuererklärung, von Google Maps bis zum Schrittzähler. Künftig noch bedeutender wird dabei der Austausch der Softwarelösungen untereinander, gemeinhin Internet der Dinge bezeichnet. Wenn WhatsApp auf unser Adressbuch zurückgreift oder Google Maps unseren Standort will – hier werden Daten ausgetauscht, ohne dass wir irgendetwas machen müssen. Und diese Anpassung an unsere Umgebung wird zunehmen. Uneins sind sich die Ökonomen, ob hier Arbeitsplätze wegfallen oder entstehen. Sicher ist jedoch, dass sich sehr viele Werkzeuge in den nächsten Jahren anbieten werden, die die semantische Analyse von Inhalten, das Aggregieren von Informationen und das Verknüpfen mit anderen Diensten für uns übernehmen.

In Kapitel 4 sind wir schon ausführlich darauf eingegangen: Unter dem Schlagwort »cognitive computing« werden Texte nicht nur auf ihre Syntax hin analysiert, sondern auch auf ihre Semantik, also ihre Bedeutung. Bisher hat man oft so argumentiert, dass Computer zwar die Grammatik verstehen, weil sie klaren Regeln folgt, aber die Bedeutung nicht, weil hier der Kontext nötig ist zur Interpretation und das Erkennen von »Sinn« und »Unsinn« nur vor dem Hintergrund von Werten möglich ist. Durch die Analyse großer Datenmengen ergeben sich jedoch Muster, die unabhängig von »Bedeutung« durchaus relevante Informationen bieten. IBMs Watson kann kein Gericht schmecken, aber aus Millionen Rezepten aus Millionen von Kundendaten erkennen, welche Kombinationen häufig sind, und Vorschläge machen, die für den jeweiligen Kontext wahrscheinlich sind.

Die Regeln der Sprache werden durch die Fülle an Daten von der Software »verstanden« und durch ein »Anfüttern« mit mehr Daten immer genauer. Denn je mehr Nutzungssituationen und Belege hinzugefügt werden, desto größer ist in der Wahrscheinlichkeitsrechnung auch ein »sinnvolles«, weil häufig erprobtes Resultat.

Softwareprogramme werden in Zukunft immer mehr Daten auswerten und zur Verfügung stellen. Aber sie wollen gesteuert werden. Und die Analysen müssen eingefordert und überprüft werden. Diese Entscheidungen werden von Menschen getroffen. Wie in allen anderen Wirtschaftszweigen auch können gute Softwareprogramme zwar bei der Erfassung der Kundenwünsche helfen, sie werden aber nie eine 100%ige Sicherheit bieten, nie die Entscheidung abnehmen. Immerhin können sie Hinweise für eine fundiertere Entscheidung liefern. Sie sind effizienter und bieten neue Antworten, auf die wir unter Umständen nicht gekommen wären.

5.3.3 Interaktion mit dem Kunden

Digitale Produkte zeichnen sich, wie bereits genannt, dadurch aus, dass der Rezipient meist auch schon das Werkzeug in der Hand hat, um Produzent zu werden. Der Kunde kann zum Autor werden, schneller selber aktiv reagieren und personalisierte Antworten und Lösungen verlangen. Anders gesagt: Leserbriefe an Tageszeitungen, Gespräche mit Kunden auf einer Messe oder aktive Beschwerden sind nach wie vor wichtig. Aber waren sie früher häufig eine der wenigen direkten Kundenkontakte, aus denen sich dann meist auch im Unternehmen das Bild von der eigenen Zielgruppe zusammensetzte, so können diese direkten Kontakte zum Kunden heute multipliziert und ganz anders gesteuert werden. Die Formen der Interaktion mit den eigenen Kunden sind vielfältig und werden von diesen zum Teil auch eingefordert. Auf einen Brief von der Post konnte man innerhalb einer Woche antworten, auf ein Telegramm am selben Tag. Auf eine Mail muss die Antwort schneller sein und im Chat wird »Echtzeit« erwartet, ob die Antwort von Bots kommt oder von realen Personen. Viele Unternehmen organisieren sich jedoch noch wie im Briefzeitalter. Unweigerlich stellt sich dann schnell das Gefühl ein, ein Getriebener zu sein. Wichtig ist es jedoch hier, durch eine bessere Organisation der Kundenkontakte immer das Gefühl zu behalten, selber den Wagen zu lenken. Das wird nur durch eine Kombination von Maßnahmen gelingen, die einerseits auf schnelle Reaktionszeiten setzen und zugleich mittelfristige Entwicklungen im Blick haben. Niemand kann auf Dauer durcharbeiten.

Eine Segmentierung der Kunden nach ihren Erwartungen an die Reaktionszeit ist hilfreich. Demzufolge werden die Maßnahmen jeweils andere sein. Für Beschwerden sind chatbots sicher ein Mittel der Wahl in der Zukunft, wenn sie in Kombination mit Call-Centern und persönlicher Betreuung eingesetzt werden. Der Kunde erwartet hier eine schnelle Antwort oder ein offenes Ohr. Anders bei der Produktentwicklung und der Beteiligung der Kunden daran. Hier haben sich unter dem Schlagwort Co-Creation in den letzten Jahren verschiedenste Formen der Zusammenarbeit ergeben.

Wir müssen die Interaktion mit dem Kunden aktiv steuern und die Erkenntnisse daraus nutzen. Dieser Prozess ist aufwändig und verlangt ein persönliches Engagement. Dafür erhält man qualitativ hochwertige Ergebnisse und eine hohe Bindung von Kunden.

Co-Creation – eine Form der Zusammenarbeit mit Kunden

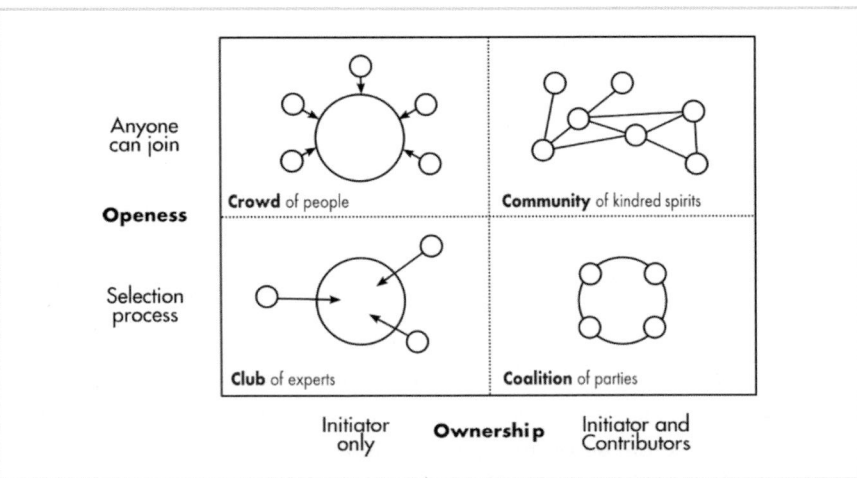

Abb. 59: Dieses Schaubild verdeutlicht schön die Möglichkeiten der Zusammenarbeit mit den Kunden. Je nachdem, wie offen man den Prozess gestalten will und wer die Federführung übernimmt, ergeben sich unterschiedliche Modelle.
(Quelle: http://wiki.p2pfoundation.net/Co-Creation)

Für die Produktentwicklung lassen sich verschiedene Formen der Zusammenarbeit mit dem Kunden nutzen. Diese sind vom Prinzip her nicht neu, aber die digitale Ökonomie fördert sie in einfacher Weise und die Kunden fordern sie verstärkt. Das ist von unschätzbarem Vorteil, wenn man bedenkt, dass die Bevölkerung global gesehen steigt, sich die Anzahl der Informationseinheiten etwa alle zwei Jahre verdoppeln und jeder aus eigener Erfahrung weiß, dass das selber Erstellte einen anderen Wert hat als das Erstandene. Die vielen makers-spaces, der Boom der Baumärkte oder Koch- und Strickmoden belegen diesen Trend. Ein Kunde, der beteiligt ist an der Entstehung eines Produkts, wird in der Regel zum Fürsprecher. Nicht umsonst nennen sich in den letzten Jahren in digital getriebenen Firmen immer mehr »Evangelist«, so, als ob auch sie eine frohe Botschaft zu verkünden hätten, sinnstiftendes Manna brächten. Als Begeisterte agieren sie wie die Pfingstler, der im 20. Jahrhundert am stärksten wachsenden christlichen Bewegung, die im Gegenentwurf zur römischen Kirche jedem das Verkünden der Botschaft zugestehen. Und auch auf politischer Ebene haben sich in den letzten Jahrhunderten die Gesellschaften durchgesetzt, die eher durch eine frühe Verteilung von Gütern die Eigeninitiative fördern. Beispielhaft seien nur die Vergabe von Land an die Siedler in den USA im Vergleich zur patriarchalischen Verteilung in Südamerika genannt oder der Zusammenbruch kommunistischer Systeme im 20. Jahrhundert.

Die Entwicklung wird technologisch noch weiter unterstützt, wenn man Blockchain als Werkzeug betrachtet, das dezentrale Strukturen ermöglicht und klassische Vermittler, den sogenannten middleman, weitestgehend verzichtbar macht. Das ist eine Herausforderung für Banken, Händler, Verleger und andere Mittelsmänner, die an Transaktionskosten verdienen und jetzt günstigere Anbieter fürchten müssen. Schon gibt es zahlreiche Neugründungen, die von Micropayment für den Verkauf von Texten oder Bildern über gemeinsame Bibelübersetzungen bis zur Nachverfolgung von Piraterie reichen.

Entscheidet sich ein Unternehmen für eine der unten näher vorgestellten Kooperationen mit den eigenen Kunden, so ist das in unserem Zusammenhang mit Buyer Personas von großem Wert. Denn alle hier gemachten Erfahrungen fließen in die Bewertung mit ein. Dabei sollten jedoch immer die folgenden Punkte berücksichtigt werden:

- Überlegen Sie genau, warum Ihr Kunde mitwirken will. Was ist die Belohnung für Ihren Kunden? Hier gibt es viele Möglichkeiten wie z.B. Aufmerksamkeit, Zeit, die Sie mit ihm verbringen, Ansehen bei anderen oder der Austausch und die Beförderung eigener Ideen.
  Dem folgend sollte die Zusammenarbeit auch organisiert sein und Ihr Kunde sollte »seine« Belohnung auch erhalten. Dieser zentrale Punkt wird

meist vergessen, weil man nur sein Angebot im Sinn hat und den Kunden in seinem Umfeld, in seinem Bedürfnis nicht erfasst.

Sie sollten die Begegnung mit Ihrem Kunden genau so gestalten, dass er Sie in positiver Erinnerung behält. Das wird er dann tun, wenn Sie ihm genau das geben, was er sich wünscht. Wünscht er sich, gehört zu werden, dann müssen Sie Zeit mitbringen, Personen, die empathisch sind, die Äußerungen ernst nehmen und aufzeichnen und im Nachgang nochmal bestätigen. Geht es Ihrem Kunden mehr um einen kreativen Austausch, dann sollte das Ambiente stimmen und die Gesprächspartner, damit eine anregende Diskussion aufkommt mit neuen Erfahrungen für Ihre Kunden.

- Prüfen Sie im Vorfeld, welche Wertschöpfung Sie leisten und welche vom Kunden kommen soll. Ein gutes Erwartungsmanagement vermeidet mögliche Konflikte. Nicht dass Ihr Kunde das Produkt gestalten will, Sie aber »nur« eine Kundenmeinung im Original hören wollen, dass Ihr Kunde eigentlich schon längst in Rente ist und die Vergangenheit so schön fand, Sie aber Experten suchen, die die nächsten Jahre auch als Multiplikatoren wirken sollen. Dann kann die Stimmung umkippen und beide Seiten sind enttäuscht.

- Dem folgend überlegen Sie gut, was Sie in der Hand behalten wollen. Man kann wie Google ein Betriebssystem wie Android allen zur Verfügung stellen und doch durch Reichweite und Durchdringung einen Nutzen daraus ziehen. Oder man behält wie Apple bei IOS alle Fäden in der Hand, bietet aber mit seinem App-Markt den Nutzern eine hohe Reichweite und macht es für Entwickler attraktiv, hierfür eigene Apps zu entwickeln. Es gibt hier keinen Königsweg.

- Planen Sie im Voraus, wie und wer den Austausch und die Treffen organisiert. Sie kosten Zeit und sind in der Regel nicht nebenbei zu bewältigen, will man den Austausch mit den Kunden auch wirklich nutzen. Oft wird vergessen, dass die Kunden bei der Stange gehalten werden wollen – und dann zu so guten Multiplikatoren werden können wie kaum andere. Aber sinnvollerweise sind es nicht die standardisierten Weihnachtsgrüße, sondern ernsthaftes Feedback zu den Ansichten, die das bewirken.

1. Crowdsourcing – oder das Wissen der Masse richtig nutzen

Wikipedia hat es vorgemacht, viele andere Beispiele sind gefolgt, von Selfpublishing-Plattformen für Autoren bis zur Einsendung von Lösungen bei Lego oder dem Einsammeln von Geld bei kickstarter oder startnext. Die Enzyklopädisten des 18. Jahrhunderts haben ihr Wissen auch nicht alleine im stillen Kämmerlein zusammengetragen, aber Briefe, Salons und Bücher sind hier den kollaborativen Werkzeugen im Internet deutlich unterlegen. Zunächst eher eine Domäne der Softwareentwickler, die z.B. mit Linux das Gegenstück zu Microsoft entwickelt haben, ist das Prinzip der Zusammenarbeit im Netz heute in allen Branchen präsent. Der entscheidende Unterschied zu herkömmlichen Prozessen besteht darin, dass viele mitwirken an der Entwicklung der Lösung und nicht ein Einzelner entscheidet. Das Zentrum der Macht wird ausgehöhlt, und an die Stelle der Experten und Entscheider tritt die Partizipation aller. Die Erfahrung von Wikipedia zeigt, dass die Kommunikation mit und zu den Kunden nach einfachen und klaren Regeln erfolgen und das Ergebnis der Zusammenarbeit nicht ausführlich erläutert werden muss. Dann kann diese Form der Beteiligung sehr gut funktionieren.

Bei Selfpublishing-Plattformen hat man schnell erkannt, dass die Masse nicht gleich viel bessere Texte hervorbringt. Es hatte meist schon seine Gründe, warum bestimmte Manuskripte mehrfach abgelehnt wurden und die berühmten Absagen an Rowlings, Eco, Süskind und andere sind eher die Ausnahme. Interessant an dieser Entwicklung ist, dass nach den ersten Plattformen, die sich als neue Dienstleister für Autoren etabliert haben, bald auch die großen Verlagsgruppen auf den Zug aufgesprungen sind. Dabei besteht der Wert nur zum Teil in der Entwicklung neuer Bestseller. Lektoren können hier neue Buchideen prüfen und ins Programm aufnehmen. Und durch Wettbewerbe und Abstimmungen unter allen Nutzern der Plattform lassen sich auch Hitlisten erstellen. Natürlich ist es viel wahrscheinlicher, dass sich auch auf dem Markt ein Titel durchsetzen wird, der vorher im Test auf der eigenen Plattform gut angekommen sind. Zudem verraten diese Zahlen etwas über Trends und Vorlieren.

Das ist aber nur ein Teil des Nutzens. Durch das Angebot der Mitwirkung entstehen auch Kundenbindung und neue Dienstleistungen für andere Zielgruppen. Hat ein Verlag vorher meist in einem Jahr Absagen im vier- bis fünfstelligen Bereich geschrieben, so müssen diese Kunden jetzt nicht vor den Kopf gestoßen werden. Ihnen wird eine andere Lösung angeboten und die Gefahr ist viel geringer, dass sie künftig aus Enttäuschung keine Bücher dieses Verlags mehr kaufen. Und für relativ niedrige Gebühren können durch eine andere Organisation den Autoren Dienstleistungen wie Korrektorat, Grafik oder Distribution angeboten werden. Aus der Partizipation entstehen gleich neue Geschäftsmodelle.

2. Die Gemeinschaft – oder die sinnstiftende Nutzung gemeinsamer Ziele, Ideen, Ansichten

Einer eher losen Gemeinschaft von Gleichgesinnten begegnet man meistens in den sozialen Netzwerken. Durch das Interesse an einem gemeinsamen Thema findet man sich, verliert sich aber genauso schnell wieder aus den Augen. Diese Form des Zugangs zum Kunden ist vor allem für das Steigern der Reichweite hilfreich. Derartige Communities wollen informiert und begleitet werden und meistens sind es reine Medienangebote, die den Reiz ausmachen, wie Berichte, Nachrichten, vertiefende Studien etc.

Je nach Thema variiert auch das Zusammengehörigkeitsgefühl dieser Gemeinschaften. Bei der Durchsetzung politischer Ziele ist in der Regel mehr Durchsetzungsstärke mit am Werk als beim Austausch zu neuen Bastelanleitungen. Das kann von losen Kontakten mit anonymisierten Daten und dem Austausch von Avataren bis zu sektenähnlicher Bindung reichen. Demzufolge ändern sich auch die Kommunikation und der Aufwand in der Betreuung.

Besonders hilfreich ist diese Variante der Co-Creation beim Aufbau von Erfahrungen und der Überprüfung eigener Annahmen. Denn man braucht sich im ersten Schritt nur an bestehende Communities anhängen und erfährt darüber, was die Kunden so machen. Im zweiten Schritt sind dann auch eigene Angebote denkbar, die von ersten Tests zu Produkten und ihrer Aufmachung bis hin zu Claims und Werbebotschaften reichen können.

3. Die Expertenrunde – oder die gezielte Entwicklung durch die Besten
Oft sitzen die Experten nicht im eigenen Haus. Häufig verdienen sie ihr Geld auch mit anderen Dingen. Und manchmal ist man überrascht, wie bereitwillig sie sich austauschen, wenn man ihre Wünsche und Ziele ernst nimmt.

4. Die Koalition – oder durch eine Allianz gleichwertiger Partner die jeweiligen Stärken nutzen
Der Zusammenschluss von gleichwertigen Parteien sei hier nur der Vollständigkeit halber erwähnt, weil er nur indirekt für unser Thema relevant ist. Dieser Zusammenschluss funktioniert immer dann gut, wenn sich die Partner ergänzen, ein gemeinsames Ziel haben und sich an die vereinbarten Regeln zur Organisation und Entscheidungsstruktur halten. Als Beispiel mag die Tolino-Allianz gelten, einem Zusammenschluss von Random House, Weltbild, Thalia, Hugendubel und der Telekom zur Entwicklung eines eReaders. Der wesentliche Kit einer solchen Allianz aus so unterschiedlichen und zum Teil auch konkurrierenden Partnern ist der gemeinsame Feind, in diesem Fall Amazon. Aber auch der schweißt zusammen und kann zu beachtlichen Erfolgen führen.

Meist eint der Zweck der Unternehmung die Partner nur für einen bestimmten Zeitraum. Deshalb ist es sinnvoll, die Projekte im geplanten Zeitfenster zügig umzusetzen und möglichst schnell Anfangserfolge vorzuweisen. Sonst erhalten die Kritiker in den jeweiligen Reihen die Oberhand.

Kann man in einer derartigen Koalition jedoch auch Kundendaten teilen, so ist das von großem Vorteil für die Schärfung der eigenen Personas. Denn die

Daten aus einem anderen Kontext sind oft eine Art »Realitätscheck« für die eigenen Annahmen.

Da in der digitalen Ökonomie viel mehr Aufgaben als bisher nicht mehr selber erledigt werden können, werden Kooperationen zunehmen. Sie sind eine sinnvolle Alternative, weil sie meist schneller zum Ziel führen als eine Eigenentwicklung.

Vernetzte Welt

Es ist allen klar: Der Kunde erhält über viel mehr »Touchpoints« einen Zugang zu den Angeboten und man muss dort sichtbar sein. Der Kunde kann zum Multiplikator werden und erreicht mit seiner Einschätzung schneller ein großes Publikum. In der Folge müssen wir Präsenz an viel mehr Stellen zeigen, die Äußerungen der Kunden in den sozialen Netzwerken verfolgen und möglichst für uns nutzen.

Und das heißt, unsere Persona nur so lange als gegeben hinzunehmen, bis sie uns eines Besseren belehrt. Durch die vielen »Touchpoints« zu unseren Kunden merken wir schnell, dass sie sich uns immer wieder neu zeigt, denn wir erhalten laufend neue Informationen. Und das Touchpoint-Management wird zu einer zentralen Aufgabe.

Aber unsere Kunden sind auch potenzielle Multiplikatoren. Das waren sie immer schon und es war immer schon die Kunst, die richtigen »Influencer« zu identifizieren. PR ist keine Erfindung der digitalen Ökonomie. Aber dass Kunden über mehr Reichweite verfügen als die klassischen Medien, das ist neu. Blogger und Vlogger werden regelmäßig von Verlagen betreut und sie haben die klassischen »Kritiker« zwar nicht abgelöst, aber in ihrer Bedeutung relativiert. Allein die Reichweite von jugendlichen Produktetestern treibt klassischen Medien die Schamesröte ins Gesicht, sind erstere doch meist näher an den Seh- und Nutzungsgewohnheiten ihrer Kunden dran als sie.

Die klassischen Kritiker und Tester unserer Produkte wurden von den klassischen Medien geprägt: Es waren Journalisten, Redakteure oder Moderatoren in Zeitungen oder im Film und Fernsehen. Es ist und war wichtig, mit diesen Medien zu kooperieren, um die Meinung über das eigene Produkt zu prägen und zum Kauf anzuregen. Mit der sinkenden Bedeutung der klassischen Medien haben sich neue »Influencer« etabliert und jeder Kunde kann mit seiner Bewertung eines Produkts auf Amazon und eine Verbreitung seiner Meinung über soziale Netzwerke relativ einfach Einfluss nehmen auf die Kaufentscheidung anderer. In der Folge müssen Unternehmen jeden Kunden als potenziellen Multiplikator ernst nehmen und unterscheiden ihre Kunden nur im Grad ihrer Reichweite und Einflussnahme auf andere. So unterhalten Verlage heute nicht mehr nur Beziehungen zu den Rezensenten ihrer Bücher in den Zeitungen und Fernsehsendungen, sondern auch zu den zahlreichen Bloggern und Vloggern, die in der Regel in der Summe über eine höhere Reichweite verfügen.

Wir können die Handlungen unserer Kunden in den sozialen Netzwerken bei der Entwicklung der Personas für uns nutzen. Aber wir müssen dabei aufpassen, im dauernden Rauschen der Meldungen und Bewegungen nicht unterzugehen in der Datenflut.

Digitale Produkte sind nie fertig
Jede Software hat bei ihrer Freischaltung für den Kunden schon die Liste der Features, die noch nicht umgesetzt werden konnten. Die vielen unterschiedlichen Schnittstellen zum Kunden, dessen Schnittstellen zu anderen Teilnehmern, die rasante Entwicklung neuer Angebote im Markt – es ist nicht nur aus ökonomischen Gründen fast nicht möglich, alles zu berücksichtigen. Der digitale Markt kennt keine Sonntagsruhe und fordert laufende Anpassungen. Das hat Konsequenzen für die Kundenanalyse und die Arbeit mit den eigenen Personas. Denn eigentlich wäre die Arbeit nie abgeschlossen und unendlich ausdehnbar.

Die pragmatische Lösung lautet: Nutze die Personas in einem Projekt zur besseren Erreichung der Ziele. Wenn die Aufgabe erledigt ist, lass auch die Personas wieder frei herumlaufen und kümmere dich nicht mehr um sie. Das eingangs erwähnte Vorgehen bei Amazon legt das nahe. »Produkt-Personas« erfüllen genau diesen Zweck.

Zugleich gibt es jedoch auch Produktreihen, die länger am Markt sind und immer wieder einem Relaunch unterworfen werden. Verantwortlichkeiten verschieben sich im Unternehmen, neue Mitarbeiter wollen eingewiesen werden – es gibt mehrere Gründe, warum einmal erstellte Personas nach ihrem Erstgebrauch nicht gleich zum alten Eisen gestellt werden sollten. Denn das Rad mehrmals erfinden, ist auch nicht gerade ökonomisch. Es lohnt sich also zu unterscheiden, was man als Grundraster behält und was man immer wieder anpasst bzw. situativ neu entwickelt. »Strategische Personas« sind hier vonnöten.

Dabei hilft kein »entweder – oder«, sondern vielmehr eine ökonomische Betrachtung der Aufwände. Am besten lässt sich das dadurch messen, was man in ein unternehmensinternes Wiki oder andere Form der internen Ablage stellt und misst, wie häufig das genutzt wird. Dadurch ergibt sich ein Bild der internen Kunden und man kann ableiten, was man häufiger bearbeiten soll und was nicht. Als Empfehlung mögen die folgenden Überlegungen zur Anlage eines Wikis gelten.

5.4 Zusammenfassung: Wer ist für die Personas verantwortlich?

We're not competitor obsessed, we're customer obsessed.
We start with the customer and we work backwards.
Jeff Bezos

5.4.1 Den Kunden immer im Blick zu haben, ist eine Aufgabe für alle im Unternehmen

Gute Unternehmen haben immer schon auf ihre Kunden geachtet und was diese wollten. Das ist nichts Neues. Angebot und Nachfrage richten sich nach den Bedürfnissen und Anforderungen der Kunden. In der Entwicklung eines Unternehmens gibt es jedoch immer Phasen, in denen dieser Blick auf den Kunden ein wenig unscharf wird. Das ist in Wachstumsphasen so oder auch beim Abschöpfen eines gut funktionierenden Geschäftsmodells. Dann ist man entweder stark damit beschäftigt, schnell viele Mitarbeiter zu gewinnen, um den Markt zu besetzen, und danach sind die Optimierungsstrategen am Werk. Und auf der anderen Seite hat man ein Unternehmen, in dem es sich viele Mitarbeiter bequem eingerichtet haben und sich in ihren wechselseitigen Präsentationen und Befindlichkeiten selbst genügen. Es ist dann oft wichtiger zu wissen, was Hans und Gretchen aus der Abteilung VZ über einen denken und wie der neue Abteilungsleiter tickt, als der Kunde. Darum kümmern sich dann wieder einzelne Bereiche im Unternehmen, im Vertrieb, in der Marktforschung, in einer F&E-Einheit ...

Und dann bedarf es wieder einer Umorganisation, damit sich erneut alle darauf besinnen, dass der einzige, der für das eigene Gehalt aufkommt, eigentlich der zahlende Kunde ist. Alles andere ist Optimierung.

Drei Entwicklungen verschärfen in diesen Jahren des digitalen Wandels jedoch den Druck auf die Unternehmen, diesen auch wirklich nicht aus dem Blick zu verlieren. Der Wichtigkeit halber möchten wir sie hier abschließend noch einmal benennen, denn sie sollten auch maßgeblich die Entscheidung steuern, wo und wie man die Kundenanalyse im Unternehmen verankert:

1. Worin besteht meine Wertschöpfung?
   Die eigene Wertschöpfung als Unternehmen wird durch digitale Technologien verändert und zwingt dazu, die bisherigen Angebote an die eigenen Kunden kritisch zu reflektieren. Denn viele Start-ups lauern wie ein Rudel hungriger Wölfe, schnell und von allen Seiten.

2. Was soll ich meinen Kunden künftig anbieten?

   Digitale Technologien ermöglichen viel mehr Möglichkeiten, mit den eigenen Kunden in Kontakt zu treten und alte oder neue Dienstleistungen an-
   zubieten. Welche aber in der Fülle sinnvoll sind oder nicht, das muss man
   erst ausprobieren. Und dazu braucht man Kundennähe.

3. Wie nutze ich Big Data?

   Digitale Technologien bieten viele Kundendaten, die mit den bisherigen
   Beobachtungen und Erfahrungen verknüpft werden müssen, um den Kunden noch besser in den Blick zu bekommen.

Zu 1 – Meine Wertschöpfung

Mehr denn je können neue Unternehmen durch digitale Technologien etablierten Unternehmen Marktanteile streitig machen oder sie gar verdrängen.
Die Digitalisierung zeichnet sich unter anderem dadurch aus, dass die Produktionsmittel und Ressourcen relativ günstig zu erwerben sind. Die Eintrittshürden sind gering und Know-how und Wissen reichen oft aus für die ersten
Schritte und um Investoren zu überzeugen. Durch die hohe Vernetzung von
Teilnehmern (sowohl bei Kunden wie bei Produzenten) sind kleine Firmen in
der Lage, exponentiell zu wachsen. Die berühmten Skaleneffekte tragen Unternehmen wie Facebook, Amazon oder Google in wenigen Jahren zu Um-
sätzen, die denen von Kleinstaaten nahekommen. Es ist das Kennzeichen
disruptiver Geschäftsmodelle, dass sie schnell und plötzlich wirken und die
Reaktionszeiten der etablierten Unternehmen meist zu langsam sind.

Digitale Technologien zwingen jedes Unternehmen, auf die eigene Wertschöpfung zu achten und zu prüfen, ob man für die eigenen Kunden überhaupt
noch die richtige Dienstleistung bringt. Die Beispiele für derartige Veränderungen sind hinlänglich bekannt: Namen wie Kodak oder Nokia stehen für
Weltmarktführer, die abgelöst wurden, ein Milliardengeschäft mit SMS oder
Ferngesprächen wird mittlerweile von Diensten wie WhatsApp oder Skype
geprägt, etablierte Marken wie Brockhaus oder Enzyklopedia Brittanica verlieren innerhalb weniger Jahre ihren Markt an Wikipedia und der Buch- und
Zeitschriftenmarkt muss sich mit Unternehmen der 90er wie Google und Amazon als weltweit bestimmenden und prägenden Kräften auseinandersetzen.

Die Angst geht bei allen Unternehmen um, dass ihnen dasselbe Schicksal
blüht. Das beste Heilmittel dagegen ist eine größtmögliche Kundennähe, um
zu erkennen, wo die eigenen Kunden denn wirklich stehen und was sie brauchen. Denn das ist auch das größte Pfund, das alle Unternehmen mitbringen:
ihre Kunden und ihr Wissen um diese und die noch vorhandene Strahlkraft
ihrer Marke. Die eigene Marke steht für die wesentliche Wertschöpfung beim

Kunden. Um diese zu erfassen und richtig weiterzuentwickeln, braucht man die relevanten Informationen über die eigenen Kunden.

Buyer Personas unterstützen bei der Definition der eigenen Wertschöpfung für die Kunden und damit der daraus folgenden strategischen Entwicklung des Unternehmens.

Abb. 60: So bewerten Analysten die Zukunftsfähigkeit von Firmen (Analyse von CBinsights)

Wenn Analysten, wie hier von CBinsights, Firmen beurteilen, dann sehen sie sich deren Wertschöpfungskette an und wie das Unternehmen auf die Herausforderungen durch Start-ups reagiert. In diesem Fall werden die vier Angebote von FedEx von zahlreichen anderen Anbietern bedroht: von Package bis Air/Ocean. Und bei der Weiterentwicklung von FedEx spielt es eine entscheidende Rolle, welche der vielen Optionen gewählt wird, um die Kunden besser zu bedienen.

Für Unternehmen ist es deshalb überlebenswichtig, die Bedürfnisse ihrer Kunden zu kennen und ihre Nutzung von konkurrierenden Angeboten. Brockhaus hat auch lange gedacht, Wikipedia könne nie und nimmer die Qualität einer ausgebildeten Redaktion erreichen.

Zu 2 – Die Entwicklung meines Portfolios
Wie passe ich mein Angebot kontinuierlich an die Bedürfnisse meiner Kunden an?

Durch die vielen »touchpoints« zum Kunden in der digitalen Ökonomie erhalten die Unternehmen auch viel mehr Daten über ihre Kunden. Big Data ist das Schlagwort, Smart Data das Ziel: Es gilt, die vielen Informationen sinnvoll zu strukturieren und so nutzbar zu machen, dass das eigene Angebot besser wird und mehr zufriedene Kunden noch viel mehr zahlen. Dabei müssen die eigenen Produkte in einem viel schnelleren Rhythmus überprüft und überarbeitet werden als bisher. Denn die Produkte reifen der alten Bananenpolitik zufolge eben beim Kunden, nicht in der eigenen Forschungs-und Entwicklungsabteilung. Dazu sind die Märkte zu dynamisch, zu schnell geworden. Innerhalb weniger Zeit ändern sich die Schnittstellen. Ist z. B. in einem Jahr Pinterest der Hype, ist es im nächsten Snapchat und schon stehen Polyvore, WeChat oder Weibo unter Beobachtung.

Das beste Argument, warum man ein neues Produkt oder einen neuen Service anbieten sollte, liefert der Kunde. Nur er kann einem verraten, was in welcher Ausprägung für ihn Sinn macht. Und dazu helfen Buyer Personas – damit man nicht auch eine App macht, weil es die Konkurrenz auf der letzten Messe stolz präsentiert hat oder der Schwager einer Cousine des Geschäftsführers kürzlich berichtet hat, wie toll sie letztens …

Buyer Personas bieten wertvolle Informationen, um bessere Entscheidungen für die Portfolioentwicklung zu treffen.

Zu 3 – Nach dem Spiel ist vor dem Spiel – die unendliche Geschichte der Entwicklung

Zur DNA etablierter Unternehmen gehört, dass sie verlässlich über Jahre ihre Qualität verbessert haben. Sie sind stolz auf ihre Produkte und glauben, dass sie nur selbst in der Lage sind, diese zu erstellen. In der Regel erfolgt die Produktion auch auf nur Mitarbeitern zugänglichen Firmengeländen oder innerhalb einzigartiger Büroräume mit exklusivem Wissen. Sie haben rund um ihr Angebot eine Marke aufgebaut und jeder Mitarbeiter ist als Träger dieser Marke Teil dieser Geheimwissenschaft.

Mit der digitalen Ökonomie haben sich die Ansprüche an die Verlässlichkeit der Produkte ein wenig aufgeweicht. Das heißt nicht, dass Amazon, Google, Facebook und Co. nicht auch gerne 100%ig perfekte Produkte anbieten wollen. Es geht nur nicht. Software wäre einerseits zu teuer, wollte man auf 100%ige Sicherheit gehen und man könnte angesichts der Marktzyklen nicht mithalten. Vor allem aber ist die Vielzahl an Schnittstellen und Umgebungen nie von vorne herein zu 100% zu testen und der Umgang des Kunden mit dem Produkt schon gar nicht. Der einzig gangbare Weg ist eine dauernde Entwicklung des Angebots mit den Daten, die einem die Kunden liefern. Der A/B-Test ist nicht nur operativ im Zentrum bei allen Softwareanbietern, er kann auch als Metapher für eine ganze Ökonomie dienen.

Buyer Personas sind der Ausgangspunkt und Anker für die Sammlung von Kundendaten, sodass alle Angebote immer entlang der Kundenbedürfnisse weiterentwickelt werden.

5.4.2 Wer soll sich im Unternehmen um Buyer Personas kümmern?

Die Kundenanalyse geht also alle etwas an. Das heißt, dass möglichst alle im Unternehmen auch informiert sein müssen zum Stand der Analyse. Das heißt aber nicht, dass alle alles tun. Das ist alles andere als produktiv. Es braucht wie in jedem guten Projekt Verantwortliche. Und in unserem Fall heißt das: Wer fühlt sich verantwortlich für die Entwicklung und Pflege der Buyer Personas? Um diese Frage zu beantworten, muss man erst einmal prüfen, an welchem Punkt sich das eigene Unternehmen befindet. Das ist leichter als im Orakel von Delphi, das den Besucher auch zunächst mit einem »Erkenne dich selbst« begrüßte, bevor die Zukunft vorhergesagt wurde.

Im Idealfall sind alle im Unternehmen »kundenorientiert«, so wie es auf zahlreichen Webseiten schon lange steht. Das Problem ist, dass Aussagen wie »Unser Kunde ist unser höchstes Gut« oder »Die Wünsche unserer Kunden stehen im Zentrum all unserer Tätigkeiten« (diese Liste ließe sich in fünf Minuten beliebig erweitern) oft eher als Basis für »Bullshit-Bingo« dienen. Und wir brauchen uns auch nichts vorzumachen. Unternehmen wollen wachsen, Profite machen und ihr Überleben sichern. Die wenigsten sind so philanthropisch ausgerichtet, dass ihnen das Wohl der Menschheit wirklich wichtig ist. Die Kriterien für erfolgreiche Manager heißen doch in der Regel: »Umsatz, Rendite, Zukunftsfähigkeit des Unternehmens und Mitarbeiterzufriedenheit«. Deshalb schwingt bei solchen Aussagen über die »Kundennähe« auch dieser Misston mit, denn die Kundenähe ist Mittel zum Zweck, nicht mehr und nicht weniger. Zugegebenermaßen ist es ein sinnvolles Mittel, aber es ist wertneutral. Ein Rüstungskonzern setzt hier andere Maßstäbe als ein Kaffeeproduzent mit Fair-Trade-Ware.

Das heißt, dass es nicht um Lippenbekenntnisse geht und gute PR, sondern um eine Haltung. Diese kann man ohne eine Stabstelle oder ein eigenes Programm haben und ein Unternehmen darum herum aufbauen. Sehr gute Startups haben das schnell verinnerlicht und deren Wachstum beruht häufig auf einer Kombination von Kundennähe und klaren Richtlinien für die Marktdurchdringung. Als Vorbild mag hier Amazon gelten, wo man neue Ideen immer im Zusammenspiel mit diesen vier Prinzipien[34] prüft:

1. »We must convince ourselves that the new opportunity can generate the returns on capital our investors expected when they invested in Amazon.

---

34 http://www.teleread.com/amazon-books-and-the-bezos-four-factor-test/?utm_source=feedburner&utm_medium=feed&utm_campaign=Feed:+teleread/KHnj+(TeleRead:+Bring+the+E-Books+Home)&utm_content=Netvibes.

2. And we must convince ourselves that the new business can grow to a scale where it can be significant in the context of our overall company.
3. Furthermore, we must believe that the opportunity is currently underserved
4. ...and that we have the capabilities needed to bring strong customer-facing differentiation to the marketplace.«

Der Blick auf den Kunden taucht hier erst in den Punkten 3 und 4 auf, bei der Marktanalyse und Prüfung, ob man den Kunden ein besseres Angebot machen kann als die Wettbewerber. Wenn diese Haltung als Mantra alle im Unternehmen mittragen, dann gehört die Kundenorientierung zur DNA. Dann ist in der Regel in jedem Geschäftsbereich schon das Sammeln um das Kundenwissen verankert und man kann sich darauf konzentrieren, dass es auch gut an vielen Stellen sichtbar ist.

Oft sind Unternehmen aber in den letzten Jahren und Jahrzehnten gewachsen, weil sie ein bestimmtes Angebot besonders gut produzieren oder vermarkten können. Sie haben Strukturen gebildet, die auf Skaleneffekte und effiziente Prozesse ausgerichtet sind und dem folgend auch die Mitarbeiter eingestellt. Und Schritt für Schritt haben sie den eigenen Kunden immer mehr aus dem Blick verloren. Aus den oben geschilderten Gründen müssen sie ihn jedoch wieder in den Blick bekommen.

Um das Unternehmen schrittweise in Richtung Kundenorientierung weiterzuentwickeln, braucht man Treiber, die die etwas eingetrübten Blicke wieder schärfen und die bequem gewordenen Ansichten abschütteln. Dann sollte man die folgenden drei Punkte berücksichtigen und dem folgend handeln.

1. **Wo erfolgt die Kundenanalyse?**
   Buyer Personas sollten an einer Stelle verantwortlich bearbeitet und gepflegt werden. Das heißt, dass eine Abteilung den Hut aufhat oder es eine Stabsstelle gibt, die sich darum kümmert. Dabei ist es gleichgültig, in welcher Abteilung das erfolgt, Hauptsache, diese Abteilung begreift das nicht als ihr Geheimwissen.
   Um die Frage zu beantworten, wer sich um die Buyer Personas kümmert und wie man sie im Unternehmen kommuniziert, muss man zuerst danach fragen, wer überhaupt etwas damit anfängt und sie nutzt. Man kann diese Aufgabe an verschiedenen Stellen im Unternehmen aufhängen, beim Marketing, im Vertrieb, in der F&E-Abteilung oder der Produktentwicklung. Das hängt von der Struktur der eigenen Unternehmung ab, den Produkten und dem Markt.
   Sicher ist jedoch, dass die Informationen und das Wissen über den Kunden jeden im Unternehmen betreffen, mal weniger, mal mehr. Und damit ist es eine Aufgabe, die übergreifend kommuniziert werden muss. Als wichtiger

Baustein in der Strategieentwicklung ist sie damit immer auch eine Führungsaufgabe, die nie aus dem Blickfeld geraten darf.

Man kann die Aufgabe als Stabstelle deshalb bei der Führung ansiedeln. Das macht vor allem dann Sinn, wenn sich noch keine Abteilung von sich aus den Hut aufgesetzt hat und das Thema vorantreiben will oder wenn die Gefahr der Blockbildung zwischen zwei Abteilungen zu groß ist. Falls aber an einer Stelle schon entsprechende Erfahrungen vorhanden sind, lässt sich das gut dort ansiedeln – wenn diese Aufgabe in einer Querschnittsfunktion betrachtet wird, die übergreifend für alle im Unternehmen geleistet wird.

Sicher ist: Diese Stelle braucht die volle Rückendeckung der Geschäftsführung. Denn sie wird und muss unbequeme Ansichten ohne Rücksicht auf Verluste vorstellen und auf die Differenzen zwischen Kundenwunsch und Umsetzung hinweisen.

2. **Wer kümmert sich darum?**

Es muss hierfür einen Verantwortlichen geben, der die Entwicklung steuert und über Veränderungen informiert. Es braucht eine/n »Treiber/In«, jemanden, dem es ein Anliegen ist, das Bild über die eigenen Kunden ständig zu verbessern und zu erkennen, wohin die Trends gehen. Neugier und Empathie, Interesse an der Sache, Kreativität, unternehmerisches Denken und Hartnäckigkeit sind hier gefragt. Es ist ein eigenes Projektmanagement nötig, das das Thema vorantreibt. Was heißt das und was müssen die Verantwortlichen mitbringen?

– *Neugier und Empathie*

Man muss zuhören können. Und das heißt, dass zunächst der Kunde sprechen darf, ohne dass man ihn gleich mit den eigenen Ansichten überrollt und ohne dass man Angst hat vor seinen vielleicht unbequemen Ansichten. Dabei hilft eine Portion Neugier, weil man offen ist und gespannt, was der Kunde wohl als Nächstes von sich gibt. Empathie ist nötig, denn sonst schafft man kein Vertrauen und kann dem Kunden nicht zeigen, dass man ihn ernst nimmt.

– *Kreativität und unternehmerisches Denken*

Man muss die Aussagen der Kunden in Möglichkeiten für das eigene Unternehmen übersetzen können. Führt man ein Interview mit einem Kunden, dann sollte sich ein zweiter Film darüberlegen, der schon die Produkte und Services beschreibt, die daraus entwickelt und die diesem Kunden in naher Zukunft angeboten werden. Man muss die Kreativität darauf konzentrieren, das eigene Portfolio sofort zu analysieren und die Verbesserungen zu erkennen. Das ist unter anderem ein Kern unternehmerischen Handelns und nicht jedem gegeben. Aber man kann es schulen und über diesen Weg Führungskräfte ausbilden.

  – *Hartnäckigkeit und Projektmanagement*
  Fängt man eine Stelle neu in einem Unternehmen an, so kommt einem alles doch recht eigenartig und fremd vor und man wundert sich, warum fast alle so seltsam denken und handeln. Und innerhalb weniger Wochen ist man auch so geworden, ohne dass man es so richtig bemerkt hat.
  Vertritt man jetzt in der neuen Stelle vehement die Sicht der Kunden, so werden oft gut eingespielte Verhaltensweisen in Frage gestellt und Widerstand ist vorprogrammiert, weil Änderungen immer mit Aufwand und Kritik verbunden sind.
  Es liegt daher nahe, dass man Kundenorientierung nur erreicht, wenn die Ergebnisse dieser Einheit oder Stabstelle nicht von vornherein auf Assimilation ausgerichtet sind, sondern auf »disruptive change«, auf eine manchmal radikale Änderung. Und dass dieses Projekt gut organisiert und straff durchgezogen werden will, wenn man die Zusammenarbeit vieler im Unternehmen braucht.

3. **Was soll wie gesammelt werden?**
  An dieser einen Stelle sollten auch alle relevanten Informationen gesammelt und gespeichert sein, damit das Rad nicht immer wieder neu erfunden werden muss: die neuesten Statistiken, die letzten Befragungen, aktuelle Studien … – das sind alles Daten, die jeder nachschlagen können muss, wenn er sie braucht.

5.4.3   Was sollte ein Wiki zu meinen Personas enthalten

Allgemeine Informationen zu Personas und der Kundenanalyse haben das Ziel, alle mit der Methode, dem Vorgehen und den Erfahrungen vertraut zu machen. Hilfreich sind hier:

- Mustervorlagen mit Erläuterungen
- Schritt-für-Schritt-Anleitungen
- Dokumentation der bisherigen Projekte mit Ansprechpartner
- Erfahrungsberichte mit Ansprechpartner

Des Weiteren sollten gezielte Informationen zu einzelnen Projekten für die jeweiligen Teams und Verantwortlichen für bestimmte Zielgruppen und Angebote Bestandteil sein. Hier kann man die Freischaltung auch begrenzen, um einem Team einen geschützten Raum zu bieten. Dazu gehören:

- Personas zu Projekten und Themen; diese Personas sind mit den folgenden Metadaten versehen, um schnell für andere wieder auffindbar zu sein: letztes Datum der Bearbeitung; Ziel des Projektes; eigenes Angebot, für das die Persona entwickelt wurde; verantwortliche Ansprechpartner
- Ergebnisse aus Fokusgruppen,

- Studien zu bestimmten Märkten und Nutzerverhalten,
- Verlinkungen zu aktuellen Daten des eigenen Portfolios an die Zielgruppe,
- alle weiteren Informationen, die zur Zielgruppenbestimmung nützlich sein könnten.

Wir müssen die Kundenanalyse als fortlaufenden Prozess begreifen. Dabei ist es sinnvoll, die Erfahrungen zu dokumentieren und anderen zur Verfügung zu stellen. Ein kluges Wissensmanagement spart Zeit und Kosten.

Unser Persona-Modell kann hier als Grundgerüst dienen für die Ablage im Intranet. Der sich daraus ergebende Aufbau sieht dann wie folgt aus:

1. Unsere Zielgruppen
   Die wichtigsten Zielgruppen pro Unternehmen bzw. Abteilung werden definiert und detailliert aufgelistet. Diese Festlegung kann ganz einfach anhand demografischer Merkmale erfolgen wie z.B. »alle Krankenhäuser in Deutschland mit ihren Führungskräften« (Geschäftsführer bzw. kfm. Leitung bzw. Verwaltungsleitung, Chefarzt und ärztliche Leitung, Pflegeleitung u.a.) oder »alle Betriebsräte in Unternehmen ab 50 MA« oder »alle Verlagsleiter, Produktmanager, Programmleiter in Verlagen im Raum DACH« (inkl. Wissenschafts-, Fach- und Publikumsverlagen).
   Hierzu werden alle vorhandenen demografischen Daten gesammelt und an dieser Stelle abgelegt oder durch Verlinkungen verknüpft wie z.B. zum Statistischen Bundesamt oder zu Adresskatalogen. Dasselbe betrifft Studien zur ZG oder diese betreffende Themen und andere Erhebungen.

2. Unsere Personas
   Hier werden stellvertretend die Personas skizziert, die repräsentativ für die intendierten Zielgruppen stehen sollen.

3. Die Tätigkeiten unserer Personas
   Hier werden gemeinsam für alle Personas einer Berufsgruppe die Tätigkeiten aufgelistet, die für diese relevant sind. Es macht Sinn, dies zu bündeln, weil man sonst zu viele Redundanzen in den Einzeldarstellungen hat.

4. Die Probleme und Lösungsansätze
   Dasselbe wie unter Punkt 3 betrifft den Punkt Probleme und Lösungsansätze.

5. Unser Portfolio
   Hier werden alle Daten aufgeführt, die mit dem eigenen Portfolio zusammenhängen. Das kann durch eine Verlinkung auf die kaufmännischen Auswertungen erfolgen oder durch eine Zusammenfassung. Wichtig ist hier die Verknüpfung der Persona-Analysen mit den eigenen, harten Fakten aus dem Produkt- und Serviceverkauf.

Updates sollten in regelmäßigen Abständen erfolgen und alle erreichen, für die diese relevant sind. Das heißt, dass die Verantwortlichen mindestens einmal im Quartal über den aktuellen Stand berichten. Dabei sollten alle Änderungen kommentiert werden. Das können einfache demografische Verschiebungen (»mehr oder weniger Chefärzte in D«; »Neueinstellung kfm. GF gestiegen um x %«) sein, aber auch Verhaltensänderungen (»Zuwachs bei der Nutzung von Snapchat in der Altersgruppe 40–50 um x %«) oder customer insights (»weniger Zugriffe in der Datenbank auf das Thema Krisenmanagement; im Vergleich gestiegenes Interesse beim Thema xy«).

Damit nicht alle jede Studie lesen müssen, sollten die Änderungen und relevanten Informationen sinnvoll aufbereitet und vermittelt werden. Denn das ist eine der wesentlichen Leistungen einer solchen zentralen Stelle: Die Fülle der Informationen erschlägt jeden und die Auswahl der wirklich relevanten Änderungen ist eine Aufgabe des zentralen Kundenmanagements.

5.4.4   Zeigen Sie sich

Für die Kommunikation der Personas sollten Sie sich jedoch nicht nur auf das Intranet verlassen. Schön gestaltete Plakate oder Setcards im Taschenformat (in Kapitel 3 haben wir ein Beispiel abgebildet) bieten die Möglichkeit, die Persona immer vor Augen zu haben. Gerade bei der Kommunikation neu erstellter Personas ist das ein probates Mittel, um auch andere mitzunehmen und zu überzeugen. In Besprechungen oder Diskussionen können Sie dann schnell immer wieder auf einmal entworfene Merkmale verweisen ganz im Sinne von: »Wieso soll Jan jetzt einen Zweijahresvertrag bekommen, wenn er doch immer wieder ein neues Abenteuer sucht?«

Sie können dadurch an die strategischen Leitplanken erinnern, die durch die Personas geschaffen wurden, und auf einer sachlichen Ebene Argumente austauschen. Diese sichtbaren Darstellungen haben aber auch noch einen anderen Zweck: Sie erinnern daran, Kundenorientierung immer wieder zu leben.

Dabei sollten Sie darauf achten, diese Bilder immer wieder auszutauschen und zu erneuern. Wir haben bereits darauf hingewiesen, dass Personas langweilen, wenn man glaubt, sie zu kennen. Schön gedruckte Plakate und Persona-Sets sind dann kontraproduktiv, wenn sie in den Schubladen verstauben.

Die oberste Pflicht bei Buyer Personas aber lautet: Dranbleiben. Ihre Persona ist immer dort, wo Sie sie gerade nicht vermuten. Auf dieser Suche wünschen wir Ihnen gutes Gelingen.

Abbildungsverzeichnis

Autoren

Dr. Hans-Georg Häusel

Dr. Hans-Georg Häusel (Dipl. Psychologe) ist Vordenker des Neuromarketings und zählt international zu den führenden Experten in der Marketing-, Verkaufs- und Management-Hirnforschung. Sein Buch »Brain View — Warum Kunden kaufen« wurde von einer internationalen Jury zu einem der 100 besten Wirtschaftsbücher aller Zeiten gewählt.

Er ist Dozent an der Hochschule für Wirtschaft in Zürich und arbeitet als Seniorpartner projektbezogen für die Gruppe Nymphenburg Consult AG. Er berät Handelsunternehmen, Markenartikelhersteller, Versicherungen, Banken und B2B-Unternehmen.

Das von ihm entwickelte Limbic® Modell gilt heute als das beste und wissenschaftlich fundierteste Instrument zur Erkennung bewusster und unbewusster Lebens- und Kaufmotive sowie zu einer neuropsychologischen Zielgruppensegmentierung und Persönlichkeitsmessung.

Durch seinen verständlichen und humorvollen Vortragsstil begeistert er Zuhörer aller Unternehmenshierarchien und Bildungsstufen gleichermaßen. Dr. Häusel ist deshalb auf vielen nationalen wie internationalen Veranstaltungen ein gefragter Keynote-Speaker. Vom Unternehmen Erfolg® wurde er mit dem Excellence Award als einer der besten Redner im deutschsprachigen Raum ausgezeichnet.

Mehr über Dr. Hans-Georg Häusel: www.haeusel.com
Kontakt: haeusel@haeusel.com

Dr. Harald Henzler

Dr. Harald Henzler ist Geschäftsführer der smart digits GmbH. Er begleitet Unternehmen bei der Entwicklung der Digital- strategie sowie deren Umsetzung. Seine Schwerpunkte sind strategische Entwicklung und Geschäftsmodelle, Programm- planung und Content-Strategie sowie Kundenanalyse.

Als Produktmanager, Verlagsleiter und Geschäftsführer (Carl Hanser Verlag, Haufe Lexware) hat er langjährige Erfahrungen in der Entwicklung und Um- setzung digitaler Geschäftsmodelle. Blended-Learning-Angebote hat er mit dem Goethe-Institut in Indien, Ägypten und Südamerika entwickelt und um- gesetzt. Mit Partnern hat er eigene Start-ups wie flipintu oder lectory gegrün- det und coacht im Rahmen von CONTENTshift Start-ups.

Er ist Referent, Seminarleiter und Moderator der Akademie des Deutschen Buchhandels und des Data Summit der mvb sowie Dozent an der LMU München und Hochschule Würzburg.

Auf www.smart-digits.com werden wöchentlich Analysen zu aktuellen Entwicklungen im digitalen Markt veröffentlicht und als Autor des Werkes »Mobile Publishing« (Verlag de Gruyter) ist ihm auch das Buch nicht fremd.

Kontakt: h.henzler@smart-digits.com

HƎUFE.

Ihr Feedback ist uns wichtig!
Bitte nehmen Sie sich eine Minute Zeit

www.haufe.de/feedback-buch